EDELGUSS

EINE SAMMLUNG EINSCHLÄGIGER ARBEITEN

IM AUFTRAGE DER EDELGUSSVERBAND G.M.B.H.

HERAUSGEGEBEN VON

DIPL.-ING. G. MEYERSBERG

ZWEITE
UMGEARBEITETE UND VERMEHRTE AUFLAGE
VON „PERLITGUSS"

MIT 129 TEXTABBILDUNGEN

BERLIN
VERLAG VON JULIUS SPRINGER
1929

ISBN-13:978-3-642-90110-2   e-ISBN-13:978-3-642-91967-1
DOI: 10.1007/978-3-642-91967-1

Vorwort zur ersten Auflage.

Das rasche Anwachsen des Schrifttums über Perlitguß und der Umstand, daß die Arbeiten darüber nur in verschiedenen Zeitschriften zerstreut zu finden sind, haben den Gedanken nahegelegt, eine Sammlung erschienener Arbeiten herauszugeben, aus der eine Übersicht des heutigen Standes gewonnen werden kann. In erster Linie wurden die grundlegenden Veröffentlichungen aufgenommen, durch die seinerzeit die Fachwelt mit der Erfindung des Perlitgusses bekanntgemacht worden war. Bei der Auswahl der übrigen Arbeiten war der Gesichtspunkt maßgebend, ein möglichst abgerundetes Bild des ganzen Gebietes zu geben. Kürzungen der Originalarbeiten wurden vorgenommen, um Wiederholungen zu vermeiden, sowie in den Fällen, wo auch andere, nicht zum Gegenstand der Sammlung gehörige oder für diesen weniger wesentliche Gegenstände behandelt waren.

Wir hoffen, durch die vorliegende Zusammenfassung dem an Werkstofffragen interessierten Ingenieur, besonders auch dem Konstrukteur, die Möglichkeit schneller Unterrichtung über das in lebhafter Weiterentwicklung befindliche Arbeitsgebiet geboten und zur Anregung dieser Weiterentwicklung selbst beigetragen zu haben.

Herzlicher Dank sei den Autoren ausgesprochen für die bereitwillige Überlassung ihrer Arbeiten und Herrn Ing. Hans Th. Meyer (Mannheim) für seine werktätige Unterstützung.

Berlin-Grunewald, Oktober 1927.

Studiengesellschaft für Veredelung   **Meyersberg.**
von Gußeisen G. m. b. H.

Vorwort zur zweiten Auflage.

Die vorliegende Neuauflage bringt eine bedeutende Ausdehnung des Gebietes. Sie beschränkt sich nicht mehr auf den Perlitguß im engeren Sinne, sondern zieht auch die weiteren Verfahren zur Erzeugung von Edelguß heran. Dementsprechend wurde der Titel des Sammelwerks aus „Perlitguß" in „Edelguß" verändert.

Die Erweiterung des Inhalts mußte auch eine Vergrößerung des Umfangs zur Folge haben. Um aber auch in der neuen Form Handlichkeit und leichte Übersicht zu bieten, war Beschränkung in noch stärkerem Maße als bei der ersten Auflage geboten. Mit Kürzungen und Weglassungen mußte noch weiter gegangen werden. Trotzdem glauben wir die Erwartung aussprechen zu dürfen, daß die wesentlichen Züge des Bildes zum Ausdruck gekommen sind.

Berlin-Dahlem, Juli 1929.

Edelgußverband G. m. b. H.

(früher Studiengesellschaft für   **Meyersberg.**
Veredelung von Gußeisen G. m. b. H.)

Inhaltsverzeichnis.

Anhang.

Einleitung.

Am 26. August 1920 brachte die Zeitschrift „Stahl und Eisen"
eine kurze Mitteilung von Karl Sipp unter der Aufschrift „Perlitguß"[1]. Sie machte auf ein neues, in der Gießerei von Heinrich Lanz
in Mannheim ausgearbeitetes Verfahren aufmerksam, Gußeisen durch
geeignete Gattierung und dieser angemessene Regelung der Abkühlungsgeschwindigkeit in seinen Eigenschaften zu verbessern. Die
erreichte Biegefestigkeit, an Probestäben von 30 mm Durchmesser
bei 600 mm Stützweite gemessen, war mit 51 kg je mm² bei 12,5 mm
Durchbiegung angegeben. Als besonders bemerkenswert war hervorgehoben, daß die Gußstücke trotz der hohen Festigkeit leicht bearbeitbar waren, und die Härte nur 176 Brinelleinheiten erreichte. Der Fortschritt gegenüber dem damaligen Stande der Technik ergibt sich deutlich, wenn in Betracht gezogen wird, daß noch das „Gießereihandbuch" 1922[2] als mittleren Gebrauchswert der Biegefestigkeit für die
beste Gußeisensorte („Spezialguß mit Anforderungen, drehhart mit
Holzkohle") 35 kg je mm² nennt. Die neue Stoffart hatte sich bereits
in praktischer Anwendung bewährt und außer der hohen Festigkeit
noch andere wichtige Vorzüge gezeigt, z. B. große Widerstandsfähigkeit
gegen Abnützung durch Reibung, bewiesen durch Kolbenringe, die
bei Ausführung in Perlitguß zehnmal so lange gebrauchsfähig geblieben
waren als bei Ausführung in Grauguß.

Die kurze Veröffentlichung fand zunächst kaum Beachtung. Ein
Erfolg zeigte sich nur insofern, als eine bedeutende Maschinenfabrik,
von den bisherigen Baustoffen für Verpuffungsmotoren nicht befriedigt,
auf das neue Verfahren aufmerksam wurde und Versuchsstücke bei
Heinrich Lanz bestellte. Sie ging zum Perlitguß über und ist ihm
seitdem dauernd treu geblieben.

Das Interesse weiterer Kreise der Fachwelt wurde erst erweckt,
als die „Mitteilungen aus dem Materialprüfungsamt zu Berlin-Dahlem"
Ende 1922 eine Arbeit von Prof. Dr. O. Bauer[3] brachten, die sich
in eingehender Weise mit dem Perlitguß beschäftigte. Sie behandelt
seine Eigenschaften und Aussichten mit voller Ausführlichkeit. Darüber hinausgehend würdigt sie die große grundsätzliche Bedeutung
der Erfindung, indem sie darauf hinweist, daß das Ergebnis auf einem
neuen Wege, durch bewußte Beeinflussung des Gefügeaufbaus, gewonnen worden ist. Wie im Schlußwort der Arbeit hervorgehoben wird,
ist damit gegenüber den beiden früheren Entwicklungsstufen, der Be-

---

[1] Zum Abdruck gebracht als Beitrag 1 der zweiten Reihe.

[2] Gießereihandbuch, herausgegeben vom Verein Deutscher Eisengießereien,
S. 103. München und Berlin: Oldenbourg 1922.

[3] Als Beitrag 2 der zweiten Reihe zum Abdruck gebracht.

urteilung nach dem Bruchaussehen und nach der chemischen Analyse, eine dritte Stufe erreicht, die sich auf die Untersuchung der Mikrostruktur stützt und deren Ergebnisse planmäßig verwertet.

Diese Mikrostruktur ist beim „Perlitgußeisen" gekennzeichnet durch das vollständige Vorherrschen des als „Perlit" bekannten Gefügebestandteils mit mäßiger Beifügung von Graphit. Zur planmäßigen Erreichung dieses Zustandes ist die Gattierung und ihr entsprechend die Abkühlung einzustellen, beide entsprechend dem Anwendungsgebiet, für das das Gußstück bestimmt ist. Die Abkühlung kann beeinflußt werden durch Nachbehandlung der Form, durch Überhitzung der Schmelze (300° und mehr über der Erstarrungstemperatur) oder Vorerwärmen der Gußform.

Nach Erscheinen der erwähnten Arbeit und nach einem Vortrage, den Sipp gelegentlich der Hauptversammlung des Vereins Deutscher Eisengießereien in Hamburg 1923[1] hielt, begann sich die Anwendung des Verfahrens auszubreiten. Lizenzen wurden in Deutschland und im Auslande vergeben, und an zahlreichen Stellen wurde der Wert des Verfahrens bestätigt.

Bald eröffneten sich aber auch noch andere Wege zur Erzeugung hochwertigen Gußes. Fußend teils auf bedeutungsvollen wissenschaftlichen Vorarbeiten, teils auf gründlicher und schwieriger Versuchsarbeit im Gießereibetriebe entstanden weitere Verfahren, von denen verschiedene heute bereits zu praktischer Brauchbarkeit und hoher Treffsicherheit ausgebildet sind und erfolgreich Eingang in die Betriebsanwendung gefunden haben.

Für die Erzeugnisse, die aus diesen Verfahren hervorgehen, hat sich die Sammelbezeichnung „Edelguß" herausgebildet. Gekennzeichnet wird damit ein Werkstoff, der durch die Hochwertigkeit seiner Eigenschaften aus dem Bereich des sonstigen Graugusses hervorgehoben ist. Er gehört bezüglich der Festigkeit in die höchste Güteklasse Ge 26 des deutschen Normenblattes „Gußeisen" Din 16. 91 (April 1928 erschienen), mit der, wie es dort heißt, die „Sondergüten" beginnen. Kennzeichnend für den Edelguß sind aber nicht nur die Festigkeitseigenschaften, sondern auch weitere Eigenschaften, die für besondere Verwendungs- und Beanspruchungszwecke wichtig sind und heute bereits mit Treffsicherheit erreicht werden können.

Die vorliegende Sammlung soll durch Zusammenfassung wesentlicher Arbeiten aus dem Gebiete des Edelgusses und damit in Verbindung stehender Gegenstände ein möglichst abgerundetes Bild seines gegenwärtigen Standes geben. Die Arbeiten sind größtenteils bereits an anderen Orten erschienen. Um Wiederholungen zu vermeiden, waren Kürzungen und anderseits auch Ergänzungen notwendig, worauf an den entsprechenden Stellen hingewiesen ist.

Sie ist herausgegeben im Auftrage des „Edelgußverbandes" (früher „Studiengesellschaft für Veredelung von Gußeisen"), in dem die deutschen Benützer der Edelgußverfahren zusammengeschlossen

---

[1] Als Beitrag 3 der zweiten Reihe zum Abdruck gebracht.

sind und ihre darauf bezüglichen Erfahrungen gegenseitig austauschen.

Der Inhalt ist in drei Reihen gegliedert, von denen die erste Arbeiten zusammenfassender und allgemeiner Natur enthält. Die zweite Reihe behandelt die einzelnen Verfahren, soweit sie zu praktischer Bedeutung gelangt sind, während die dritte der besonderen Betrachtung einzelner Eigenschaften des Edelgusses gewidmet ist.

An die Spitze der ersten Reihe ist eine Übersicht des ganzen Stoffgebietes gestellt. Hierfür wurde die zusammenfassende Darstellung: „Hochwertige Gußeisen" gewählt, die Dr. Hans Jungbluth im Auftrage des Vereins Deutscher Gießereifachleute auf Grund der bis Ende 1927 vorliegenden Literatur ausgearbeitet hat. Ihr wurden die Abschnitte entnommen, die die allgemeine Entwicklung behandeln. Es folgen die Arbeiten von Maurer und Klingenstein, mit denen seinerzeit die beiden viel verwendeten Gußeisendiagramme in die Öffentlichkeit eingeführt wurden. Von einer Wiedergabe weiterer Arbeiten allgemeiner Natur mußte aus Raumrücksichten abgesehen werden. Wenn daher Wüst, Goerens, Bardenheuer und ihre Mitarbeiter nicht unmittelbar zu Wort kommen, sondern ihre Arbeiten nur in Hinweisen seitens anderer Verfasser erwähnt werden, so soll damit deren grundlegende Bedeutung nicht verkleinert werden.

Die zweite Reihe zerfällt in mehrere Abschnitte, bei deren Bezeichnung der Jungbluthschen Einteilung gefolgt wurde:

Der erste Abschnitt behandelt die Verbesserung durch Herstellung perlitischer Grundmasse, enthält also die Darstellung des Perlitgusses. Er beginnt mit der oben erwähnten kurzen Veröffentlichung Sipps aus „Stahl und Eisen" 1920. Ihr folgt die ebenfalls bereits genannte Bauersche Arbeit aus den „Mitteilungen des Materialprüfungsamtes Berlin-Dahlem" vom Jahre 1922. Daran schließt sich der Sippsche Vortrag vor dem Hauptausschuß für das Gießereiwesen in Hamburg 1923, dazu noch die Worte Füchsels aus der auf den Vortrag folgenden Diskussion. Der Abschnitt wird vervollständigt durch Berichte aus der Praxis der Perlitgußanwendung; sie sind entnommen der englischen Literatur (A. E. McRae Smith)[1], der französischen (Buffet und Roeder) und der deutschen (Meyersberg und Steinmüller).

Der zweite Abschnitt beschäftigt sich mit der Verbesserung durch Graphitverminderung, die durch Kleiber (Über den Kruppschen Sternguß) und durch Emmel (Über niedriggekohltes Gußeisen als Kuppelofenerzeugnis) behandelt wird.

Gegenstand des dritten Abschnittes ist die Verbesserung durch Graphitverfeinerung. Piwowarsky bespricht hier die Schmelzüberhitzung, Hanemann in einer „Die Theorie des Graugusses" betitelten Arbeit die Grundlage des nach ihm benannten Verfahrens; ein Auszug aus dem Schmelzbuch der Firma Borsig bietet dazu Belege aus der Praxis. Das Emmelsche Verfahren in der gegenwärtig

---

[1] Dazu noch in der Fußnote auf S. 45 Hinweis auf R. T. Rolfe.

verwendeten Form wird sodann von ihm selbst erörtert. Eine Mitteilung der Sächs. Maschinenfabrik vorm. Richard Hartmann: „Aus der Praxis des Emmelgusses" bringt dazu Bestätigung. Ein Auszug aus dem Schmelzbuch der Maschinenfabrik Eßlingen schließt sich an.

Die dritte Reihe eröffnet die gekürzte Wiedergabe einer Arbeit von Lehmann über die „Abnützung von Gußeisen". Daran schließen sich zwei Untersuchungen über das „Wachsen von Gußeisen", die eine von Sipp und Roll (Frühjahr 1927), die zweite von Bauer und Sipp (Herbst 1928). Von der ausführlichen Wiedergabe weiterer Arbeiten aus dem umfangreichen Schrifttum dieses umstrittenen Gebietes wurde abgesehen. Es hat aber durch Besprechung der von anderer Seite erzielten Ergebnisse in den beiden abgedruckten Arbeiten und durch eine ergänzende „Bemerkung" des Herausgebers Berücksichtigung gefunden. Den Beschluß der Reihe bilden Mitteilungen von Jungbluth über „Warmfestigkeit von hochwertigem Gußeisen", Roll über „Dichte des Perlitgusses" und Pinsl über „Elektrische Leitfähigkeit des Gußeisens", ferner ein Abschnitt „Zur Dauerschlagprüfung" aus einer größeren Arbeit von Kühnel.

Der Anhang bringt eine Zusammenstellung, die die Hauptansprüche wichtiger auf dem Edelgußgebiet erteilter Patente umfaßt, sowie eine Literaturübersicht.

Unfertiges sollte aus der Sammlung ausgeschlossen bleiben. Problematische Verfahren wurden daher nicht besprochen. Auch von einzelnen Eigenschaften des Edelgusses, die vielleicht in Zukunft größere Bedeutung erlangen werden, ist nicht die Rede, so z. B. von seinem Verhalten gegenüber Säuren und Laugen und von seinen magnetischen Eigenschaften, Gebiete, deren Bearbeitung erst in den Anfängen steht.

1. Hochwertiges Gußeisen[1].

Eine Übersicht.

Von Dr.-Ing. Hans Jungbluth, Essen.

Von den Stählen her ist es dem Eisenhüttenmann wohl bekannt, daß die Eigenschaften eines Materials, insbesondere die Festigkeitseigenschaften, in weitgehendem Maße vom Gefüge abhängig sind. Die ganzen Behandlungsverfahren beruhen darauf, ein für die verlangte Eigenschaft geeignetes Gefüge zu schaffen, mag es sich um das Glühen von Stahlformguß, um das Härten von Schneidstählen, um das Vergüten von Konstruktionsmaterial, um Zementieren oder andere Prozesse handeln. Beim Gußeisen ist es nicht anders. Auch hier ist Gefügebeeinflussung gleichbedeutend mit Eigenschaftsbeeinflussung. Das Grundgefüge des Gußeisens ist dasselbe wie das der Stähle: Ferrit, Perlit, Zementit. Man könnte also auf das Gußeisen dieselben Vergütungsverfahren anwenden wie auf die Stähle, wenn das Gefüge nicht dauernd unterbrochen wäre durch eingelagerte Fremdkörper, insbesondere Graphit[2], die eine nachträgliche Wärmebehandlung zur Hebung der Festigkeit stark erschweren. Alle oben erwähnten Stahlbehandlungen sind mit einem Glühen, zum Teil sogar mit einem Abschrecken verknüpft. Bei der chemischen Zusammensetzung des Gußeisens mit seinen hohen C- und Si-Gehalten führt ein jeder Glühprozeß früher oder später zu einem Karbidzerfall, so daß man wohl ein Weicherwerden, verbunden mit einer Festigkeitssenkung, aber nur in den seltensten Fällen, und auch da nur durch Anwendung gewisser Kunstgriffe, eine Festigkeitssteigerung erzielen kann. Was das Abschrecken des Gußeisens angeht, so kann man zwar dadurch eine Martensit- und durch späteres Anlassen eine Osmonditbildung erhalten, die bei den Stählen zu Festigkeitssteigerungen führt; aber die durch den eingelagerten Graphit entstandenen Unterbrechungen der metallischen Grundmasse wirken wie Anrisse, die den Erfolg einer derartig überanstrengenden Behandlung des Materials illusorisch machen[3]. Selbst wenn bei Probestücken eine solche Vergütungsbehandlung ohne Reißen abgeht, ist nach Untersuchungen von G. Neumann[4] bei ge-

---

[1] Aus einer unter gleichem Titel in Gießerei 1928, S. 457 u. 486, sowie in den Kruppschen Monatsheften, Mai 1928, erschienenen Arbeit entnommen.

[2] Es sei im folgenden abgesehen von Einlagerungen des Phosphideutektikums, und von Schwefelmangan oder Schwefeleisen. Ein Gußeisen, das Anspruch auf Hochwertigkeit macht, hat diese Bestandteile nur in so geringen Mengen, daß sie praktisch nicht erörtert zu werden brauchen.

[3] Vgl. Guillet: C. R. 175, 1922, S. 27/29. Im Gegensatz dazu stehen allerdings Piwowarskys neueste Versuche mit legiertem Gußeisen.

[4] Neumann, G.: Festigkeit und Gefügeaufbau des Gußeisens. Stahleisen Bd. 47, S. 1606. 1927.

wöhnlichen Gußeisensorten der Einfluß des Graphits derart überragend, daß die Wirkung der Vergütung gar nicht in die Erscheinung tritt. Außerdem ist es praktisch nicht möglich, verwickelte Gußstücke in Öl oder Wasser abzuschrecken. Am ausschlaggebendsten dürfte aber sein, daß das Gußeisen meist nur dann eine Daseinsberechtigung hat, wenn es billig ist. Derartige Vergütungsprozesse müssen aber den Guß ganz bedenklich verteuern.

Der gegebene Weg für Gußeisenveredelung ist demnach der, zu versuchen, schon vom Guß her das Gefüge derart zu beeinflussen, daß sich die gewünschten Eigenschaften daraus ergeben. Das ist möglich einmal durch Beeinflussung der perlitisch-ferritischen Grundmasse, ein andermal durch Beeinflussung der Graphiteinlagerungen. In folgendem sollen die entsprechenden Verfahren besprochen werden. Sie lassen sich nicht immer scharf klassifizieren. Weil das aber in einer wissenschaftlichen Abhandlung notwendig ist, bittet der Verfasser, über einige Willkürlichkeiten in diesem Punkte hinwegsehen zu wollen.

a) Verbesserung des Gußeisens durch Legierungszusätze. Da man bei den Stählen die überraschendsten Erfolge durch Zulegieren bestimmter Elemente erzielt hat, lag es nahe, diesen Versuch auch mit Gußeisen zu machen. Eine Reihe von Untersuchungen in dieser Richtung liegen vor[1].

Nach Piwowarsky[2] sind Al, Ti und Ni angebracht, wo es auf guten, weichen Guß ankommt, Cr und Co allein scheiden für Grauguß aus, Cr + Ni gibt festen feinkörnigen Guß, ist aber etwas unsicher in der Wirkung. V hält Piwowarsky für ein sehr aussichtsreiches Legierungselement, insbesondere bei dünnwandigem Guß, wenn es auf höchste Festigkeit und Zähigkeit ankommt. Die besten Hoffnungen seien an Mo und W zu knüpfen, gegebenenfalls in Verbindung mit V.

Trotz der an sich hohen relativen Gütesteigerung durch Legierungszusätze sind die erzielten absoluten Festigkeitswerte recht mäßig. Piwowarsky kommt selbst zu der Feststellung: „So beachtenswert der Einfluß einiger der hier behandelten Elemente auf die Eigenschaften von Grauguß auch sein mag, so betrübend ist es, wenn man die Ergebnisse dieser mehrjährigen Versuche vergleicht mit dem, was inzwischen in der Praxis auf dem Wege der Herstellung hochwertigen Gußeisens anscheinend schon gelungen ist, und zwar ohne teure Spezialzusätze, vielmehr durch einfache aber zweckmäßige Regelung der im Gußeisen bereits vorhandenen Elemente, insbesondere des Kohlenstoffs und des Siliziums.‟

Piwowarsky hat seine Legierungsversuche zwar nur an einem Material durchgeführt, das an und für sich schon nicht sehr hochwertig war. Versuche an hochwertigem Gußeisen als Ausgangsstoff führten aber zu einem glatten Versagen. Zusammenfassend stellt er fest: „Verfasser fürchtet, diese Beobachtungen so auslegen zu müssen, daß es zwar möglich ist, mittelmäßige Gußeisenqualitäten durch Spezialelemente zu verbessern, daß aber das Ausmaß der Veredelungsmöglichkeit prozen-

---

[1] Ausführliche Angabe des Schrifttums in der Originalarbeit zu finden.
[2] Stahleisen Bd. 45, S. 289. 1925; vgl. auch Foundry Trade Journ. 31, S. 331 u. 345. 1925.

tual stark zurückgeht, wenn es sich um weitere Qualitätssteigerung von an und für sich schon sehr hochwertigem Gußeisen handelt." Auch später konnte Piwowarsky[1] selbst an schmelzüberhitztem Material, in dem der Kohlenstoff in denkbar feinster Verteilung, also in günstigster Form enthalten ist (siehe weiter unten), durch Legierungszusätze keine wesentliche Steigerung der mechanischen Eigenschaften erzielen.

Neuerdings hat Piwowarsky[2,3] die Versuche, durch Chromnickel-Zusätze die Festigkeit zu steigern, wieder aufgenommen.

Berichterstatter hat aus dem Studium der amerikanisch-englischen Literatur den Eindruck gewonnen, daß man in diesen Ländern, insbesondere in Amerika, einen Festigkeitsgewinn durch Verwendung nickelchrom-legierten Materials zwar als wünschenswerte Nebenerscheinung gerne vermerkt, daß man aber eigentlich nicht aus diesem Grunde diese Elemente zulegiert, sondern um gleichmäßigere Härten, bessere Verschleißfestigkeiten, dichtes Gefüge, kurz bessere Gebrauchseigenschaften zu bekommen[4]. Neuerdings hat man auch in Deutschland, wo lange Zeit hindurch lediglich die Festigkeitssteigerung als Maß für erreichte Verbesserung galt, diesem Punkte größere Beachtung geschenkt. Piwowarsky wies in der oben besprochenen Arbeit über den Einfluß von Nickel und Chrom auf schmelzüberhitztes Eisen schon darauf hin, daß die erwähnten Vorteile in chemisch-metallurgischer und physikalischer Beziehung auch dann schon vorhanden sein können, wenn keine wesentliche Festigkeitssteigerung feststellbar ist.

b) Verbesserung des Gußeisens durch Herstellung einer perlitischen Grundmasse. Während das amerikanische Verfahren der Gußeisenverbesserung durch Zulegieren veredelnder Elemente ganz allgemein eine „Verfeinerung des Gefüges" anstrebt, wobei man sich sehr häufig durchaus nicht einig ist, welcher Teil des Gefüges denn verfeinert wird, gehen die jetzt zu besprechenden deutschen Verfahren mit größerer Konsequenz vor.

Gußeisen besteht aus einer Grundmasse von einer oder verschiedenen Kristallarten, in die Graphit eingelagert ist. So befassen sich denn im Grunde die noch zu betrachtenden Verfahren letzten Endes damit, entweder die Grundmasse oder die Graphiteinlagerungen in einer für die Eigenschaften günstigen Weise zu beeinflussen.

Bereits im Jahre 1906 wies P. Goerens[5] darauf hin, daß ein Gußeisen mit perlitischer Grundmasse vermutlich die besten Festigkeitseigenschaften haben würde. Systematisch ist das Suchen nach einem gangbaren Wege zur sicheren Erreichung dieser perlitischen Grund-

---

[1] Gieß. 1927, S. 253, 273, 290; Stahleisen Bd. 47, S. 308. 1927.

[2] Foundry Trade Journ. 1927, 36, S. 4, 37, 103; Gieß. 1927, S. 509; Stahleisen Bd. 47, S. 1615. 1927; Rev. Fonderie mod. 1927, 21, S. 243.

[3] Nach Erscheinen des obigen Berichts veröffentlichte Arbeiten:
Piwowarsky: Über nickel- und chromlegiertes Gußeisen. Gieß. 1928, S. 1074; Piwowarsky und Freytag: Beiträge zum Wachsen von grauem Gußeisen unter Berücksichtigung der Elemente Nickel und Chrom. Gieß. 1928, S. 1193.

[4] Ausführliche Angabe des Schrifttums in der Originalarbeit zu finden.

[5] Goerens, P.: Über die Konstitution des Roheisens. Stahleisen Bd. 26, S. 397/400. 1906.

masse erstmalig von A. Diefenthäler und K. Sipp aufgenommen worden.

Das wesentliche des Verfahrens besteht darin, durch niedrigen Siliziumgehalt eine so harte Legierung anzustreben, daß sie, normal vergossen, weiß erstarren würde, jedoch dann die Abkühlung der Gußstücke so zu leiten, daß die metallische Grundmasse, abgesehen von etwas Phosphideutektikum, Schwefeleinschlüssen usw. aus reinem „ausgereiftem" Perlit besteht.

Da nach diesem Verfahren so hart gesetzt wird, daß bei normaler Abkühlung das Eisen weiß erstarren müßte, ist man nach Bauer[1] in der Lage, nachträglich festzustellen, ob ein Gußstück nach dem Perlitverfahren hergestellt worden ist oder nicht; „man braucht nur die Analyse mit dem Querschnitt des Gußstücks zu vergleichen, um ein ziemlich sicheres Urteil über die Herstellungsart zu gewinnen". Diese Definition wird fast in der gesamten Literatur als wesentlich angesehen [2, 3, 4, 5, 6]. Damit dürften auch alle die Einwendungen gegen das Verfahren aus dem Wege geräumt sein, nach denen es möglich ist, auch ohne das Lanzverfahren perlitische Grundmasse in Gußeisen zu erzielen [4, 7].

c) Verbesserung des Gußeisens durch Graphitverminderung. Wie eingangs erwähnt, besteht eine weitere Möglichkeit zur Hebung der Qualität des Gußeisens darin, die Graphitmenge und Ausbildungsform zu beeinflussen. Da sich Stahl mit seinen hohen Festigkeitswerten von Gußeisen in erster Linie durch seine Graphitfreiheit unterscheidet, lag es nahe, den Graphitgehalt im Gußeisen nach Möglichkeit zu verringern zu suchen. F. Wüst und P. Bardenheuer[8] geben in ihrer Arbeit über hochwertiges Gußeisen neben einer geschichtlichen Übersicht und ausführlichen Literaturangaben (auf die für ältere Arbeiten hier verwiesen sei), die wissenschaftlichen Grundlagen und die wichtigsten technischen Verfahren an. Der technische Teil der Veröffentlichung stützt sich in erster

---

[1] Bauer, O.: Das Perlitgußeisen, seine Herstellung, Festigkeitseigenschaften und Anwendungsmöglichkeiten. Stahleisen Bd. 43, S. 553/57. 1923; s. a. Foundry Trade Journ. 1923, 27, S. 454/56. Zuschriften dazu ebenda 1923, 27, S. 492; 1923, 28, S. 16; 1923, 28, S. 505. Vgl. auch S. 22.

[2] Sipp, K.: Perlitgußeisen. Gieß. 1923, S. 491/95; s. a. Stahleisen Bd. 43, S. 1592/93. 1923.

[3] Emmel, K.: Perlitguß. Stahleisen Bd. 44, S. 330/33. 1924; s. a. Perlitguß, Zuschrift von H. Th. Meyer, A. Hammermann, R. Stotz und K. Emmel. Stahleisen Bd. 44, S. 753/58. 1924; s. a. Foundry Trade Journ. 1924, 30, S. 143/44.

[4] M. N. S.: Pearlitic and Lanz Iron. Foundry Trade Journ. 1925, 31, S. 117/19 439/40; s. a. Gieß. 1925, 12, S. 309/10, 465.

[5] Horace J. Young: A Note on the Practice and Purpose of Perlit Iron. Metal Ind. 1925, 27, S. 10/12, 14; s. a. Foundry Trade Journ. 1925, 31, S. 503/6; 1925, 32, S. 7/8; Gieß. 1925, S. 553.

[6] Young: An Addentum to „The Practice and Purpose of Perlit Iron". Foundry Trade Journ. 1925, 32, S. 159/62.

[7] Donaldson, J. W.: The Heat-Treatment and growth of Cast Iron. Foundry Trade Journ. 1927, 35, S. 143, 167; ferner Hurst ebenda, S. 188.

[8] Wüst, F. und P. Bardenheuer: Beiträge zur Kenntnis des hochwertigen, niedriggekohlten Gußeisens (Halbstahl). Mitt. K. W. I. Düsseldorf 1922, 4, S. 125/44; s. a. Foundry Trade Journ. 1923, 28, S. 410/13.

Linie auf die von **Wüst** und **Kettenbach**[1] gefundenen Ergebnisse bezüglich des Kohlenstoffeinflusses und auf die von **Wüst** und **Meißner**[2] ermittelten bezüglich der Wirkung des Mangans. Der Arbeit ist zu entnehmen, daß der Kohlenstoffgehalt am günstigsten zwischen 2,2 bis 3,0%, der Siliziumgehalt zwischen 2,2 bis 1,2%, der Mangangehalt um 1% herumliegt. Das Gefüge besteht meist aus reinem Perlit mit feinen und spärlichen Graphitlamellen durchsetzt. Einige Festigkeitswerte, die der Arbeit von **Wüst** und **Meißner** entnommen sind, seien in Tabelle 1 mitgeteilt.

Tabelle 1.

C	Si	Mn	P	S	σ_B	σ'_B	Brinell-härte
%	%	%	%	%	kg/mm²	kg/mm²	kg/mm²
2,74	1,71	0,79	0,041	0,006	32,5	58,1	214
2,79	1.54	0,96	0,029	0,007	33,1	59,6	221
2,80	1,53	0,79	0,003	0,003	32,7	57,9	213
2,90	1,57	0,93	0,030	0,003	32,0	60,1	225

Daß neben der Kohlenstoffsenkung ein hoher Mangangehalt erforderlich ist, sieht man aus einem Gegenbeispiel von **Wüst** und **Kettenbach**:

Tabelle 2.

C	Si	Mn	P	S	σ_B	σ'_B	Brinellhärte
%	%	%	%	%	kg/mm²	kg/mm²	kg/mm²
2,60	1,73	0,12	0,078	0,009	26,2	48,6	305

Aber ein hoher Mangangehalt allein genügt auch nicht, wie man bei **Wüst** und **Meißner** sehen kann:

Tabelle 3.

C	Si	Mn	P	S	σ_B	σ'_B	Brinellhärte
%	%	%	%	%	kg/mm²	kg/mm²	kg/mm²
3,65	1,82	1,00	0,030	0,009	13,1	27,3	125

Nach **Wüst** und **Bardenheuer**[3] kann das angegebene hochwertige Gußeisen in allen Schmelzapparaten hergestellt werden. Es ist natürlich am schwierigsten, das Material aus dem Kupolofen zu erhalten, da das Niederschmelzen der zur Drückung des hohen Kohlenstoffgehaltes erforderlichen hohen Stahlzusätze große metallurgische Erfahrungen verlangt, um ein homogenes Erzeugnis zu erzielen[4]. Leider sind die mit

---

[1] **Wüst** und **Kettenbach**: Über den Einfluß von Kohlenstoff und Silizium auf die mechanischen Eigenschaften des grauen Gußeisens. Ferrum 1913/14, 11, S. 51/54, 65/80.

[2] **Wüst** und **Meißner**: Über den Einfluß von Mangan auf die mechanischen Eigenschaften des grauen Gußeisens. Ferrum 1913/14, 11, S. 97/112.

[3] **Wüst**, F. und P. **Bardenheuer**: Beiträge zur Kenntnis des hochwertigen niedriggekohlten Gußeisens (Halbstahl). Mitt. K. W. I. Düsseldorf 1922, 4, S. 125/44; s. a. Foundry Trade Journ. 1923, 28, S. 410/13.

[4] **Klingenstein**, Th.: Ein neuer Ofen, „Bauart Wüst", zur Veredelung von Qualitätsguß. Stahleisen Bd. 45, S. 1476/78. 1925; s. a. Foundry Trade Journ. 1925, 32, S. 487/90.

den verschiedenen Schmelzapparaten gewonnenen und von Wüst und
Bardenheuer besprochenen Materialien nicht gut miteinander ver-

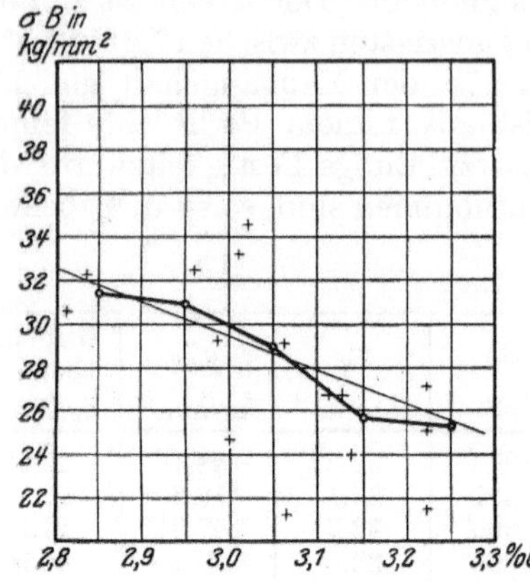

Abb. 1. Zugfestigkeit von Kupolofenguß
(Hall).

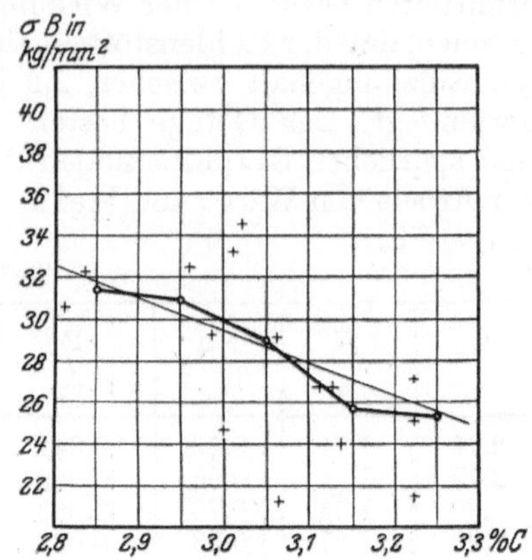

Abb. 2. Zugfestigkeit von Elektroofenguß
(Vogl).

gleichbar, da sie insbesondere im Mangangehalt sehr verschieden (meist
zu niedrig) sind. Am klarsten geht der Zusammenhang zwischen Festigkeit und Kohlenstoff aus Tabelle 2 der Arbeit von
Wüst und Bardenheuer hervor, in der im dritten
Teile die Zahlenwerte von F. E. Hall[1] von im
Kupolofen mit Stahlzusatz erschmolzenen Gußeisensorten mitgeteilt werden. Sie liegen auch
bezüglich des Mangangehaltes am besten in der
von Wüst und Bardenheuer angegebenen Zusammensetzung und sind deshalb in Abb. 1 wiedergegeben. Die Kreuze bezeichnen die Einzelwerte,
die Kreise die vom Berichterstatter ausgerech-
neten Mittelwerte. Aus der eingezeichneten Kurve
ersieht man, daß in den hier angegebenen Grenzen einer Kohlenstoffsenkung von etwa 0,1% ein
Festigkeitsgewinn von etwa 1,5 kg/mm² gegenübersteht. Die Werte streuen stark. Bemerkenswert ist in der Arbeit noch eine Tabelle, in der
die von H. Vogl[2] an Elektroofenmaterial ermittelten Festigkeitswerte mitgeteilt sind. In
Abb. 2 sind seine Werte der Zerreißfestigkeit,
der Originalarbeit entnommen, wiedergegeben.
Man sieht an ihnen sehr schön den Einfluß des
Kohlenstoffgehaltes auf die Festigkeit. Bei diesem

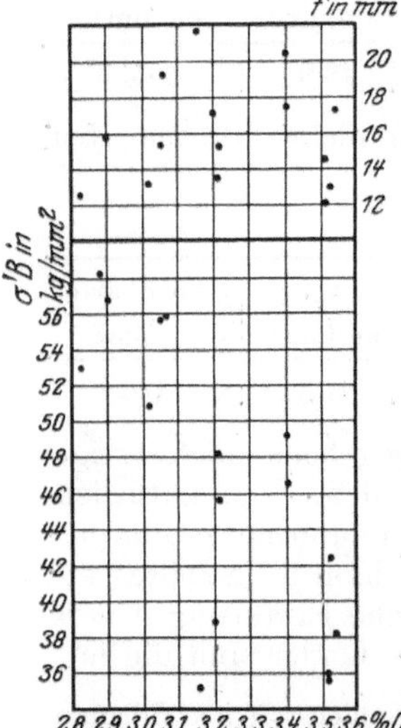

Abb. 3. Biegungsfestigkeit
und Durchbiegung von
Elektroofenguß (Vogl).

[1] Hall, F. E.: The sum of the percentages of total carbon and silicon in the
metal is an index of its strength. First portion of the heat is found to be inferior
in quality. Foundry 1920, 48, S. 160/62.
[2] Vogl, H.: Die Eignung des Elektroofens zur Herstellung von Stahlwerks-
kokillen und Temperguß. Mitt. K. W. I. 1922, 3 II, S. 77/98.

Material wurde bei dem nicht einmal so stark erniedrigten C-Gehalt (um 3%) trotz niedrigen Mangangehaltes (um 0,3 bis 0,4%) die sehr hohe Festigkeit von etwa 31 bis 35 kg/mm² erzielt. Wahrscheinlich ist das wohl auf die im Elektroofen leicht erreichbaren sehr hohen Überhitzungstemperaturen des Eisens zurückzuführen, die zu feiner Graphitverteilung und damit zu hohen Festigkeiten führen, wie weiter unten noch erörtert werden soll. In Abb. 3 sind seine Biegefestigkeiten und Durchbiegungen wiedergegeben, die unter 3% C auch ausgezeichnete Werte annehmen.

d) Verbesserung des Gußeisens durch Graphitverfeinerung. Durch den Temperguß war bereits bekannt, daß eine zweckentsprechende Graphitverteilung die Eigenschaften des Gußeisens beträchtlich verbessern kann. Bardenheuer zeigte es auch experimentell. Daß theoretisch die Möglichkeit bestehen muß, auch ohne Glühbehandlung die Graphitform zu beeinflussen, erörtert Goerens[1] bei Besprechung der Kristallisationstheorien. Die neueren Arbeiten haben gezeigt, daß man auf zwei Wegen dieses Ziel erreichen kann, nämlich durch sehr rasche Abkühlung bei geeigneter Zusammensetzung oder durch ungewöhnlich hohe Schmelzüberhitzung.

α) **Durch rasche Abkühlung.** Nachdem E. Schüz[2] bereits im Jahre 1922 auf eine eigenartige Graphitausbildung mit äußerst feiner Graphitverteilung aufmerksam gemacht hatte, der er den Namen „Graphiteutektikum" gab und die in einem gewöhnlichen Gußeisen mit etwa 3,6% C und 3,3% Si bei in Sand gegossenem Feinguß auftrat und dem Material gute mechanische Eigenschaften, leichte Bearbeitbarkeit und eine Brinellhärte von 150 Einheiten verlieh, konnte er[3] im Jahre 1925 Einzelheiten über eine systematische Erzeugung dieses Eutektikums und Festigkeitszahlen von Material mit dieser Gefügeausbildung geben. Man erhält die gewünschte Graphitausbildung über den ganzen Querschnitt nur bei einer kritischen Abkühlungsgeschwindigkeit und bei bestimmter Zusammensetzung. In der besten Ausbildungsform wurde es bei in Kokille gegossenen Stäben von 20 mm Durchmesser mit etwa 3,5% C und 3,3% Si angetroffen. Da nach Tabelle 1 der Arbeit von Schüz[3] Graphit in Blättchen immer nur bei langsamer, eutektischer Graphit aber bei schneller Abkühlung, gleiche Analyse vorausgesetzt, angetroffen wird, so möchte Berichterstatter im Gegensatz zu Schüz annehmen, daß der eutektische Graphit gerade Zerfallsgraphit, der blättchenförmige aber bei der Gleichgewichtslinie im stabilen System ausgeschieden ist[4]. Das Material ergab Zerreißfestigkeiten bis zu 36,3 kg/mm² und Biegefestigkeiten an Stäben von 20 mm Durchmesser und 200 mm Auflageentfernung bis zu 85 kg/mm² bei Durchbiegungen

---

[1] Goerens, P.: Wege und Ziele zur Veredelung des Gußeisens. Stahleisen Bd. 45, S. 137, 1925.

[2] Schüz, E.: Das Ferrit-Graphiteutektikum als häufige Erscheinung in gewissen Gußeisensorten. Stahleisen Bd. 42, S. 1345, 1922.

[3] Schüz, E.: Das Graphiteutektikum im Gußeisen. Stahleisen Bd. 45, S. 144, 1925.

[4] Hurst, J. E.: The Graphite Eutectic in Cast Iron. Foundry Trade Journ. Bd. 31, S. 353, 1925.

von 1,3 bis 3,3 mm (4,4 bis 11,2 mm umgerechnet auf normale Auflagen). Schüz nimmt an, daß dieses Gußeisen, da es gefügestabil ist, auch bei höherer Temperatur volumenkonstant sein wird.

β) Durch Schmelzüberhitzung. In den letzten zwei Jahren ist der Wissenschaft die Feststellung gelungen, daß man noch auf einem zweiten Wege, nämlich dem der Schmelzüberhitzung Graphitform und -menge beeinflussen kann. Grundlegend für die Theorie waren die Arbeiten von Piwowarsky[1] und Hanemann[2]. Beiden gemeinsam ist die Erkenntnis, daß mit steigender Überhitzungstemperatur die Graphitausbildung immer feiner wird, bis sich schließlich das temperkohleartige Graphiteutektikum einstellt, das Schüz[3] auf anderem Wege erzielte. Aber sowohl in den weiteren Beobachtungen, als auch in der Theorie gehen beide Forscher auseinander.

2. Über ein Gußeisendiagramm[4].

Von Prof. Dr.-Ing. Eduard Maurer.

Kommt man vom Gebiete der Stahlforschung, wie der Verfasser, so liegt einem die Frage nahe, warum bis jetzt die verschiedenen Gefügebestandteile des Gußeisens nicht zu einem Diagramm, ähnlich dem Guilletschen für Sonderstahle, zusammengestellt wurden. Ein Gießer wird vermutlich darauf antworten, daß die Abkühlungsgeschwindigkeit, die Wandstärke usw. eine zu große Rolle spielen, um ein solches Diagramm zu ermöglichen. Dieser Einwurf ist aber keineswegs stichhaltig, denn die Abkühlungsgeschwindigkeit spielt bei den Sonderstahlen kaum eine geringere, man kann sogar wohl ruhig sagen, eine noch bedeutendere Rolle als bei dem Gußeisen, und doch haben sich die Guilletschen Diagramme als äußerst wichtig und nützlich erwiesen.

a) Das Entwerfen des Diagramms. Bei einem Gußeisen können nun folgende Gefügebestandteile auftreten: Eisenkarbid mit Perlit (Ledeburit) im weißen Gußeisen, Graphit mit Ferrit und Perlit im ferritischen und Graphit mit Perlit ohne Ferrit im perlitischen grauen Gußeisen. Diese Gefügebestandteile hängen einerseits vom Kohlenstoff ab, andererseits vom Silizium. Die ganze Aufgabe besteht also darin, die obengenannten Gefügebestandteile in 3 Gruppen in ein Schaubild einzutragen, dessen eine Achse die Kohlenstoff- und die andere die Siliziumgehalte wiedergibt. Zum Unterschied von den Guilletschen Diagrammen gebe nun die Y-Achse die Kohlengehalte wieder und die X-Achse die Siliziumgehalte (Abb. 4). Guillet ließ nun sämtliche Linien seiner Diagramme bei dem Kohlenstoffgehalt

---

[1] Bericht Nr. 63 des Werkstoffausschusses des Vereins Deutscher Eisenhüttenleute; ferner Stahleisen Bd. 45, S. 1455. 1925; Gieß.-Zg. S. 380, 1926; Foundry Trade Journ. 32, S. 317, 1925. Vgl. auch Beitrag 10 der zweiten Reihe.

[2] Monatsblätter des Berliner Bezirkvereins Deutscher Ingenieure, 1. April 1926, Nr. 4, S. 31. Vgl. auch Beitrag 11 der zweiten Reihe.

[3] Schüz, E.: Das Graphiteutektikum im Gußeisen. Stahleisen Bd. 45, S. 144. 1925.

[4] Gekürzt aus „Kruppsche Monatshefte", Juli 1924, S. 115, vgl. auch Stahleisen 1924, S. 1522.

von 1,65% zusammenlaufen, so daß man z. B. aus dem Diagramm der Nickelstahle oder der Manganstahle entnehmen könnte, ein Stahl mit 1,65% C wäre rein austenitisch. Ein ähnlicher Punkt muß nun auch auf der Kohlenstoffachse des Gußeisendiagramms festgelegt werden, und zwar wählte ich den eutektischen Punkt mit 4,3% C. Es ist dies der Punkt *A* des Diagramms. Den Punkt *B* auf der Siliziumachse legte ich zu 2% Si fest, da mir von meinen Untersuchungen über „Schwarzbruch im Stahl[1]" her bekannt war, daß Stahle mit 2% Si sicher bis 1% C ohne Graphitabscheidung gegossen werden können. Den Punkt *C*

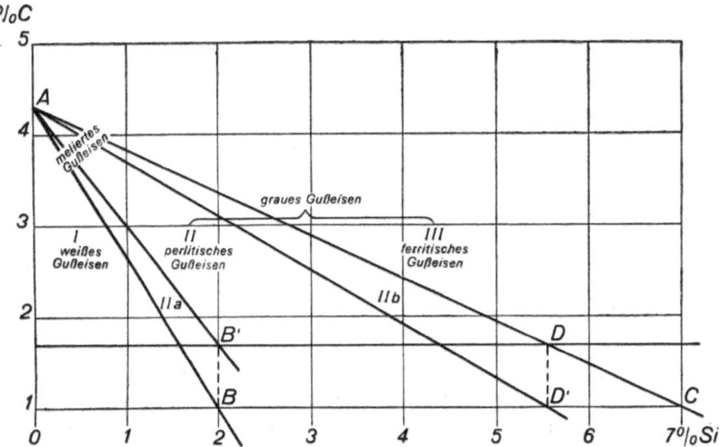

Abb. 4. Gußeisendiagramm, an Hand theoretischer Überlegungen entworfen.

mit 7% Si entnahm ich dem Guilletschen Diagramm der Siliziumstahle[2]. Durch das Verbinden der Punkte *B* und *C* mit *A* ergeben sich die obengenannten, gesuchten drei Felder, und zwar stellt Feld *I* den Bereich des weißen Gußeisens dar, Feld *II* den des perlitischen und Feld *III* den des ferritischen. Der Übergang *IIa* und *IIb* zwischen den drei Feldern wurde so getroffen, daß der Punkt *B* nach oben auf die Horizontale projiziert wurde, die durch den Punkt 1,7% C geht, da wohl dieser Kohlenstoffgehalt als Grenzpunkt zwischen Stahl und Gußeisen anzusehen ist. Umgekehrt wurde der Punkt *D* nach *D'* auf die *X*-Achse projiziert; es wurden dann *B'* und *D'* mit *A* verbunden und so die Übergangsfelder geschaffen.

b) Belege aus der Literatur. Dieses so theoretisch konstruierte Diagramm läßt sich nun sofort an Hand von einigen Literaturangaben nachprüfen. Nach Wüst und Bardenheuer[3] ist für das Gefüge hochwertigen Gußeisens mit: 2,5 bis 3,1% C, 1,2 bis 2,2% Si, 0,7 bis 1,2% Mn, 0,3% P, —% S eine rein perlitische Grundmasse kennzeichnend. Das Gebiet (*W u. B*), das durch diese Zusammensetzungsgrenzen gegeben ist, liegt, wie Abb. 5 zeigt, innerhalb des Feldes *II* bis auf zwei

---

[1] „Kruppsche Monatshefte" 4, 1923, S. 117/119.
[2] Siehe z. B. Mars Spezialstähle II. Aufl., 1922, S. 265.
[3] Mitteilung des K. W. I. für Eisenforschung Bd. 4, S. 127. 1922.

kleine, in die Übergangsfelder fallende Zwickel. Der von Vogl[1] angegebene Temperguß (*V*) mit 2,65 bis 2,81 bis 3,02% C, 0,78 bis 0,80 bis
0,81% Si und 0,30 bis 0,23 bis 0,28% Mn liegt rechts und links der
äußeren Linie des Übergangsfeldes *IIa*, jedoch zur Hauptsache in Feld *I*.

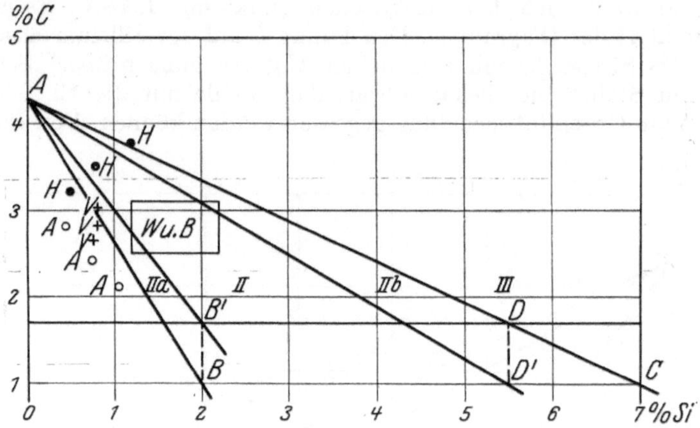

Abb. 5. Gußeisendiagramm, nachgeprüft an Hand von Literaturangaben.

In ziemlich gleichem Abstand von jener Linie halten sich im Felde *I*
die neuerdings[2] über amerikanischen Temperguß (*A*) mitgeteilten Zusammensetzungen 2,1 bis 2,4 bis 2,7% C bei 1,05 bis 0,75 bis 0,45% Si.
Aus der Eisenhütte[3] sind folgende drei deutsche Temperroheisenzusam-

mensetzungen zu entnehmen.

	Ges. C	Si	Mn
grau	3,75	1,2	0,15%
meliert . . .	3,50	0,8	0,15%
weiß	3,20	0,5	0,15%

Die Lage dieser drei Tem-
perroheisen (*H*) ist im Diagramm übereinstimmend mit
den von der Eisenhütte ge-
machten Angaben. Insbesondere wird noch durch das zweite Roheisen

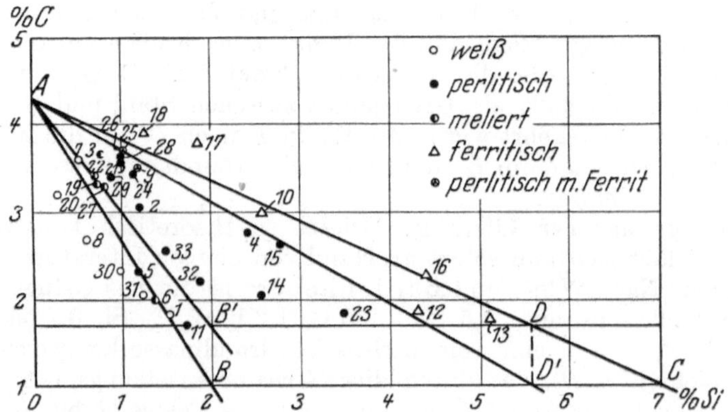

Abb. 6. Gußeisendiagramm, nachgeprüft an Hand von Laboratoriumsversuchen.

[1] Mitteilung des K. W. I. für Eisenforschung Bd. 3 II, S. 82. 1922.
[2] Stahleisen Bd. 44 I, S. 333. 1924.   [3] Eisenhütte 1910, S. 664.

der bis jetzt dunkle Charakter der Spitze des Diagramms dahin geklärt, daß Gußeisen von dieser Zusammensetzung meliert erstarrt, wodurch auch das melierte Gußeisen einen Platz in dem Diagramm erhält.

c) Belege durch Laboratoriumsversuche und durch Material eigener und fremder Herkunft. Das Diagramm wurde auch unmittelbar durch kleine Schmelzen in der Kruppschen Versuchsanstalt belegt. Zu diesem Zweck wurden aus einem Kruppschen 10 kg Kryptolofen Keile von 450 mm Länge, 100 mm Höhe und 50 mm Dicke mit etwa 1% Mn gegossen. Dieselben wurden im dünnen, mittleren und dicken Teil gebrochen, angeschliffen und mikroskopisch untersucht. Die Zusammensetzung der 33 Versuchsschmelzen ist in Tabelle 1 wiedergegeben. Aus Abb. 6 ist ersichtlich, daß sich die Versuchsschmelzen zwanglos in das Diagramm einordnen. Auch hierbei ergibt sich, daß Zusammensetzungen in der Spitze und in der Nähe derselben meliert erstarren.

Es sei nun festgestellt, daß Gußeisen von der von Feld *II* angegebenen Zusammensetzung keinerlei Neuerung darstellt, so fiel stets das von unserm Werk erschmolzene Zylindereisen in die eingekreiste Stelle der Abb. 7, bei einwandfreiem perlitischen Gefüge. Auch das Gefüge von fremdem Material entspricht dem Diagramm. In Tabelle 2 ist die Zusammensetzung von 5 verschiedenen Kolbenringen angegeben und in Abb. 7 mit den gleichen Nummern eingetragen. Die Feingefüge sind im völligen Einklang mit der Lage der Proben im Diagramm[1].

Aus dem Vorhergehenden dürfte die Lage des Übergangsfeldes *IIb* genügend gestützt sein. Es ist nun die Frage berechtigt, inwieweit dies auch für das linke Übergangsfeld *IIa* gilt. Die Linien wurden gezogen, indem ich mich auf Erfah-

Tabelle 1.

Güsse aus dem Laboratorium zur Nachprüfung des Gußeisendiagramms in Form von Keilen: 450 mm lang, 50 mm breit und 100 mm hoch.

Nr.	C %	Si %	Mn %	Gefüge
1	1,82	1,53	0,98	weiß
2	3,06	1,23	0,92	perlitisch
3	3,66	0,68	0,91	perlitisch mit etwas Karbid
4	2,79	2,43	1,25	perlitisch
5	2,30	1,19	0,87	perlitisch
6	2,00	1,38	0,87	perlitisch mit etwas Karbid
7	3,60	0,54	1,14	weiß
8	2,68	0,60	0,90	weiß
9	3,50	1,19	1,00	perlitisch mit etwas Ferrit
10	3,00	2,60	0,83	ferritisch
11	1,71	1,71	1,04	perlitisch
12	1,85	4,32	1,01	ferritisch
13	1,78	5,12	1,00	ferritisch
14	2,07	2,59	1,03	perlitisch
15	2,62	2,80	1,03	perlitisch
16	2,28	4,40	1,01	ferritisch
17	3,80	1,87	0,92	ferritisch
18	3,90	1,26	0,96	ferritisch
19	3,32	0,73	0,93	meliert
20	3,20	0,28	1,02	weiß
21	3,55	1,00	0,94	perlitisch
22	3,40	0,70	0,88	meliert
23	1,85	3,50	1,13	perlitisch
24	3,43	1,15	1,06	perlitisch
25	3,65	1,02	0,88	perlitisch mit Ferrit
26	3,65	1,05	0,90	perlitisch mit Ferrit
27	3,30	0,80	0,97	meliert
28	3,60	1,00	1,01	perlitisch
29	3,40	0,90	0,96	perlitisch
30	2,33	0,98	0,71	weiß
31	2,05	1,23	0,85	weiß
32	2,20	1,88	1,01	perlitisch
33	2,55	1,50	0,80	perlitisch

[1] In der Originalarbeit sind zahlreiche Gefügebilder und Beispiele von Gußstücken als Belege gebracht, die hier weggelassen wurden. Anm. d. Herausgeb.

rungen mit Stahlwerksgüssen stützte, so daß die Möglichkeit nahe liegt, daß für dünnere Wandstärken sich die Lage des Feldes *IIa* nach rechts verschieben könnte.

Tabelle 2. Material verschiedener Herkunft zur Nachprüfung des Gußeisendiagramms.

Bezeichnung	Zeichen	C %	Si %	Mn %	P %
Kolbenringe	1	3,37	1,28	0,74	0,48
(Fremder Herkunft)	2	3,32	1,86	0,71	0,63
	3	3,29	2,19	0,36	0,54
	4	3,50	1,87	0,30	0,61
	5	3,35	2,84	0,42	0,31
Kolben, Kleingußstück . .	K	2,67	1,37	0,99	0,67
(Kruppsches Fabrikat)	K G	2,90	1,40	1,05	0,68

Dies wurde an zwei Gußstücken, einem Kolben und einem Kleingußstück, nachgeprüft. Die verschiedenen Wandstärken des Kolbens betrugen vom Innennocken beginnend 42, 7 und 17 mm. Das der dünnsten Wandstärke entsprechende Gefüge besteht gleich dem des mittelstarken und stärkeren Wandteils aus einer perlitischen Grundmasse

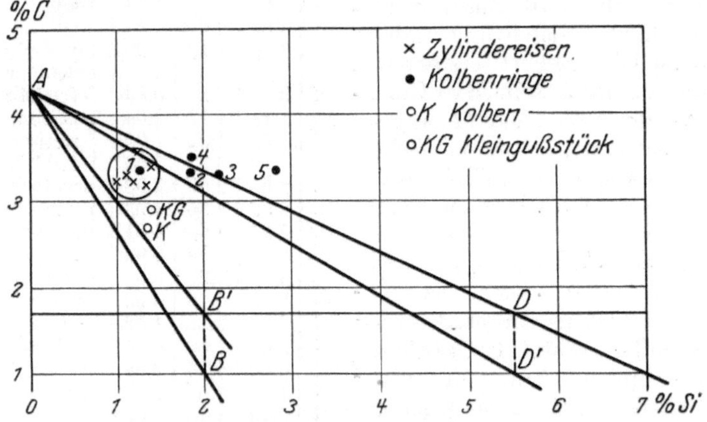

Abb. 7. Gußeisendiagramm; zeigt die Lage von Material verschiedener Herkunft.

mit eingesprengtem Phosphideutektikum. Seiner Zusammensetzung nach liegt der Kolben bei *K* im Diagramm (Abb. 7), also nahe dem Übergangsfeld *IIa*, so daß dessen Lage gesichert erscheint.

Hieran ändert auch der Gefügebefund eines Kleingußstückes nichts, das aus einem Ring mit seitlichen Rippen gebildet wurde. Seiner Zusammensetzung nach liegt es im Diagramm bei *KG*, also von dem Übergangsfeld *IIa* weiter ab als der Kolben *K*. Es ergab sich nämlich, daß wohl das Gefüge der Wandungen bei 20 mm oben und 13 mm unten einwandfrei perlitisch war, die Rippen hingegen enthielten bei 8 mm Dicke ausgeschiedenen Zementit, sie waren wegen der sehr ungünstigen Abkühlungsverhältnisse teilweise weiß erstarrt.

Da in der Einleitung eigens darauf hingewiesen worden war, daß das Diagramm nur für normale Verhältnisse zu gelten hat, dürfte auch an der Lage des Feldes *IIa* nichts zu ändern sein.

Wie oben ausgeführt, wurde das Diagramm an Hand von Laboratoriumsgüssen von etwa 1% Mn nachgeprüft. Strenggenommen würde dasselbe also nur für diesen Mangangehalt gelten. Es sei nun angeführt, daß neben den Laboratoriumsgüssen auch etwa 40 aus dem Betriebe zur Prüfung gelangten. Trotz des wechselnden Mangangehalts von 0,25 bis 1,2% fügten sich auch diese zwanglos dem Diagramm ein, wodurch dessen allgemeines Anwendungsgebiet weiter bestätigt wird.

d) Der Kruppsche Spezialguß. Die im vorstehenden mitgeteilten Überlegungen und Versuche sind auf Anregung von A. Rys, dem Abteilungsdirektor für das Kruppsche Gießereiwesen in Essen, entstanden. An Hand des so geschaffenen Gußeisendiagramms wurden in den Gießereibetrieben die Versuche weiter fortgesetzt mit dem Ergebnis, daß man zu einem Guß kam, der bei rein perlitischem Gefüge weitgehendst von der Abkühlungsgeschwindigkeit unabhängig ist und vorzügliche Festigkeitseigenschaften aufweist.

Anm. d. Herausgebers:

In einer Besprechung der vorstehend abgedruckten Arbeit weist Jungbluth[1] darauf hin, daß Maurer bei der Aufstellung des Diagramms einen Vorgänger in Grafton M. Trasher besitzt. Dieser stellte im Jahre 1915[2] ein Schaubild auf, daß die C-Gehalte auf der Abszisse, die Si-Gehalte auf der Ordinate enthält und die Felder durch Kurven abteilt, in denen das graue bzw. weiße Gußeisen stabil ist. Maurers Verdienst wird hierdurch nicht geschmälert. Denn die Bedeutung, die sein Diagramm erlangt hat, beruht gerade auf dem Schritt, den er über Trasher hinaus getan hat.

Auf eine spätere Arbeit von Maurer und Holzhaussen[3] sei aufmerksam gemacht, die sich mit den Veränderungen beschäftigt, welche das Maurersche Diagramm bei Anwendung verschiedener Abkühlung erfährt. Außer kleinen Korrekturen an dem Verlauf der ursprünglichen Maurerschen Linien ergab diese Arbeit Festlegung neuer Linien, die die Abkühlungsgeschwindigkeit bzw. die Wandstärke berücksichtigen.

3. Über hochwertigen Grauguß[4].

Von Dr.-Ing. Theodor Klingenstein.

(Mitteilung aus der Versuchsanstalt der Gießereien der Maschinenfabrik Eßlingen.)

Vor 30 Jahren noch wußte niemand etwas von hochwertigem Gußeisen. Gußeisen war eben Gußeisen. Erst die rasche Entwicklung der Technik, so die Anwendung überhitzten Dampfes, der Dieselmotoren- und Motorwagenbau, hat veranlaßt, sich mit dem Grauguß etwas näher zu befassen. Es entstanden Vorschriften für sogenannten Zylinderguß, der als Maßstab für hochwertigen Grauguß angesehen wurde. Als solche sei z. B. die Vorschrift von 1905 der preußischen, württembergischen

---

[1] Stahleisen Bd. 44, S. 1522. 1924.

[2] Bull. Am. Inst. Min. Bet. Eng. S. 2129. 1915; auch Stahleisen Bd. 36, S. 943. 1916.

[3] Stahleisen Bd. 47, S. 1805. 1927.   [4] Aus VDI 1926, S. 387.

und badischen Staatsbahnen genannt, die für solchen Guß eine Zugfestigkeit von 18 bis 24 kg/mm² vorschrieb. Zu dieser Zeit entstanden auch die allgemeinen Gußlieferungsvorschriften, die der Deutsche Verband für die Materialprüfungen der Technik mit dem Verein Deutscher Eisengießereien aufgestellt hatte und die vorschrieben für

gewöhnlichen Maschinenguß 28 kg/mm² Biegefestigkeit,

hochwertigen Maschinenguß 34 kg/mm² Biegefestigkeit oder 10 bis 15 kg/mm² und 15 bis 18 kg/mm² Zugfestigkeit.

Diese Vorschriften sind heute noch in Kraft, und ihre Einhaltung macht den Gießereien keine Schwierigkeiten mehr, so daß sich die Reichsbahnverwaltung neuerdings sogar genötigt sah, die obere Grenze für Zylinderguß von 24 kg/mm² Zugfestigkeit auf 26 kg/mm² zu erhöhen. Man hätte also demnach zu unterscheiden, Abb. 8,

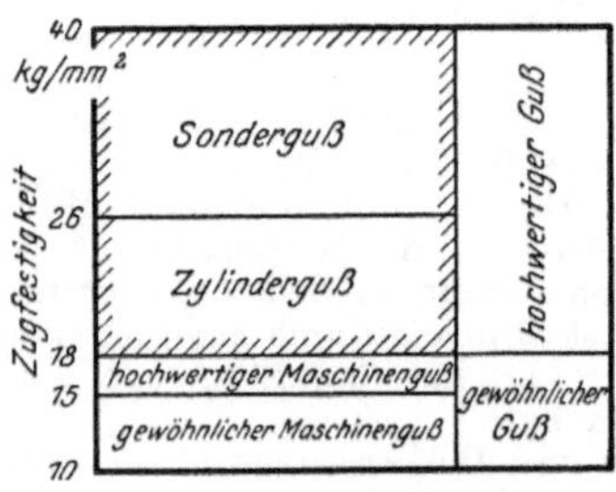

Abb. 8. Einteilung von Guß nach der Zugfestigkeit.

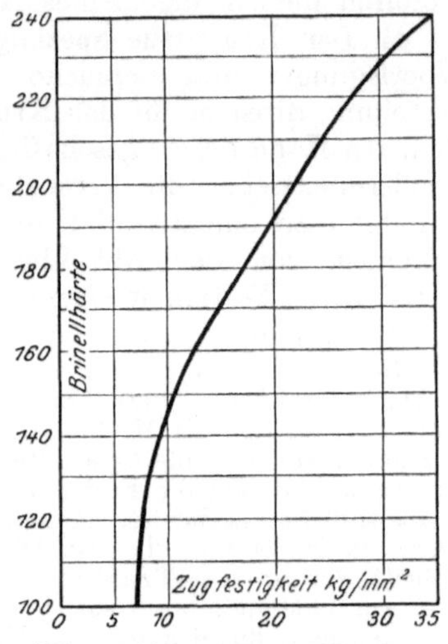

Abb. 9. Abhängigkeit der Zugfestigkeit von der Brinellhärte.

1. zwischen gewöhnlichem Maschinenguß mit Zugfestigkeiten bis zu 15 kg/mm²,

2. hochwertigem Maschinenguß mit Zugfestigkeiten bis zu 18 kg/mm²,

3. Zylinderguß mit Zugfestigkeiten bis zu 26 kg/m²

4. die verschiedenen Sondergüsse.

Der Ingenieur und Konstrukteur ist nun vielfach daran gewöhnt, ähnlich wie bei Stahl, so auch bei Grauguß, den Werkstoff nach der Brinellhärte zu beurteilen. Die Beziehungen zwischen Härte und Zugfestigkeit sind aber keineswegs so, daß man sie in eine feste Formel kleiden könnte. In Abb. 9 sind daher die Beziehungen zwischen Härte und Zugfestigkeit wiedergegeben[1].

Bei sogenanntem hochwertigem Gußeisen hat man daher mit einer Zugfestigkeit von 18 bis 26 kg/mm² und sogar 40 kg/mm² zu rechnen; das würde einem Härtebereich von 180 bis 210 und sogar 240 Brinelleinheiten entsprechen, wozu bemerkt werden muß, daß in den Bereichen

---

[1] Über die Beziehungen zwischen Härte und Biegefestigkeit usw. s. Klingenstein: Gußeisentaschenbuch 1926.

der hohen Zugfestigkeit die Härte nur noch unwesentlich gesteigert werden kann.

Maurer hat ein Gußeisendiagramm (vgl. Abb. 4 auf S. 13) aufgestellt, worin das Gußeisen nach dem Gefügeaufbau, und zwar in Beziehung zur Analyse, d. h. dem Kohlenstoff- und Siliziumgehalt, eingeteilt ist. Wie schon Jungbluth[1] feststellte, ist dieses Schaubild jedoch nur bei normaler Abkühlgeschwindigkeit gültig. Die Abkühlgeschwindigkeit, und damit also das Gefüge, wird aber

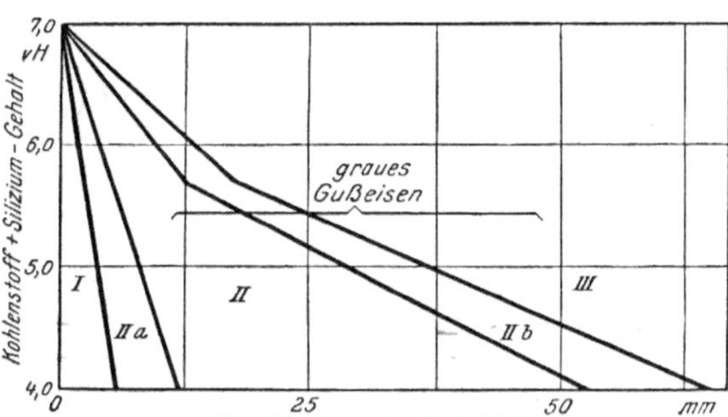

Abb. 10. Gußeisendiagramm nach Greiner-Klingenstein.
Feld *I*: Weißes Gußeisen.
Feld *IIa*: Meliertes Gußeisen.
Feld *IIb*: Übergang vom perlitischen zum ferritischen Gußeisen.
Feld *II*: Perlitisches Gußeisen.
Feld *III*: Ferritisches Gußeisen.

1. durch den Kohlenstoff- und Siliziumgehalt des Gusses und
2. durch die Wanddicke des Gußstückes beeinflußt,

was sich schon rein äußerlich durch das Korn des Gusses kennzeichnet.

Die oben angegebenen Zahlenwerte wurden mit Probestäben von 30 mm Dicke ermittelt, was allgemein als Norm angesehen wird und vom Verein Deutscher Eisengießereien auch als solche vorgeschrieben ist. Die Wanddicke übt nun durch ihre Beeinflussung der Erstarrungsgeschwindigkeit auch auf die Festigkeitseigenschaften solchen Einfluß aus, daß man das Maurersche Schaubild ohne nähere Angaben über die Wanddicke zur Kennzeichnung einzelner Gußarten nicht heranziehen kann. Wohl aber läßt

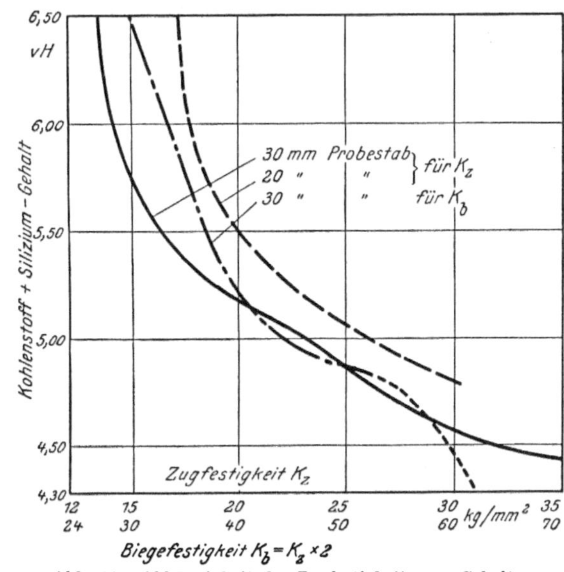

Abb. 11. Abhängigkeit der Zugfestigkeit vom Gehalt an Kohlenstoff und Silizium.

rersche Schaubild ohne nähere Angaben über die Wanddicke zur Kennzeichnung einzelner Gußarten nicht heranziehen kann. Wohl aber läßt

---

[1] Stahleisen Bd. 44, S. 152/24. 1924.

sich der Kohlenstoff- und Siliziumgehalt zu einem Faktor zusammenfassen und als zweiter Faktor die Wanddicke heranziehen und in Abhängigkeit von diesen Faktoren das Gefüge darstellen. Ein solches Diagramm zeigt Abb. 10.

Die Beeinflussung der Zugfestigkeit durch die Analyse zeigt Abb. 11. In das Schaubild ist auch die Biegefestigkeit, mit der man bekanntlich als dem doppelten Wert der Zugfestigkeit rechnet, eingezeichnet, ebenso die Zugfestigkeitswerte an 20 mm-Probestäben.

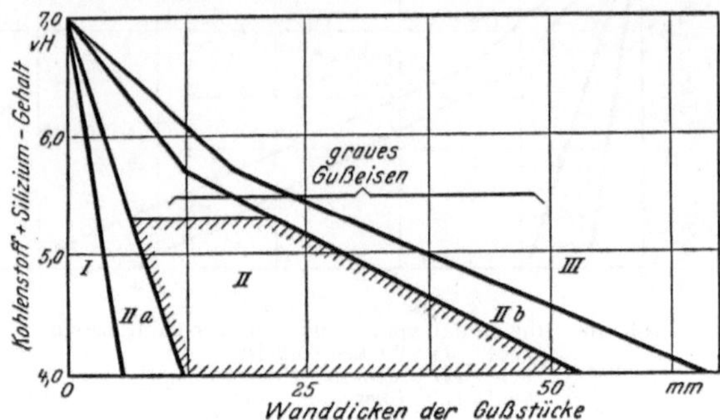

Abb. 12. Bereich für hochwertigen Grauguß (gestrichelt).
Gußeisendiagramm nach Greiner-Klingenstein.

Überträgt man nun die mit diesem Schaubild gewonnenen Werte in Abb. 10, so ergibt sich für hochwertigen Guß der in Abb. 12 gezeigte Bereich, wenn man von dem Übergangsfeld *IIb* absieht. Für hochwertigen Guß wäre also im wesentlichen ein perlitisches Grundgefüge gegeben. Außer durch diese Grundmasse wird aber die Festigkeit des Gusses und gerade die Zugfestigkeit so wesentlich durch die Menge und Art der Graphitausscheidungen beeinflußt, daß die verschiedenen Verfahren der jüngsten Zeit zur Herstellung hochwertigen Gusses im wesentlichen auf der Beeinflussung des Gesamtkohlenstoffgehaltes und damit auch der Graphitabscheidung beruhen.

I. Verbesserung des Gußeisens durch Herstellung einer perlitischen Grundmasse.

1. Perlitgußeisen[1].

Erste Mitteilung (1920).

Von Karl Sipp, Mannheim.

Einen wichtigen Fortschritt auf dem Gebiete des Gießereiwesens stellt ein zur Erzeugung von hochwertigem Gußeisen durch D. R. P. und Auslandspatente geschütztes Verfahren dar. Der Erfinder machte die Beobachtung, daß gleitender Reibung ausgesetzte Maschinenteile um so geringeren Verschleiß aufweisen, je vollkommener sich das Gefüge dem Perlit-Graphit-Zustand unter Fernhaltung des Ferrits näherte. Versuche, derartiges Gefüge planmäßig zu erzeugen, führten zu der Erkenntnis, daß zur Erreichung des Zieles eine Gattierung mit geringem Anreiz zur Graphitbildung Voraussetzung ist, wobei die Erstarrung in einer dem Stückquerschnitt angemessenen Zeit zu erfolgen hat. Es ist somit möglich, mit derselben Gattierung alle Querschnitte mit dem gleichen Enderfolg zu vergießen, wenn die Erstarrungszeiten entsprechend geregelt werden. Die Regelung des Erstarrungsvorganges gestaltet sich nun in der Praxis sehr einfach. Es genügt, die Formen in vorgewärmtem Zustande von je nach Querschnitt wechselnder Temperatur zu vergießen oder aber Formkasten zu verwenden, bei denen die eigentliche Form aus dünner Umhüllung, z. B. Ölsandmasse, besteht, die gegen Wärmeabströmung durch Lufträume oder ähnliche Mittel isoliert ist. Das flüssige Eisen wird alsdann mit entsprechend höherer Temperatur eingegossen, die Formwände können sich vor der Erstarrung anwärmen, und die Erstarrung geht entsprechend langsam vor sich. Wird z. B. das Eisen mit 1400° eingegossen, so können sich die Formwände je nach Masse auf 200 bis 300° erwärmen, ehe die Erstarrung einsetzt. Dieses Verfahren eignet sich besonders für einfachere Teile, wie Büchsen, Kolbenringe, Lager u. dgl., während die vorausgehende Anwärmung der Form mehr für schwieriger gestaltete Stücke, Zylinder, Gehäuse u. dgl., in Betracht kommt.

Als Schmelzeinrichtung kann der Kuppelofen benutzt werden, wenn nicht aus anderen Gründen eine andere Ofenart Anwendung finden soll.

Zur Ausübung des Verfahrens können demnach die gewöhnlichen Gießereieinrichtungen, Kuppelofen und Trockenkammer, dienen, eben-

---

[1] Abgedruckt aus „Stahl und Eisen" 1920, S. 1141 mit Weglassung des dort gebrachten letzten Absatzes und des Schliffbildes.

so sind die zur Verwendung kommenden Rohstoffe solche, wie sie im Gießereibetrieb üblich sind.

Die bis jetzt mit dem Verfahren in der Praxis erzielten Ergebnisse lassen außerordentlich weitreichende Anwendungsmöglichkeiten erkennen; es scheint dazu bestimmt zu sein, im Gießereiwesen umwälzend zu wirken. Es seien hier einige Wertziffern, die mit 30-mm-Probestäben aus Perlitguß erzielt worden sind, mitgeteilt:

$$\begin{aligned} \text{Biegefestigkeit} &\ldots\ldots\ldots\ldots 51 \text{ kg/mm}^2, \\ \text{Durchbiegung} &\ldots\ldots\ldots\ldots 12{,}5 \text{ mm}, \\ \text{Brinellhärte} &\ldots\ldots\ldots\ldots 176. \end{aligned}$$

Kolbenringe aus Perlitguß verhalten sich gegenüber gewöhnlichem Material in ihrer Lebensdauer wie 10:1. Schnecken und Zahnräder, Zylinder, Kolben, Ventile und Sitzringe u. a. m. weisen ähnliche günstige Ergebnisse auf.

2. Das Perlitgußeisen, seine Herstellung, Festigkeitseigenschaften und Anwendungsmöglichkeiten [1].

Von Professor Dr.-Ing. e. h. O. Bauer, Berlin-Dahlem.

Die reinen Eisenkohlenstofflegierungen mit hohen Kohlenstoffgehalten (Roheisen, Gußeisen) erstarren, sofern nicht ein besonderer Anreiz zur Graphitausscheidung gegeben ist, „weiß". Das Gefüge des erstarrten „weißen" Eisens besteht aus Zementit (Eisenkarbid = Fe_3C) und dem Eutektoid Perlit. Da weißes Eisen so hart ist, daß es mit schneidenden Werkzeugen nicht bearbeitet werden kann, außerdem sehr spröde ist, so kommt es, abgesehen von gewissen Sonderzwecken, für den Maschinenbau nicht in Frage. Das Karbid Fe_3C (Zementit) ist aber ein instabiler Körper, der das Bestreben hat, in seine beiden Bestandteile Eisen (Ferrit) und Kohlenstoff (Graphit bzw. Temperkohle) zu zerfallen.

Durch gewisse Zusätze zum Gußeisen, die die Graphitausscheidung begünstigen (z. B. Silizium), ferner durch langsamen Durchgang durch das Erstarrungsintervall, sowie durch langsame Abkühlung bis unterhalb des Perlitpunktes gelingt es unter besonders günstigen Umständen, den Zerfall so weit zu treiben, daß man schließlich ein Gußeisen erhält, das nur aus Ferrit mit eingelagerten, mehr oder weniger groben Graphitblättern besteht.

Ferrit ist der weichste Gefügebestandteil der Eisenkohlenstofflegierungen; die zwischengelagerten Graphitblätter verringern seine an sich schon geringe Festigkeit. Für den Maschinenguß kommt demnach, abgesehen von gewissen Sonderzwecken, das Ferritgraphiteisen ebenfalls nicht in Frage.

Zwischen diesen beiden Grenzzuständen, dem harten und spröden „weißen" Eisen und dem sehr weichen Ferritgraphiteisen liegen in den

---

[1] Erschienen in den „Mitteilungen aus dem Materialprüfungsamt zu Berlin-Dahlem", Heft 6. Berlin: Julius Springer 1922; vgl. auch Stahleisen 1923, S. 553 und Gieß. 1923, S. 377.

verschiedensten Abstufungen die üblichen technischen grauen Gußeisensorten. Ihr Gefügeaufbau ist abhängig von der chemischen Zusammensetzung, von dem angewendeten Schmelz- und Gußverfahren und von den Erstarrungs- und Abkühlungsverhältnissen nach dem Guß. Letztere werden naturgemäß weitgehend durch den Querschnitt des betreffenden Gußstückes beeinflußt.

Im Kleingefüge des gewöhnlichen grauen Gußeisens treten in der Regel nebeneinander in wechselnden Mengen Graphit, Ferrit, Perlit und freier Zementit auf, ferner noch Phosphideutektikum und je nach dem Schwefelgehalt Einschlüsse von Schwefeleisen oder Schwefelmangan.

Ein Kohlenstoffstahl mit 0,9% Kohlenstoff besteht im ausgeglühten Zustand nur aus Perlit (Eutektoid: Ferrit-Zementit), das Gefüge ist gleichmäßig und dicht. Wegen seiner ausgezeichneten Festigkeitseigenschaften nimmt der perlitische Stahl gegenüber den untereutektoiden und den übereutektoiden Stählen eine gewisse Sonderstellung ein. Der Gedanke lag nahe, auch ein Gußeisen zu erzeugen, dessen Kleingefüge in der Hauptsache nur aus Perlit mit eingelagertem Graphit besteht. Ein solches Gußeisen müßte Festigkeitseigenschaften aufweisen, die dem perlitischen Stahl nahekommen und die nur durch den zwischengelagerten Graphit entsprechend beeinflußt werden.

Zahlreiche, von verschiedenen Forschern gelegentlich durchgeführte Untersuchungen von Gußstücken, die im Gefügeaufbau dem Perlitgußeisen (Perlit-Graphit) nahekamen, schienen obige Vermutung zu bestätigen. Es war aber zunächst nicht möglich, im laufenden Betrieb jederzeit mit Sicherheit das gewünschte Perlitgraphitgefüge zu erhalten.

Durch systematische Versuche ist es A. Diefenthäler und K. Sipp[1] gelungen, ein Verfahren auszuarbeiten, das mit großer Sicherheit die Erzielung des gewünschten Perlitgraphitgefüges gestattet.

Das Verfahren steht seit 1916 unter Patentschutz[2]. Es ist inzwischen weiter ausgebaut und hat schließlich zu ganz bestimmten Regeln bezüglich der Erzielung der gewünschten Eigenschaften des Gußeisens geführt. Es besteht im wesentlichen in der Verbindung zweier Mittel: erstens in der Veränderung der Gattierung und zweitens in der richtigen Wärmebehandlung der Form.

Die Gattierung wird darauf eingestellt, möglichst geringen Anreiz zur Graphitbildung zu geben. Zur Verwendung gelangt ein kohlenstoff-, silizium- und phosphorarmes Gußeisen; bemerkenswert ist noch, daß ein reichlicher Schwefelgehalt, der von den meisten Gießereifachleuten besonders gefürchtet wird, beim Perlitguß nicht ungern gesehen wird.

Bei gewöhnlicher Abkühlung würde demnach ein solches Eisen „weiß“ erstarren.

---

[1] Die Versuche wurden in der Gießerei der Firma Heinrich Lanz in Mannheim durchgeführt.

[2] Patentschrift Nr. 301913: „Verfahren zur Erzielung von Perlitguß mit hoher Widerstandsfähigkeit gegen gleitende Reibung“. 10. Mai 1916 von A. Diefenthäler in Heidelberg; vgl. Anhang.

Um das gewünschte Perlitgraphitgefüge zu erhalten, ist verlangsamte Abkühlung erforderlich, die durch eine Vorwärmung der Form erreicht wird. Die Höhe der Vorwärmung richtet sich nach der Wandstärke des zu vergießenden Gußstückes.

Theoretisch wäre es möglich, aus ein und derselben Gattierung durch geeignete Wärmebehandlung der Gußform jeden Querschnitt mit dem gleichen Endresultat (Perlitgraphitgefüge) zu vergießen, nachdem durch praktische Vorversuche die für die verschiedenen Querschnitte erforderlichen Abkühlungszeiten einmal festgelegt sind. In der Praxis verfährt man in der Regel in der Weise, daß man verschiedene Querschnittsgebiete zusammenfaßt und für jedes Gebiet bei gleicher Vorwärmung der Form eine besondere Gattierung wählt.

Der Umstand, daß bei dem Verfahren Gattierungen Verwendung finden, die in gewöhnlicher, nicht vorgewärmter Gußform vergossen „weißes Eisen" ergeben würden, gestattet jederzeit, nachträglich festzustellen, ob ein Gußstück nach dem Perlitverfahren hergestellt wurde; man braucht nur die Analyse mit dem Querschnitt des Gußstückes zu vergleichen, um ein ziemlich sicheres Urteil über die Herstellungsart zu gewinnen.

Die dem Perlitguß nachgerühmten Eigenschaften sollen sein:

1. Gute Biege-, Zugfestigkeit und Zähigkeit;

2. hohe Widerstandsfähigkeit gegen Schlag- und Stoßbeanspruchung;

3. mäßige Härte bei guter Bearbeitbarkeit;

4. geringe Abnutzung bei gleitender Reibung;

5. geringe Neigung zur Lunkerbildung und demgemäß Herstellungsmöglichkeit schwierigster Gußstücke;

6. feiner dichter Gefügeaufbau und Beständigkeit des Gefüges gegen Temperaturbeeinflussung.

Unabhängig von Diefenthäler und Sipp kamen in der Nachzeit auch andere Forscher zu einer ähnlichen Wertung des Perlitgefüges beim Gußeisen[1], ohne jedoch die sichere Erzeugung des Perlitgusses erkannt zu haben.

---

[1] Über das Verhalten bei Abnützungsversuchen berichtet v. Hanffstengel im Rundschreiben M 387 der Metall-Beratungs- und Verteilungsstelle für den Maschinenbau, Oktober 1918:

„Gußeisen, das bei geringem Siliziumgehalt abgekühlt ist und ein sehr feines perlitisches Gefüge besitzt, hat sich bei den Versuchen nach dem Hanemann-Hanffstengelschen Verfahren und bei Schneckenrädern zum Antrieb von Zentrifugen gut bewährt. Es hat bei versagender Schmierung auf gehärteter Scheibe überraschend gut gearbeitet."

Ferner sei verwiesen auf die Arbeit von T. Turner: „Silizium im Gußeisen" in „The Foundry" 1920, S. 379/82, auszugsweise veröffentlicht in der Zeitschrift „Die Gießerei" 1920, S. 170; ferner J. W. Bolton in „The Foundry" 1922, Heft vom 15. Januar und 1. Februar: „Die Metallographie des grauen Gußeisens", Abdruck in der „Gießereizeitung" 1922, 20. Juni von J. Stein in Aachen, sowie: „Einfluß mäßig hoher Temperaturen auf Gußeisen" 1920, Heft 11. Durch letztere Arbeit wird nachgewiesen, daß Gußeisen mit über 1% Si-Gehalt in steigendem Maße beim Auftreten der Betriebstemperaturen, wie sie besonders bei Explosionsmotoren gegeben sind, umkristallisiert, indem Perlit in Ferrit und Graphit übergeht.

Es erschien nun von hohem Interesse, an der Hand einwandfreien Probenmaterials nachzuprüfen, inwieweit die dem Perlitguß nachgerühmten guten Eigenschaften tatsächlich zutreffen.

Die Firma Heinrich Lanz, Mannheim, stellte mir für die Versuche in liebenswürdigster Weise ihre Gießereieinrichtungen zur Verfügung.

Zur Verwendung gelangten drei Gußeisensorten:

1. Gewöhnliches Gußeisen, wie es bei einfacheren Gußstücken, die leicht bearbeitbar sein müssen und bei denen es auf besonders hohe Festigkeit nicht ankommt, verwendet wird. Im nachfolgenden soll dieses Gußeisen mit G bezeichnet werden.

2. Sogenanntes „Zylindereisen" für Maschinenguß mit einer Festigkeit von 18 bis 24 kg/mm²; nachfolgend mit Z bezeichnet.

3. Perlitguß; nachfolgend mit P bezeichnet.

Von jeder Gußart wurden je 6 Normalbiegestäbe von 32 und von 42 mm Durchmesser und 750 mm Länge gegossen. Die Formen waren nahtlos abgeformt, getrocknet und geschwärzt. Der Guß wurde von oben vorgenommen. Die Formen für den Perlitguß waren nach dem patentierten Verfahren vorbehandelt.

Das Gießen der G- und Z-Proben geschah aus dem Kupolofen im normalen Betriebsgang. Die P-Proben wurden aus dem Tiegel vergossen[1], wobei der Schwefelgehalt absichtlich reichlicher bemessen wurde als bei den Proben G und Z (siehe Tab. 1).

Die Stäbe jeder Gußart wurden mit Nr. *1* bis *12* gestempelt. Die Stäbe von 42 mm Durchmesser erhielten die Nummern *1* bis *6*, die von 23 mm Durchmesser die Nummern *7* bis *12*.

Die Gußstäbe mit geraden Nummern wurden mit der Gußhaut der Biegeprobe unterworfen, die ungeraden wurden von 42 auf 38 mm bzw. von 32 auf 28 mm Durchmesser abgedreht.

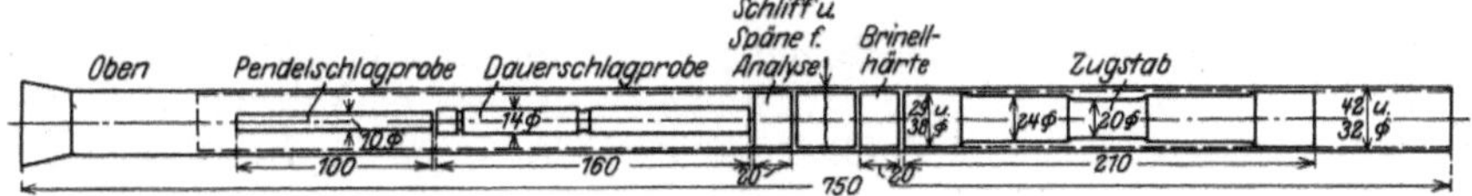

Abb. 13.   Entnahme der Probestäbe.

Folgende Versuche und Untersuchungen wurden ausgeführt:

a) Chemische Analyse,
b) Gefügeuntersuchung,
c) Biegeverwuche,
d) Zugversuche,
e) Bestimmung der Kugeldruckhärte,
f) Wechselschlagversuche,
g) Schlagbiegeversuche.

Die Entnahme der Proben für die verschiedenen Versuche ist aus Abb. 13 ersichtlich.

---

[1] Im normalen Betrieb wird auch der Perlitguß im Kupolofen ohne Schwierigkeiten erschmolzen. Die Perlitgußproben zeigten nur sehr geringe Neigung zur Lunkerbildung.

a) Chemische Analyse. Die Analyse der Durchschnittsprobe aus je einem Probestab ergab die in Tab. 1 angegebenen Werte.

Tabelle 1.

	Gesamt-kohlen-stoff %	Graphit %	Gebun-dene Kohle %	Sili-zium %	Mangan %	Phos-phor %	Schwe-fel %
Gußeisen G	3,29	2,99	0,30	2,79	0,56	1,15	$0,08_4$
Zylindereisen Z . .	3,51	2,84	0,67	1,74	0,66	0,50	$0,07_6$
Perliteisen P . . .	3,25	2,41	0,84	1,11	0,79	0,40	$0,15_4$

Beachtenswert ist der niedrige Silizium- und der reichliche Schwefelgehalt des Perlitgusses. Bei gewöhnlicher Abkühlung würde das Material „weiß" erstarren.

Der gebundene Kohlenstoff ist in Material G am niedrigsten, etwas höher in Material Z und erreicht im Perlitguß P nahezu den eutektoiden Gehalt.

b) Gefügeuntersuchung. Abb. 14 zeigt in 100facher linearer Vergrößerung das Kleingefüge der Probe G. Es besteht aus Graphit,

Abb. 14. Gußeisen G.

Abb. 15. Zylindereisen Z.

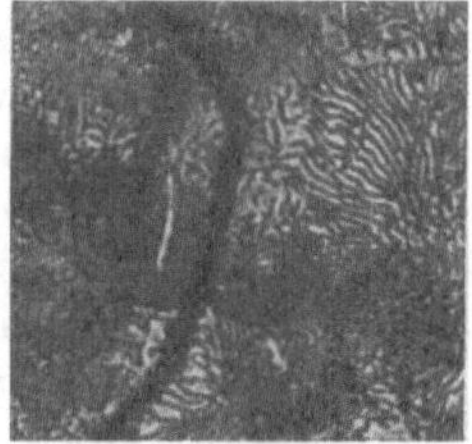

Abb. 16. Perliteisen P.

Ferrit und Perlit mit reichlichen Mengen von Phosphideutektikum, entspricht demnach dem Gefüge gewöhnlichen grauen Gußeisens.

Abb. 15 zeigt das Kleingefüge des Zylindereisens Z. Das Bild ist in 500facher Vergrößerung an einer Stelle mit vorwiegend perlitischer Grundmasse aufgenommen, daneben sind im Gefüge Phosphideutektikum, grobe Graphitblätter und wenig Ferrit erkennbar. An anderen Stellen waren größere Ferritmengen vorhanden.

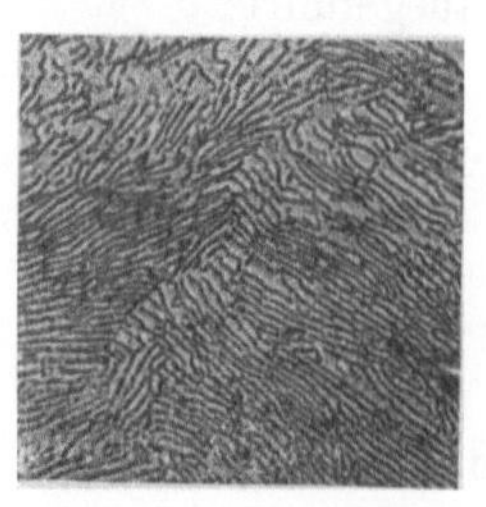

Abb. 17. Perlitguß.

Abb. 16 ($v = 500$) zeigt das Gefüge der Probe P 5. Die Grundmasse besteht aus Perlit mit eingelagerten feinen Graphitblättern. Phosphideutektikum ist ebenfalls vorhanden, jedoch kein Ferrit.

Der Perlit ist bei allen drei Proben nicht deutlich lamellar ausgebildet; es ist aber zu beachten, daß es sich nur um kleine Querschnitte handelt (42 und 32 mm Durchmesser). Bei größeren Abmessungen der Gußstücke, bei denen die Abkühlung an sich bereits langsamer ist, pflegt der Perlit meist deutlich lamellar aufzutreten; siehe z. B. Abb. 17 ($v = 300$), aus einem Perlitguß von größerem Querschnitt stammend.

Zu c) Biegeversuche. Zur Verwendung gelangte eine 2000-kg-Prüfmaschine der Maschinenbau-Aktiengesellschaft vorm. J. Losenhausen in Düsseldorf. Die Ergebnisse sind in Tab. 2 zusammengestellt und in Abb. 18 graphisch aufgetragen.

Aus Tab. 2 ergibt sich folgendes:

1. In allen Fällen weisen die Proben ohne Gußhaut höhere Biegefestigkeit und weitergehende Durchbiegung auf als die Proben mit Gußhaut.

2. Die mit geringerem Durchmesser (32 mm) gegossenen Probestäbe besitzen durchgängig höhere Biegefestigkeit bei gleicher Durch-

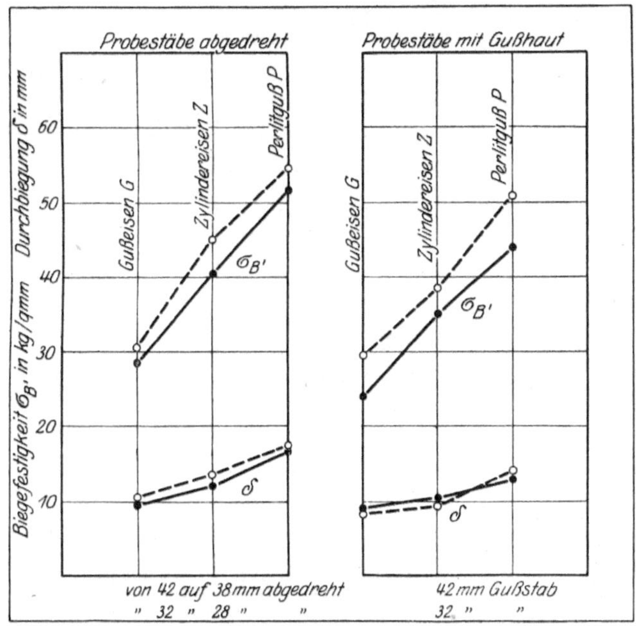

Abb. 18. Biegeversuche.

biegung wie die mit größerem Durchmesser (42 mm) gegossenen Probestäbe.

3. Der Perlitguß zeigt in allen Fällen die höchsten Werte für die Biegefestigkeit und für die Durchbiegung; dann folgt der Zylinderguß; die geringsten Werte zeigt das gewöhnliche Gußeisen.

d) Zugversuche. Zur Verwendung gelangte eine Pohlmeier-Maschine von Heinrich Erhardt in Düsseldorf.

Die Abmessungen der Zugproben sind aus Abb. 19 ersichtlich. Die Ergebnisse sind in Tab. 3 zusammengestellt und in Abb. 20 graphisch aufgetragen.

Das Ergebnis der Zugversuche steht mit den Ergebnissen der Biegeproben in Übereinstimmung.

Tabelle 2. Biegeversuche.

Von 42 auf 38 mm Durchmesser abgedreht				42 mm Durchmesser mit Gußhaut geprüft			
Nr.	Biegefestigkeit Bruchgrenze σ'_B in kg/mm²		Durchbiegung δ in mm	Nr.	Biegefestigkeit Bruchgrenze σ'_B in kg/mm²		Durchbiegung δ in mm
	Einzelwerte	Mittel	Einzelwerte	Mittel		Einzelwerte	Mittel	Einzelwerte	Mittel

Von 42 auf 38 mm Durchmesser abgedreht					42 mm Durchmesser mit Gußhaut geprüft			
Nr.	Einzelwerte	Mittel	Einzelwerte	Mittel	Nr.	Einzelwerte	Mittel	Einzelwerte	Mittel
G 1	27,8		9,5		G 2[1]	23,5		8,6	
G 3	29,4	28,6	9,7	9,6	G 4	24,9	24,3	9,7	9,2
G 5	28,5		9,6		G 6	24,4		9,2	
Z 1[1]	39,2		11,0		Z 2	35,5		11,6	
Z 3	41,2	40,6	12,5	12	Z 4[1]	33,8	35,1	9,4	10,4
Z 5	41,5		12,5		Z 6[1]	36,0		10,2	
P 1	51,0		16,2		P 2[1]	43,5		13,5	
P 3	50,9	51,8	17,2	16,9	P 4	48,9	44,3	16,1	13,1
P 5	53,4		17,4		P 6[1]	40,4		9,8	
Von 32 auf 28 mm Durchmesser abgedreht				**32 mm Durchmesser mit Gußhaut geprüft**				
G 7	30,7		11,0		G 8	33,2		9,2	
G 9	30,7	30,6	10,2	10,3	G 10[1]	28,1	29,8	8,1	8,3
G 11	30,4		9,8		G 12[1]	28,0		7,6	
Z 7	47,1		14,1		Z 8	38,0		9,4	
Z 9	44,5	45,1	13,2	13,3	Z 10	38,5	38,8	9,6	9,6
Z 11	43,6		12,5		Z 12	39,8		9,7	
P 7	53,4		16,3		P 8	51,7		15,0	
P 9	55,5	54,5	18,7	17,5	P 10	50,8	50,9	13,5	14,1
P 11	54,7		17,5		P 12	50,1		13,7	

Tabelle 3. Zugversuche.

Probestäbe, entnommen aus dem 42-mm-Gußstab Zugfestigkeit σ_B in kg/mm²			Probestäbe, entnommen aus dem 32-mm-Gußstab Zugfestigkeit σ_B in kg/mm²		
Nr.	Einzelwerte	Mittel	Nr.	Einzelwerte	Mittel
G 1	12,9		G 7	14,8	
G 3	13,3	13,1	G 9	14,0	14,6
G 5	13,2		G 11	14,9	
Z 1	18,5		Z 7	21,4	
Z 3	18,2	18,3	Z 9	21,4	21,5
Z 5	18,1		Z 11	21,6	
P 1	23,2		P 7	28,5	
P 3	25,1	25,0	P 9	28,1	28,2
P 5	26,8		P 11	28,0	

Die aus den Gußstäben mit geringem Durchmesser (32 mm) entnommenen Zugproben weisen höhere Festigkeit auf als die Stäbe, die aus den Gußstäben mit größerem Durchmesser (42 mm) entnommen waren. Die höchste Zugfestigkeit haben die Perlitgußstäbe P, die ge-

---

[1] Kleine Fehlstelle vorhanden.

ringste die Stäbe aus dem gewöhnlichen Gußeisen G; dazwischen liegt die Festigkeit des Zylindergusses Z.

e) Bestimmung der Kugeldruckhärte. Zur Verwendung gelangte eine Maschine von der Mannheimer Maschinenfabrik Mohr & Federhaff. Eine Kugel von 10 mm Durchmesser wurde mit 3000 kg Belastung in die Mitte der geschliffenen Probescheibe eingedrückt. Die Belastungsdauer betrug 1 Minute.

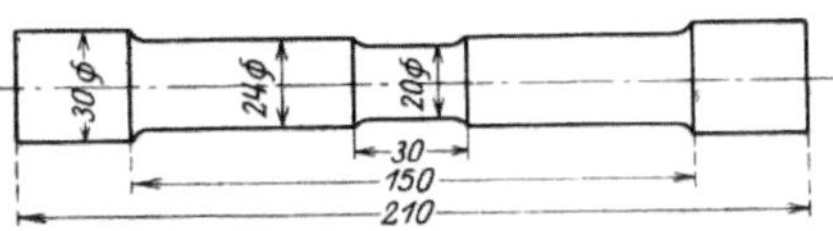
Abb. 19. Abmessungen der Zugproben. Millimetermaße.

Die Ergebnisse sind in Tab. 4 zusammengestellt und in Abb. 20 graphisch aufgetragen.

Das, was anläßlich der Besprechung der Biegeproben und Zugversuche gesagt war, gilt auch für die Härte.

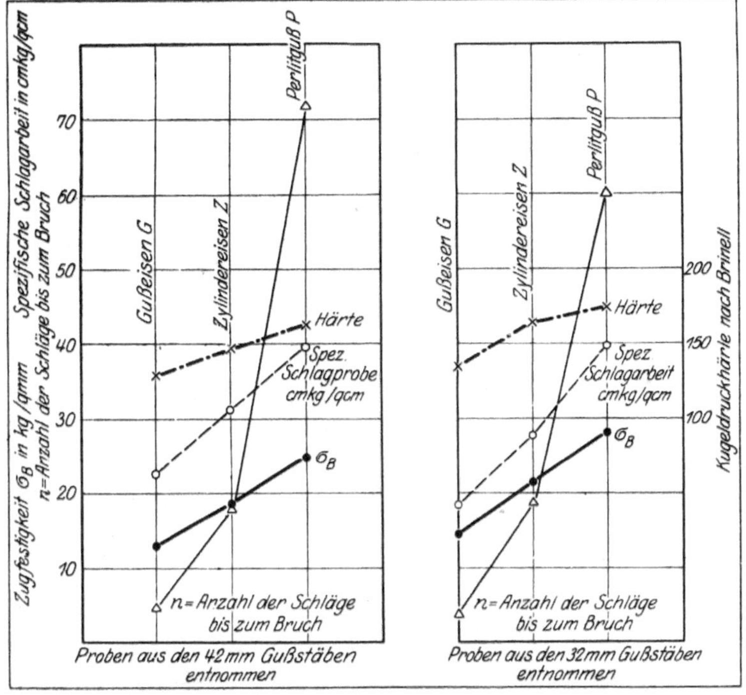

Abb. 20. Zugfestigkeit, Kugeldruckhärte, Wechselschlag- und Schlagbiegeversuch.

f) Wechselschlagversuche. Die Versuche wurden mit dem Kruppschen Wechselschlagwerk ausgeführt. Die Abmessungen der Probestäbe sind aus Abb. 21 ersichtlich.

Das Bärgewicht betrug 3,142 kg, die Fallhöhe 30 mm. Die Schläge erfolgten abwechselnd auf die Seite s_1 und s_2 (s. Abb. 21).

Die Ergebnisse sind in Tab. 5 zusammengestellt und in Abb. 20 graphisch aufgetragen.

Tabelle 4. Kugeldruckhärte nach Brinell[1].

42-mm-Gußstab Kugeldruckhärte nach Brinell			32-mm-Gußstab Kugeldruckhärte nach Brinell		
Nr.	Einzelwerte	Mittel	Nr.	Einzelwerte	Mittel
G 1	132		G 7	138	
G 3	125	**130**	G 9	137	**136**
G 5	134		G 11	134	
Z 1	149		Z 7	172	
Z 3	147	**148**	Z 9	161	**166**
Z 5	149		Z 11	166	
P 1	161		P 7	174	
P 3	166	**164**	P 9	176	**176**
P 5	156		P 11	179	

Bei den Wechselschlagversuchen haben im allgemeinen die aus dem 42-mm-Gußstab entnommenen Proben etwas größere Anzahl von Schlägen bis zum Bruch ausgehalten als die aus dem 32-mm-Gußstab entnommenen Stäbe; die Unterschiede sind jedoch zum Teil nur sehr gering.

Tabelle 5. Wechselschlagversuche.

Aus 42-mm-Gußstab entnommen			Aus 32-mm-Gußstab entnommen		
Nr.	$n =$ Anzahl der Schläge bis zum Bruch		Nr.	$n =$ Anzahl der Schläge bis zum Bruch	
	Einzelwerte	Mittel		Einzelwerte	Mittel
G 1	6		G 7	3	
G 3	5	**5**	G 9	5	**4**
G 5	5		G 11	4	
Z 1	18		Z 7	verunglückt	
Z 3	19	**18**	Z 9	19	**19**
Z 5	16		Z 11	19	
P 1	80		P 7	79	
P 3	49	**72**	P 9	47	**60**
P 5	87		P 11	55	

In allen Fällen hat der Perlitguß die bei weitem größte Widerstandsfähigkeit gegen stoßweise Beanspruchung aufgewiesen.

Zu g) Schlagbiegeversuche. Die Probestäbe hatten die Abmessungen $10 \times 10 \times 100$ mm. Ein Kerb wurde nicht angebracht. Zur Verwendung gelangte ein kleines 150 cm/kg-Pendelschlagwerk von Louis Schopper, Leipzig.

Die Ergebnisse der Schlagbiegeversuche sind in Tab. 6 zusammengestellt und in Abb. 20 graphisch aufgetragen.

Auch bei den Schlagbiegeproben kommt die Überlegenheit des Perlitgusses gegenüber den beiden anderen Gußeisensorten deutlich zum Ausdruck.

---

[1] Baumaterialienkunde 1900, S. 276.

Tabelle 6. Schlagbiegeversuche.

Aus 42-mm-Gußstab entnommen			Aus 32-mm-Gußstab entnommen		
Nr.	Spez. Schlagarbeit cmkg/cm²		Nr.	Spez. Schlagarbeit cmkg/cm²	
	Einzelwerte	Mittel		Einzelwerte	Mittel
G 1	25,4		G 7	17,4	
G 3	24,3	**22,9**	G 9	20,0	**18,6**
G 5	19,1		G 11	18,3	
Z 1	29,0		Z 7	18,4	
Z 3	31,2	**31,2**	Z 9	24,2	**27,8**
Z 5	33,3		Z 11	40,7	
P 1	45,2		P 7	40,6	
P 3	33,4	**39,8**	P 9	38,0	**39,9**
P 5	39,8		P 11	41,2	

Zusammenfassung der Ergebnisse. Setzt man die für Gußeisen G gefundenen Werte aus den Tab. 2 bis 6 = 1, so ergeben sich für Zylindereisen Z und Perliteisen P die in Tab. 7 mitgeteilten Verhältniszahlen.

In Abb. 22 sind die Mittelwerte aus Tab. 7 aufgetragen und der größeren Übersichtlichkeit wegen durch Linienzüge verbunden. Bemerkenswert ist vor allem, daß trotz günstigerer Festigkeitseigenschaften des Perliteisens die Unterschiede zwischen den Verhältniszahlen der Kugeldruckhärte nur unerhebliche sind. Die Bearbeitbarkeit des Perlitgusses mit

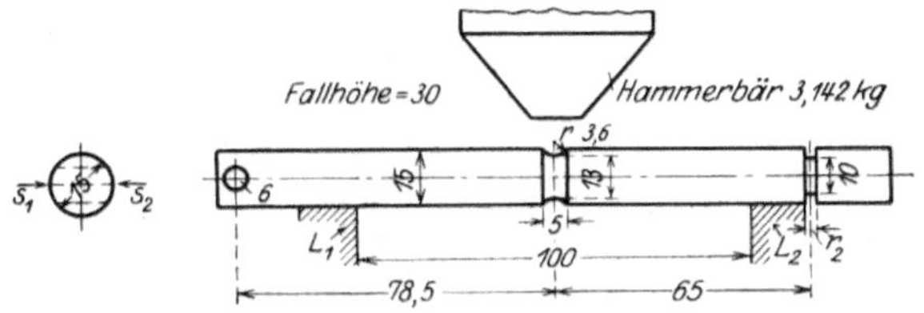

Abb. 21. Abmessungen der Wechselschlagproben. Millimetermaße.

schneidenden Werkzeugen ist dementsprechend auch eine gute; sie steht der des Zylindergusses sehr nahe. Die größten Unterschiede weisen die Verhältniszahlen der Wechselschlagversuche auf. Das Perliteisen überragt hier die beiden anderen Gußeisensorten um ein Vielfaches. Da der Wechselschlagversuch einen gewissen Anhalt für die Zähigkeit eines Materials gibt, so erhellt daraus, daß das Perliteisen in der Zähigkeit und der Unempfindlichkeit gegen stoßweise Beanspruchungen den beiden anderen untersuchten Gußeisensorten erheblich überlegen ist.

Die bei allen Festigkeitsversuchen festgestellten, z. T. recht beträchtlichen Unterschiede in den Materialeigenschaften zwischen den Stäben mit 42 mm und mit 32 mm Durchmesser zeigen, daß der Wert des Abgusses von Probestäben zwecks Ermittelung der Materialeigenschaften eines Konstruktionsteiles aus Gußeisen nur ein recht zweifelhafter ist.

Maßgebend für die Festigkeitseigenschaften von Gußeisen sind und bleiben die Abkühlungsverhältnisse nach dem Guß, die wieder durch die Wandstärke weitgehend beeinflußt werden.

Tabelle 7. Verhältniszahlen. Gußeisen $G = 1$ gesetzt.

Gußstab	Biegefestigkeit (Tab. 2)			Durchbiegung (Tab. 2)			Zugfestigkeit (Tab. 3)			Kugeldruckhärte (Tab. 4)			Wechselschlagversuche (Tab. 5)			Schlagbiegeversuche (Tab. 6)		
	G	Z	P	G	Z	P	G	Z	P	G	Z	P	G	Z	P	G	Z	P
42 mm Durchmesser mit Gußhaut		1 : 1,44 : 1,82			1 : 1,13 : 1,42			—			—			—			—	
32 mm Durchmesser mit Gußhaut		1 : 1,30 : 1,70			1 : 1,16 : 1,70			—			—			—			—	
42 mm Durchmesser auf 38 mm abgedreht . . .		1 : 1,42 : 1,81			1 : 1,25 : 1,76			1 : 1,40 : 1,90			1 : 1,14 : 1,26			1 : 3,6 : 14,4			1 : 1,36 : 1,73	
32 mm Durchmesser auf 28 mm abgedreht . . .		1 : 1,47 : 1,78			1 : 1,29 : 1,70			1 : 1,47 : 1,93			1 : 1,22 : 1,30			1 : 4,75 : 15,0			1 : 1,50 : 2,14	
Mittel		1 : 1,41 : 1,78			1 : 1,24 : 1,65			1 : 1,44 : 1,92			1 : 1,18 : 1,28			1 : 4,18 : 14,7			1 : 1,43 : 1,94	

Das Perlitgußverfahren bedingt, richtig durchgeführt, einen wertvollen Ausgleich des Einflusses verschiedener Wandstärken.

Anwendungsgebiete des Perlitgusses. Nach den in den Abschnitten c) bis g) beschriebenen, vergleichenden Versuchen zwischen gewöhnlichem Gußeisen G, Zylindereisen Z und Perliteisen P ist das Perliteisen

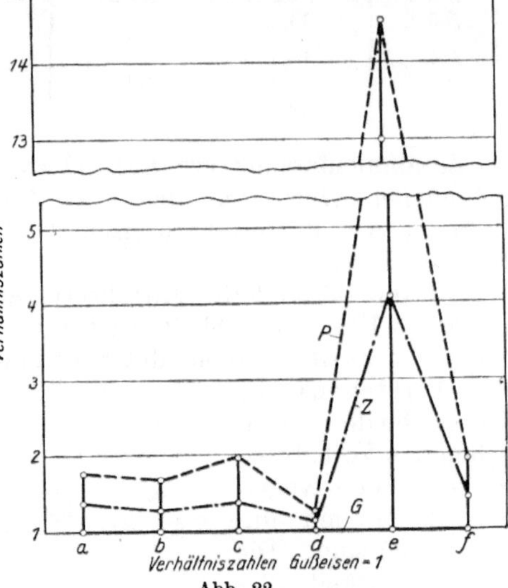

Abb. 22.

$a =$ Biegefestigkeit, $e =$ Wechselschlagversuch,
$b =$ Durchbiegung, $f =$ Schlagbiegeversuch,
$c =$ Zugfestigkeit, $P =$ Perliteisen,
$d =$ Kugeldruckhärte, $Z =$ Zylindereisen,
$G =$ Gußeisen.

in seinen Festigkeitseigenschaften den zum Vergleich herangezogenen Gußeisensorten G und Z beträchtlich überlegen. Wesentlich erscheint ferner, daß ein nach dem Perlitgußverfahren gegossener Konstruktionsteil infolge seiner erheblich langsameren und gleichmäßigen Abkühlung nahezu spannungsfrei sein dürfte, während Gußstücke, die nach dem sonst üblichen Verfahren vergossen werden, unter Umständen starke Gußspannungen enthalten.

In allen den Fällen, wo besonderer Wert auf hohe Sicherheit und

Festigkeit gelegt wird und wo die höheren Gestehungskosten weniger in Frage kommen, wird man sich daher mit Vorteil dieses neuen Perlitgußverfahrens bedienen können:

In Frage kommen:

1. Teile von Dampfmaschinen und Explosionsmotoren.

Infolge der guten Festigkeitseigenschaften und des spannungsfreien Zustandes des Perlitgusses kann leichter konstruiert werden, woraus sich Ersparnisse an Material und an Gewicht ergeben, zumal bei Lokomotiven, Schiffsmaschinen usw. die Gewichtsfrage unter Umständen eine wesentliche Rolle spielt.

2. Das anscheinend günstige Verhalten gegen Abnutzung[1] läßt die Verwendung von Perlitguß auch in solchen Fällen als empfehlenswert erscheinen, wo die Maschinenteile gleitender Reibung (Abnutzung) ausgesetzt sind, z. B. bei Kolben, Kolbenringen, Zylindern, Gleitbahnen, Getrieberädern, Schlittenführungen usw.

3. Stahlguß und Temperguß erleiden durch das nicht zu umgehende Ausglühen bzw. durch das Tempern nach dem Guß vielfach Verziehung und Formänderungen. Der Perlitguß behält seine ursprüngliche Form, da ein Ausglühen nach dem Guß nicht in Frage kommt.

Es können deshalb Teile aus Stahlform- und Temperguß in vielen Fällen mit Vorteil aus Perlitguß hergestellt werden, wenn die Festigkeitseigenschaften (z. B. die Dehnung) des Stahlform- und Tempergusses nicht vollständig ausgenutzt werden.

4. Es ist bekannt (siehe auch Fußanmerkung 1 S. 24), daß hochsiliziumhaltiger Guß schon bei mäßig hoher Betriebstemperatur, wie sie besonders bei Explosionsmotoren üblich ist, zur Gefügeumänderung neigt. Bei etwa 1% Si-Gehalt ist der Guß noch beständig, darüber hinaus tritt in steigendem Maße Übergang in Ferritgefüge auf. Da es jedoch nicht möglich ist, die Motorzylinder und -kolben infolge ihrer geringen Querschnitte in bearbeitbarem Zustand nach dem sonst üblichen Gießverfahren aus Gußeisen mit geringem Si-Gehalt zu vergießen, gewinnt hierfür die Verwendung des Perlitgusses mit seinem niedrigen Si-Gehalt besondere Bedeutung. Die geringe Neigung zur Lunkerbildung des Perlitgusses gestattet auch die im Motorenbau vorkommenden schwierigsten Stücke mit Erfolg in diesem Material zu vergießen.

Rückblick auf die Entwicklung des Gußeisens. Während man früher ganz allgemein das Gußeisen lediglich nach seinem Bruchaussehen beurteilte und dabei häufig zu Trugschlüssen kam, brachte bereits, als weitere Stufe der Entwicklung, die allgemeine Einführung der chemischen Untersuchung auf vielen Gebieten des Gießereiwesens eine Umwälzung. Der Gießereimann lernte den Einfluß der in jedem Eisen vorhandenen Fremdstoffe (Silizium, Mangan, Phosphor und Schwefel) auf die Eigenschaften des Fertigerzeugnisses kennen und nahm auf sie bei der Gattierung Rücksicht. Als dritte Stufe darf die bewußte Be-

---

[1] Siehe Fußanmerkung 1 S. 24 über Abnützungsversuche von v. Hanffstengel. Da es sich hierbei zunächst nur um einige wenige Versuche handelt, dürfte es sich empfehlen, die Abnützungsversuche auf breiterer Grundlage zu wiederholen.

einflussung des Gefügeaufbaues durch zweckentsprechende Gattierung und durch sachgemäße Regelung der Abkühlungsverhältnisse nach dem Guß, wie sie z. B. beim Perlitguß vorgeschrieben ist, angesehen werden.

Die metallographische Gefügeuntersuchung gestattet, jederzeit nachzuprüfen, ob das angestrebte Ziel erreicht wurde.

Unzweifelhaft ist auch diese Stufe noch nicht die letzte in der Entwicklung des Gußeisens. Die Ausbildung eines Verfahrens zur sicheren Erzeugung des Perlitgraphitgefüges (Perlitguß) bedeutet aber einen wesentlichen Fortschritt in der Richtung der „Veredelung" des Gußeisens.

3. Perlitgußeisen.

Vortrag 1923.

Von Direktor Karl Sipp, Mannheim[1].

Die starke Beeinflussung der Festigkeitseigenschaften des Gußeisens durch den Kohlenstoff und die Form, in der er sich zum Eisen einstellt, hat schon unser Altmeister Ledebur eingehend in der ersten Auflage seines grundlegenden Werkes: „Vollständiges Handbuch der Eisengießerei" vom Jahre 1883 gewürdigt, indem er ausführt, daß durch die Herabsetzung des Kohlenstoffgehalts eine Verbesserung der Festigkeitseigenschaften zu erzielen sei. Um jedoch die hierfür maßgebenden Kristallisationsvorgänge richtig einschätzen zu können, fehlte damals noch das Rüstzeug, das uns erst in Gestalt der Metallographie erstehen sollte. Deren Anwendung gestaltete sich aber gerade für das Gußeisen besonders schwierig, da dieses neben Kohlenstoff noch eine Anzahl anderer Fremdstoffe als Bestandteile enthält. Die Metallographie wandte sich deshalb zunächst den anderen Eisenlegierungen zu, und nur zögernd zog sie in der Folgezeit das Gußeisen in ihren Aufgabenkreis. Die Metallographie lehrt uns heute über Gußeisen folgendes:

Bei schroffer Erstarrung bleibt der größte Teil des Kohlenstoffgehaltes an das Eisen gebunden, und der Gefügebestandteil Zementit ist vorherrschend. Ein derartiges Eisen läßt sich mit Schneidewerkzeugen nicht bearbeiten und findet in der Technik nur vereinzelt Anwendung. Ein schematisches Gefügebild zeigt Abb. 23. Geht die Erstarrung sehr langsam vor sich, so findet eine vollständige Trennung von Kohlenstoff und Eisen statt; der Kohlenstoff geht in Graphitform über, und das übrige Gefüge besteht nur aus dem sehr weichen Ferrit. Ein derartiges Material ist für technische Zwecke zu weich und von zu geringer Festigkeit. Abb. 24 veranschaulicht dieses Gefüge. Zwischen diesen beiden Grenzgebieten liegen nun die planmäßig bisher allein durch die Gattierung bewirkten Gefüge unserer gebräuchlichen Gußeisensorten. In Abb. 25 ist ein Durchschnittsgefüge dieser Art

---

[1] Aus einem Vortrag vor dem Technischen Hauptausschuß für das Gießereiwesen in Hamburg am 22. August 1923. Erschienen in: „Die Gießerei" 1923, S. 491. München: Oldenbourg.

dargestellt. Es enthält die Bestandteile Graphit, Ferrit, Perlit, Zementit, Phosphid und Sulphid, die nach Anteil und Lagerung zueinander je nach den vorhandenen Bestandteilen wechseln.

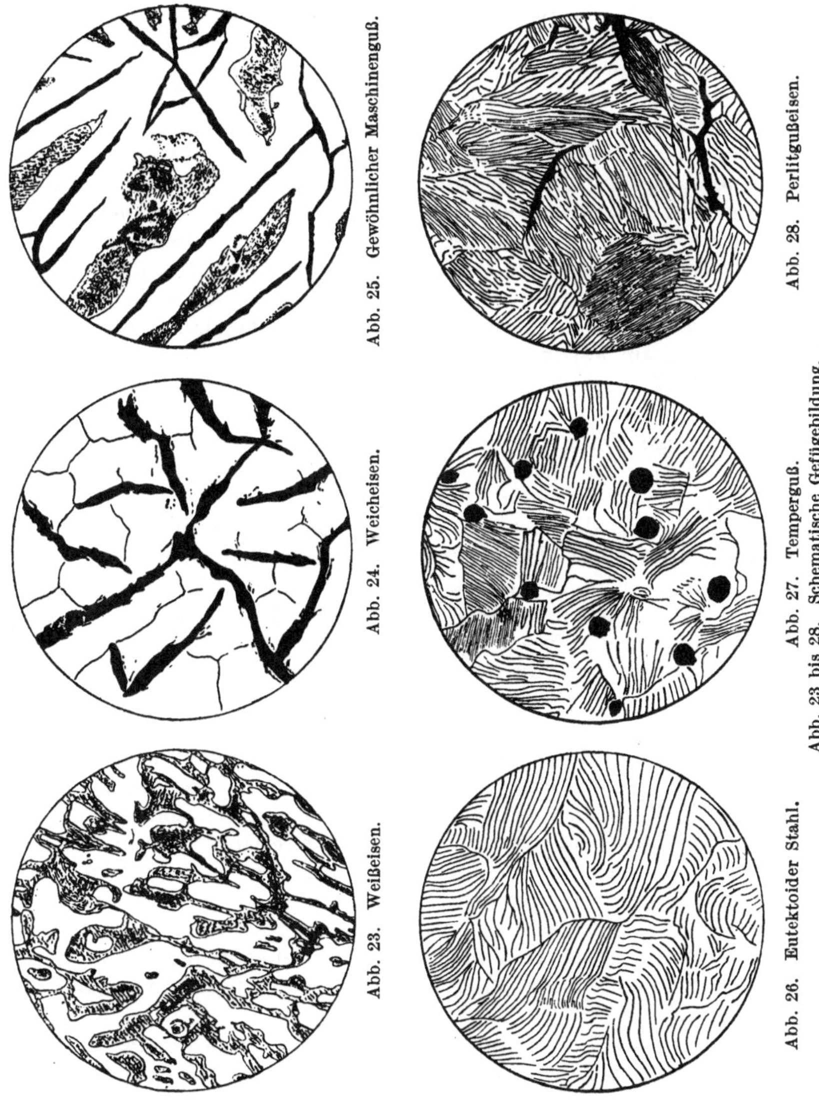

Abb. 26 stellt das Gefüge eines eutektoiden Stahles dar. Er enthält etwa 0,85% Kohlenstoff und baut sich bei normaler Abkühlung nur aus Perlit auf. Perlit besteht aus nebeneinander gelagerten Lamellen von Zementit und Ferrit und zeichnet sich durch hohe Festigkeit und Zähigkeit aus.

Wird das Gefüge Abb. 23 einem Glühverfahren nach gewissen Regeln, dem Tempern, unterworfen, so findet eine teilweise Entziehung des Kohlenstoffs statt. Ein weiterer Teil des Kohlenstoffs scheidet sich im Gefüge als Temperkohle in Form von Knötchen ab, während das übrige Gefüge in Perlit übergeht. Wir haben es also mit einem Gefüge ähnlich wie bei dem eutektoiden Stahl (Abb. 26) zu tun, und der Temperguß müßte danach ähnliche Eigenschaften wie der Stahl aufweisen. Daß dies nicht der Fall ist und der Temperguß viel geringere Festigkeitseigenschaften besitzt, hat einmal seinen Grund darin, daß das Gefüge durch die dazwischen eingebettete Temperkohle eine Trennung erfährt, zum anderen in der Tatsache, daß das Tempern eine Zonenbildung im Gefolge hat. Die Entziehung des Kohlenstoffs beginnt von außen und dringt nur allmählich in den Kern vor. Wir erhalten eine Kurve der Verteilung des Kohlenstoffs, die außen ihren niedrigsten und im Kern ihren höchsten Wert erlangt; es liegen also ungleiche Gefügezustände vor. Außen kann das Material aus nahezu reinem Ferrit bestehen, während im Kern noch der Gefügezustand Abb. 23 herrscht, und der Gefügezustand Abb. 27 ist nur in bestimmten Zonen vorhanden; die Verschiedenheit des Gefüges muß deshalb niedrige Festigkeit im Gefolge haben.

Während der Kohlenstoff beim Tempern sich in Form von Knoten abscheidet, nimmt er beim Gußeisen mehr oder weniger die Form von Blättchen an, die sich in unregelmäßiger Verteilung im Gefüge einlagern. Es ist einleuchtend und bekannt, daß die dadurch hervorgerufene Unterbrechung des Gefüges ungünstig auf die Festigkeitseigenschaften einwirken muß. Wollen wir die Eigenschaften des Gußeisens verbessern, so müssen wir deshalb die Menge des Graphits möglichst herabsetzen und ihn zur möglichst feinen und gleichmäßigen Verteilung und das übrige Gefüge in Perlitform bringen. Ein derartiges Idealgefüge ist in Abb. 28 wiedergegeben.

Die Tatsache, daß das Perlitgefüge für die Festigkeitseigenschaften des Gußeisens von ausschlaggebender Bedeutung ist, wurde schon von einer Anzahl Forschern erkannt und findet auch besonders in dem jetzt erschienenen Aufsatz von Wüst-Bardenheuer in den „Mitteilungen aus dem Kaiser-Wilhelm-Institut für Eisenforschung" in Düsseldorf (Band IV) eingehende Würdigung. Trotz dieser Erkenntnis, die sich auf Unterlagen stützt, die mehr oder weniger als Zufallstreffer anzusehen sind, gelangte rein perlitisches Gußeisen nicht zur Erzeugung, weil seine planmäßige sichere Erzielung in normalem Betriebe nicht gelang.

Vom Jahre 1910 ab beschäftigte ich mich in Gemeinschaft mit Herrn Direktor Diefenthäler, dem langjährigen Leiter der Gießerei Heinrich Lanz, nachdem wir auf Grund zahlreicher Versuche die Bedeutung des Perlit-Graphitgefüges erkannt hatten, mit der Aufgabe, die Bedingungen zur Erreichung des Perlitgefüges im Gußeisen klarzustellen und ein Verfahren auszuarbeiten, das mit Sicherheit die Erzeugung gewährleistet. Die erzielten Ergebnisse veranlaßten Herrn Diefenthäler, im Jahre 1916 im Deutschen Reiche und danach in den wichtigsten Auslandsstaaten das Verfahren zur Erzeugung von Perlitgußeisen durch Patente schützen zu lassen[1]. Die Überführung des Verfahrens in der Praxis erlitt indessen durch den Krieg erhebliche Hemmungen, und erst vom Jahre 1919 ab konnte ich ihm bei der Firma Heinrich Lanz die hierfür erforderliche praktische Aus-gestaltung geben. Das Verfahren besteht darin, daß zur geeigneten Gattierung bestimmte Abkühlungsverhältnisse zwecks Regelung des Erstarrungsvorganges treten. Theoretisch ist es danach möglich, aus einer Gattierung bei entsprechender Abkühlung oder bei einer bestimmten Abkühlung durch wechselnde Gattierung oder endlich durch Einstellung beider Momente zueinander jeden Querschnitt mit dem Ergebnis eines reinen Perlitgraphitgefüges zu vergießen.

Durch planmäßige, umfangreiche Versuche ist es fernerhin gelungen, Kurven aufzustellen, aus denen für jeden Querschnitt die passende Gattierung und Abkühlung abgelesen werden kann[2]. Diese Kurven bieten aber auch umgekehrt die Möglichkeit, bei einem Gußstück, dessen chemische Zusammensetzung bekannt ist, aus seinem Querschnitt und Gefüge zu erkennen, welche Abkühlung wirksam war, oder wenn die Abkühlung bekannt ist, auf die Gattierung zu schließen. Die Abkühlung kann durch Formbehandlung oder durch die Vergießtemperatur eingestellt werden.

Es taucht nun regelmäßig die Frage auf, ob das Verfahren für die Praxis nicht zu schwierig und teuer sei. Diese Frage ist mit Nein zu beantworten.

Das Verfahren wird in der Gießerei Lanz und neuerdings auch bereits von einigen Lizenznehmern mit bestem Erfolg ausgeübt. Jede neuzeitlich eingerichtete und geleitete, mit chemischen und metallographischem Laboratorium ausgerüstete Gießerei kann das Verfahren ohne weiteres durchführen. Ebenso ist die Gattierung derart, daß sie mit den allgemein zur Verfügung stehenden Rohstoffen möglich ist. Bezüglich der Schmelzeinrichtungen ist zu bemerken, daß jede Art benutzt werden kann. Die Vorteile, die neuere Schmelzvorrichtungen an sich voraus haben, kommen auch dem Perlitverfahren zugute.

Über das nach dem Verfahren erzeugte Perlitgußeisen und seine Eigenschaften darf ich auf die Untersuchungsergebnisse von Prof. Dr.-Ing. e. h. Bauer verweisen, die in „Stahl und Eisen" sowie in den „Mitteilungen aus dem Materialprüfungsamte Berlin-Dahlem" veröffentlicht sind[3]. Auf die in der Arbeit Bauer enthaltene Zahlenreihe und Kurve (Abb. 22 auf S. 32) über die Festigkeitseigenschaften möchte ich jedoch noch kurz eingehen. Es geht daraus hervor, daß es sich beim Perlitgußeisen in der Hauptsache nicht so sehr um die Steigerung der Zugfestigkeit — denn diese konnte auch seither schon durch geeignete Gattierung, aber auf Kosten der Bearbeitbarkeit, gesteigert werden — als vielmehr um die Erhöhung der Zähigkeit, die die schwächste Seite des Gußeisens ist und durch deren Erhöhung eine

---

[1] Vgl. Anhang.   [2] Vgl. D.R.P. Nr. 417 689, abgedruckt im Anhang.
[3] Abgedruckt auf S. 22.

Erweiterung der Grenzen seines Anwendungsgebietes erzielt werden kann, sowie um die Innehaltung einer gleichmäßigen, die leichte Bearbeitbarkeit durch Schneidewerkzeuge gewährleistende Härte, Verminderung der Lunkerbildung und der Eigenspannungen, Erhöhung der Dichtigkeit, der Gefügebeständigkeit und der Verschleißfestigkeit handelt.

Über die Lunkerursachen haben wir zwar noch keine restlose Aufklärung; es darf aber doch das eine als sicher angenommen werden, daß die Lunkerung in erster Linie von dem Unterschied der Außen- zur Innentemperatur des Stückes bei der Erstarrung abhängig ist. Das Perlitgußverfahren bringt nun auch in dieser Beziehung die günstigsten Bedingungen, und die nach ihm erzeugten Gußstücke zeichnen sich durch auffallend geringe Lunkerbildung aus.

Ebenso liegt auch die Herabminderung der Eigenspannungen in dem Wesen des Herstellungsverfahrens begründet.

Abb. 29 zeigt einen Vergleich von gewöhnlichem Maschinenguß mit Perlitguß. Es ist das Bruchgefüge von 80-mm-Probestäben veranschaulicht; aus den Stücken wurden Streifen, bis zur Mitte reichend, herausgeschnitten und an zwei Punkten — in der Mitte und am Rand — die Graphitverteilung in 30facher Vergrößerung und das Kleingefüge des gewöhnlichen Gußeisens in 125-, des Perlitgußeisens in 250facher Vergrößerung aufgenommen. Bei einem Vergleich der Bilder finden wir nun folgendes:

Das Bruchgefüge des Maschinengusses zeigt, vom Rand nach der Mitte zunehmend, viel gröberes Gefüge als dasjenige des Perlitgußeisens, das gleichmäßig feine Struktur über den ganzen Querschnitt besitzt. Durch die Graphitaufnahme wird diese Tatsache bestätigt.

Ebenso weist das Kleingefüge starke Unterschiede auf; beim Machinenguß außer Graphit in großem Umfange und grober Verteilung Ferrit, Zementit, Perlit usw. in wechselnder Menge zwischen Rand und Mitte, beim Perlitgußeisen in feiner Verteilung geringe Graphitmengen, daneben nur lamellaren Perlit ohne Unterschied zwischen Rand und Mitte. Diese gleichmäßige Gefügebildung kann nur erreicht werden, wenn die Erstarrung über den ganzen Querschnitt gleichmäßig einsetzt und verläuft. Dies muß aber auch die Wirkung haben, daß die Erstarrung und Gefügebildung spannungsfrei und ohne Neigung zur Lunkerbildung verläuft. Die Erklärung für die günstigen Eigenschaften ergibt sich also ohne weiteres aus dieser Betrachtung. Auch das Raumgewicht wird durch diese Tatsache beeinflußt. Eine gleichmäßig über den ganzen Querschnitt verlaufende Erstarrung muß ein dichteres Gefüge im Gefolge haben. Eine Feststellung der Raumgewichte der von Prof. Bauer untersuchten drei Gußeisen ergab 7,10, 7,15 und 7,20, wodurch die Voraussetzung bestätigt wird. Ebenso ist es einleuchtend, daß ein nach dem Verfahren hergestelltes Perlitgußeisen gleichmäßigere Härte haben muß. Wir haben es nur mit Graphit und dem lamellaren Perlit zu tun. Unterschiede, wie sie durch die nestartige Verteilung des Graphits, das Hinzutreten des Ferrits, Zementits u. a. beim gewöhnlichen Gusse eintreten müssen, sind beim Perlitgußeisen nicht möglich.

Untersuchungen von anderer Seite haben ergeben, daß die Gefügebeständigkeit bei höheren Betriebstemperaturen von der Höhe des
Siliziumgehaltes abhängig und das Gußeisen bei etwa 1% und dar-

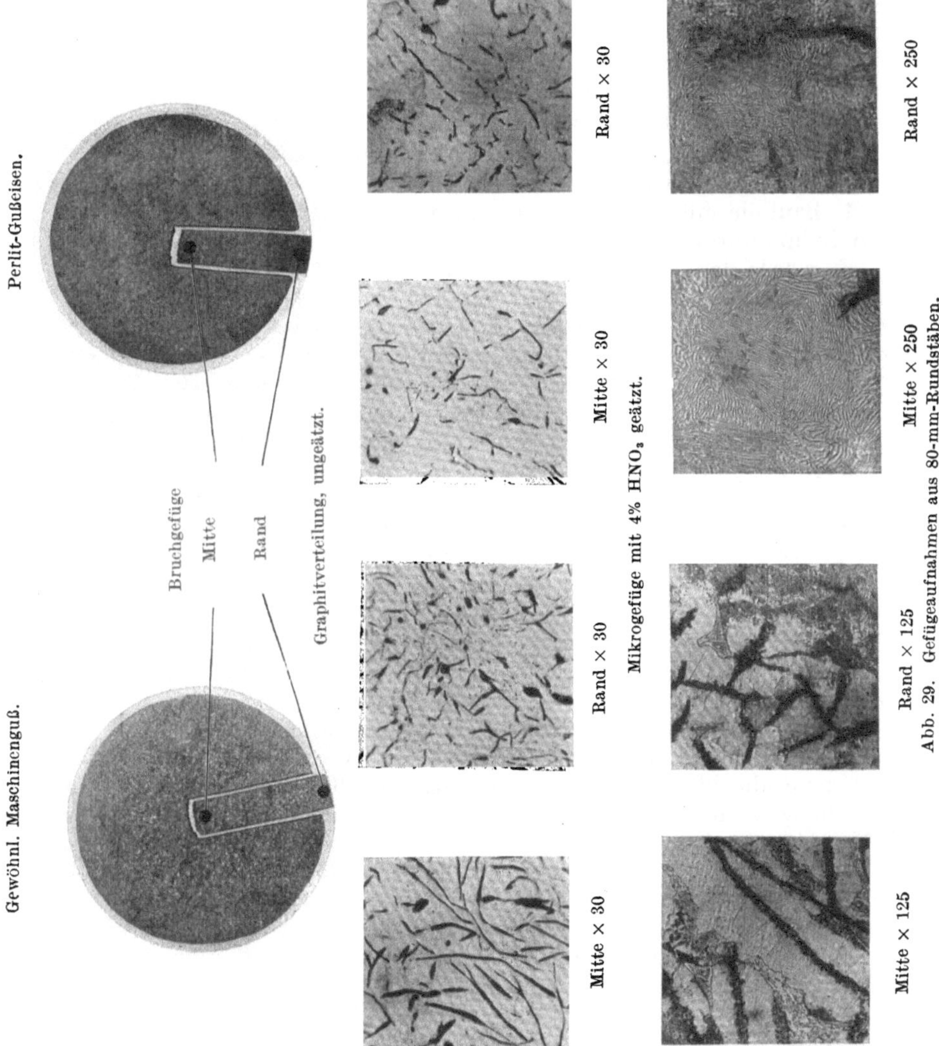

Abb. 29. Gefügeaufnahmen aus 80-mm-Rundstäben.

unter gefügebeständig ist. Die Gattierung des Perlitgußeisens hat derart
geringe Siliziumgehalte zur Voraussetzung, daß es sich auch in dieser
Beziehung sehr günstig verhält.

Bezüglich der Verschleißfestigkeit liegen, was auf Grund des Gefüges auch als selbstverständlich zu erwarten ist, die günstigsten Ergebnisse vor. Ich verweise beispielsweise auf die von der Firma Hein-

rich Lanz in Hamburg ausgestellten Zahnräder für Milchzentrifugen. Weitere, noch im Gang befindliche, zum Teil amtliche Versuche eröffnen in dieser Beziehung eine sehr weite Perspektive.

Als Anwendungsgebiete für das Perlitgußeisen lassen sich vier Gruppen aufstellen:

1. Bauteile, die auf Zug, Druck und Stoß beansprucht werden. Mit den höheren Festigkeitswerten kann leichter konstruiert werden, so daß an Eisen gespart wird.

2. Bauteile, die dem Verschleiß unterworfen sind..

3. Bauteile, bei denen es auf Dichtigkeit ankommt, wie Flüssigkeits- und Gasbehälter sowie Röhren.

4. Bauteile mit hohen Wärmebeanspruchungen, z. B. Motorzylinder und Zylinderdeckel.

Es würde den Rahmen meines Vortrages weit überschreiten, wollte ich auf Einzelheiten der Verwendungsgebiete eingehen. Ich will deshalb nur mit Bezug auf die von der Firma Lanz ausgestellten[1] Stücke erwähnen, daß Kolbenringwalzen in Perlit den geringsten Verschleiß aufweisen und ihre Härte im Stücke höchstens um einige Brinellgrade Unterschiede zeigt, daß die großen Lokomobilzylinder, also verhältnismäßig schwierige Stücke, ohne Lunkerbildung und Eigenspannung, ohne Anwendung eines verlorenen Kopfes gegossen werden. Stellwerkteile, die bisher im Temperguß hergestellt wurden, werden heute aus Perlitgußeisen gegossen. Die beiden größeren Zahnräder, von denen das größere das Triebrad, das kleinere das Antriebsrad für die Seilwinde eines 40-PS-Traktors ist, wurden früher aus geschnittenem Stahlformguß oder geschmiedetem Stahl hergestellt. Das viel billigere Perlitgußeisen tut dieselben Dienste, ist sogar im Gefüge dem Stahlformguß überlegen, da es aus einheitlichem Perlit besteht, während der Stahlformguß noch den weichen Ferrit aufweist.

Es ist selbstverständlich, daß der weitschauende Konstrukteur an kritischer Stelle nur den besten Werkstoff verwendet und dabei natürlich immer die Wirtschaftlichkeit im Auge behält. Ich verweise in dieser Beziehung auch auf den Aufsatz von Oberingenieur Seiffert, Wien („Maschinenbau", Heft 17 vom 26. Mai 1923). Auch in diesem Sinne ist für mich sicher, daß Perlitguß für alle Qualitätsarbeit eine unerläßliche Förderung werden wird.

Zum Schlusse möchte ich noch die Frage der Gußeisenprüfung streifen. Wir haben gesehen, daß das Gefüge für die Festigkeitseigenschaften erklärend und maßgebend ist. Hieraus ergibt sich meines Erachtens die Forderung, bei der Gußeisenprüfung das Gefüge zur Grundlage der Beurteilung zu machen. Wir gehen bis jetzt den umgekehrten Weg: wir schließen von der Festigkeitsprobe auf das Gefüge. Genügen die gefundenen Werte, so sind wir zufrieden; andernfalls treten wir in eine Gefügeprüfung ein, um festzustellen, wodurch die ungenügenden Werte entstanden sind. Damit erkennen wir klipp

---

[1] Auf der gleichzeitig mit dem Vortrage in Hamburg veranstalteten Gießereifach-Ausstellung.

und klar an, daß das Gefüge das Entscheidende ist. Es ist demnach nur folgerichtig, wenn wir von dem Gefügeausfall auf die Festigkeit schließen. Ich habe seither diesen Weg schon versucht, und es gelang mir, die Zugfestigkeiten bis auf 2 kg genau aus dem Gefüge zu bestimmen.

Nehmen wir die Gefügeuntersuchung als Grundlage an, so ergeben sich daraus sehr erhebliche Vorteile:

1. Die Untersuchung beansprucht geringsten Stoffaufwand, das Schliffstück kann dem Gebrauchsstück an maßgebender Stelle entnommen werden; es ist volle Sicherheit gegeben, daß in dem Schliffstück die gleichen Bedingungen und Gefügezustände wie im Gebrauchsstück vorhanden sind, und es wird nicht, wie bei angegossenen oder getrennt gegossenen Probestäben, unter Umständen ein ganz falsches Bild gewonnen.

2. Die Herstellung des Probestückes ist sehr einfach und billiger als die von Probestäben.

3. Die Gefügeprobe ist leicht aufzubewahren; die Untersuchung kann jederzeit wiederholt werden; sie ist eine bleibende Abschrift, die jederzeit mit der Urschrift, dem Gebrauchsstück, verglichen werden kann.

Die Durchführung der Aufgabe läßt sich z. B. so denken, daß man eine Anzahl Normalgefügebilder mit zugehöriger Festigkeit herstellt und sie als Maßstab benutzt. Es sei an dieser Stelle darauf verwiesen, daß in der Zeitschrift „The Foundry Trade Journal", London, vom 7. Juni und 5. Juli im Anschlusse an die Besprechungen des Aufsatzes Bauer von englischer Seite ebenfalls die Forderung erhoben wird, das Gefüge des Gußeisens zur Grundlage seiner Klassierung zu machen.

In der auf den Vortrag folgenden Aussprache äußerte Regierungs- und Baurat Füchsel: Die Reichsbahn ist von Anfang an, als die Ergebnisse des Perlitgusses bekannt wurden, an deren Prüfung herangetreten. Wir haben seither in der Verwendung von Lagerteilen gute Erfolge überall da erzielt, wo die Gießereien nicht nur sich damit begnügen, die chemische Zusammensetzung einzuhalten, sondern auch die thermische Behandlung richtig zu leiten. Für die Reichsbahn kommen aus Perlitguß in Betracht z. B. die Feuerungsorgane der Maschinen, Kolbenschieber, Kolbenschieberringe usw., also solche Organe, bei denen es auf gleichmäßige Abkühlung ankommt. Die Anforderungen wurden bei allgemeinem Maschinenguß nicht erfüllt. Aus diesem Grunde wurden Großversuche angestellt, nicht nur im Laboratorium, sondern auch in der Praxis. Die Versuche haben eben erst begonnen; aber man kann heute schon sagen, daß die Abnutzung, die durch die Gewichtsabnahme bestimmt wird, wesentlich abgenommen hat. Nebenher gehen Gefügeuntersuchungen und vor allem die Beobachtung im Betrieb. Wir betrachten den Perlitguß als eine entscheidende und bedeutende Neuerung. Es kommt noch hinzu, daß wir vielleicht auch Perlitguß verwenden können für solche Teile, die länger in der Feuerung liegen, z. B. für Überhitzerfeuerkästen. — Im übrigen gibt es bei Gußeisen Grenzen in der Schweißbarkeit und ferner Schwierigkeiten, wenn der Graphit sich zu grob ausscheidet (Graphitit); ihre Beseitigung kann man vielleicht vom Perlitguß erhoffen.

Im Anschluß an den Vortrag übersandte Oberingenieur Hammermann i. Fa. L. & C. Steinmüller, Gummersbach, an die Schriftleitung der „Gießerei" folgende Zuschrift:

Bei meinen Versuchen ging ich von der Absicht aus, für die Herstellung des Perlitgußeisens eine Gattierung zu wählen, die für normale Gußstücke ungeeignet ist, indem ich den Siliziumgehalt unter 1% und Schwefelgehalt über 0,2% einsetzte. Für den Versuch wurden kleine Kettenrädchen von 300 mm Durchmesser und etwa 10 mm Wandstärke, sowie Sektionskasten für Vorwärmerelemente von 18 mm Wandstärke gewählt. Der Guß aus dieser Gattierung hätte in einer gewöhnlichen getrockneten oder nassen Form unbedingt weiß erstarren müssen. Unter geeigneter Vorbehandlung der Gußform erhielt ich jedoch ein gut zu bearbeitendes Material mit vollständig grauem Bruchgefüge. — Zwei gleichzeitig unter denselben Bedingungen gegossene Probestäbe von 32 mm Durchmesser ergaben folgende Resultate:

Die Analyse war

$C = 3,36\%$, $Si = 0,86\%$, $Mn = 0,70\%$, $S = 0,23\%$, $P = 0,24\%$.

Die Zerreißfestigkeit der Stäbe wurde auf einer Maschine von Mohr & Federhaff, Mannheim, festgestellt und ergab 25 kg/mm². Die Brinellhärte wurde mit einer Meßdose von der gleichen Firma gemessen und ergab 179.

Die Biegeprobe wurde auf einer Maschine von Kircheis in Aue an einem Stab von 22 mm Durchmesser und 200 mm Auflageentfernung vorgenommen. Die Biegefestigkeit ergab 60 kg/mm² bei einer Durchbiegung von 2,5 und 2,8 mm.

Das Kleingefüge zeigte gleichmäßigen, lamellaren Perlit mit etwas Phosphor-Eutektikum ohne Ferrit. Der Graphit war in feiner Verteilung vorhanden. Graphitnester sowie Zementit fehlten ganz. Der Versuch wurde in der Gießerei von L. & C. Steinmüller, Gummersbach, vorgenommen. Das Eisen war im Kupolofen unter normalen Bedingungen geschmolzen.

4. Bemerkungen zum Perlitgußverfahren[1].

Von A. E. McRae Smith.

Bei Grauguß können bekanntlich am gleichen Stück Teile mit feinkörnigem und andre mit grobkörnigem Bruch vorkommen, ersteres dort, wo die Wandstärke gering, etwa $\frac{1}{4}$ Zoll (6 mm), und letzteres, wo sie größer ist, etwa 3 Zoll (75 mm). Besitzen aber die Stellen mit großer Wandstärke feinkörnigen Bruch, dann wird der Bruch an den Stellen mit geringer Wandstärke weiß und der Guß unbearbeitbar.

---

[1] Gekürzte Bearbeitung des in „The Foundry Trade Journal" vom 1. Juli 1926 erschienenen Originalaufsatzes.

Dies ist darauf zurückzuführen, daß bei gewöhnlichem Grauguß die im Gefüge vorhandenen Mengen an Eisenkarbid (Zementit) an der Außenseite und im Innern des Gußstücks nicht gleich sind, sondern von außen nach innen abnehmen. Es kann geschehen, daß die dünnsten Querschnitte aus weißem, durchweg zementischem Eisen und Graphit bestehen, während in der Mitte der dicksten Querschnitte das andre Extrem erreicht wird, nämlich daß darin fast kein Eisenkarbid vorkommt, sondern nur ferritische Massen (reines Eisen) vorhanden sind, in denen große Graphitflocken eingebettet liegen.

Das weiße zementitische Eisen ist außerordentlich hart und spröde. Dagegen ist die ferritische Struktur der dicken Querschnitte weich und ohne Festigkeit.

Was anzustreben ist, ist die durchweg perlitische Struktur, aus abwechselnden Lagen von Ferrit und Zementit aufgebaut und insgesamt 0,9% Kohlenstoff enthaltend. Bei Verwendung kalter Formen ist diese Gefügeart nicht zu erreichen, sobald das Stück Querschnittsverschiedenheiten enthält.

Bei dem nach dem Lanz-Verfahren hergestellten Guß wird dagegen die perlitische Grundmasse erreicht, wobei die Graphiteinlagerungen über den ganzen Querschnitt selbst dickwandiger Stücke fast gleichmäßig verteilt sind. Dies ist leicht an Schliffen festzustellen, die aus verschiedenen Stellen der Querschnitte zylindrischer Körper von 5 bis 6 Zoll (125 bis 150 mm) Durchmesser entnommen sind. Daraus ist der Schluß zu ziehen, daß die Festigkeit des Perliteisens von außen bis zur Mitte gleichbleibt, eine Tatsache, die die einzig dastehenden physikalischen Eigenschaften der Perlitgusses für den Ingenieur überzeugend begründet.

Bei nach gewöhnlicher Art vergossenem hochwertigstem Grauguß kann ein am Gußstück angegossener Prüfstab von 1 Quadratzoll Querschnitt Zugfestigkeiten von 14 bis 16 Tons je Quadratzoll (22 bis 25 kg/cm²) ergeben. Entnimmt man aber den gleichen Prüfstab der Mitte eines Querschnitts von 5 Zoll (125 mm) Durchmesser, so geht die Festigkeit auf 6 bis 8 Tons je Quadratzoll (9,5 bis 12,5 kg/cm²) herunter.

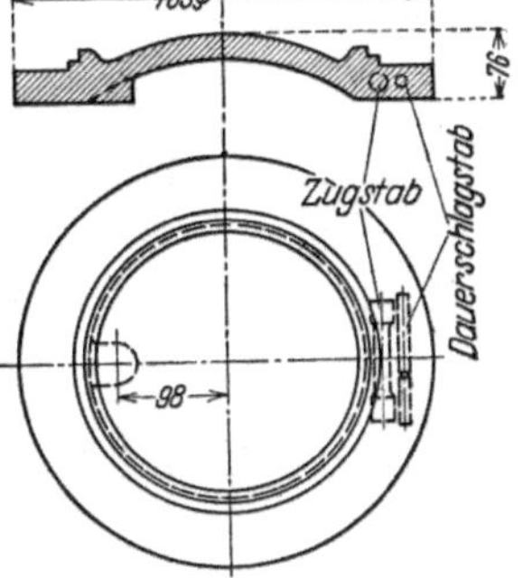

Abb. 30.

Die Tabelle S. 44 enthält hierfür Beispiele.

So zeigt der Prüfstab, der aus dem Deckel Abb. 30 unmittelbar entnommen wurde, nur geringe Zugfestigkeit bei Anfertigung in gewöhnlichem Grauguß (Gattierung LFC 528). Erheblich höher ist aber die Festigkeit, wenn der Zugstab aus der gleichen Gattierung getrennt gegossen ist. Im Gegensatz dazu ergibt der Prüfstab bei Anfertigung des gleichen Deckelstücks aus Perlitguß (*P 5*) gleiche Festigkeit, wenn er dem Stück selbst entnommen und wenn er getrennt gegossen ist (*P 5 c*).

Dabei kann die chemische Zusammensetzung von *P 5* nur als mittel-

Versuche mit Perlitguß im Vergleich zu gewöhnlichem Guß.

Geprüftes Stück		Prüfstab	Zugfestigkeit Stabquerschn. = 1 Quadratzoll		Biegefestigkeit[1] Bruchlast		Durchbiegung		Dauerschlag[2] (Bärgew. 2 Pfd., Fallhöhe 1½ Zoll) Schlagzahl	Brinellhärte
Bezeichnung und Gattungs-Nr.	Werkstoff		Tons/Quadr.-Zoll	kg/cm²	Engl. Pfund	kg	Engl. Zoll	mm		
P 1b	Perlitguß	Getrennt gegossen	—	—	3900	1765	0,16	4,60	10662	187
P 3g	Perlitguß		21,4	33,2	3950	1788	0,12	3,05	7148	207
P 4b	Perlitguß		18,9	29,3	4100	1856	0,15	3,92	7156	196
P 5c	Perlitguß } Aus gleicher		18,2	28,2	4400	1990	0,14	3,56	—	207
Deckel P 5 (Abb. 30)	Perlitguß } Planne	Aus Gußstück entnommen	18,4	28,5	—	—	—	—	7448	187
Deckel LFC 528 (Abb. 30)	Gewöhnl. Grauguß (Zylinderguß)	Aus Gußstück entnommen	10,2	15,8	—	—	—	—	242	241
LFC 528	Dgl.	Getrennt gegossen	15,6	24,2	3200	1450	0,07	1,78	—	241
P 4f	Perlitguß	Getrennt gegossen	18,9	29,3	4100	1857	0,16	4,60	9882	179
Deckel P 4	Perlitguß } Aus gleicher Pfanne wie P 4b	Aus Gußstück entnommen	—	—	—	—	—	—	—	155—187
P 4c	Perlitguß	Getrennt gegossen	—	—	4350	1970	0,15	3,92	{6868 \ 6845}	187
Stopfbüchse P 2 (Abb. 31)	Perlitguß	Aus Gußstück entnommen	17,4	27,0	—	—	—	—	—	187
P 2x	Perlitgußgattierung in kalter Form	Getrennt gegossen	Unbearbeitbar		Weiß 2800	1270	0,04	1,02	—	387
P 2y	Dgl.				Weiß 2750	1246	0,03	0,76	—	387
LFC 529	Hochwert. Grauguß 1,5—1,6% Si u. 0,6% P	Getrennt gegossen	15,2	23,6	3250	1470	0,08	2,03	994	241
LFA 548	Weicher Grauguß		12,3	19,1	2950	1336	0,09	2,28	296	207
LFA 547	2—2,2% Si und		11,3	17,5	2800	1268	0,06	1,52	112	196
LFA 550	bis zu 1% P		11,8	18,3	3150	1426	0,08	2,03	180	207

[1] Der Biegestab (unbearbeitet) hatte 1 engl. Quadratzoll Querschnitt, 14 Zoll = 356 mm Länge und 12 Zoll = 305 mm Stützweite.

[2] Die Dauerschlagprobe wurde an Normalstäben nach Eden Foster durchgeführt, ½ Zoll = 12,7 mm im Durchmesser mit Kerbe (Halbkreis von 0,05 Zoll = 1,27 mm Radius).

gut bezeichnet werden, während LFC 528 folgende, recht hochwertige Analyse besitzt:

Si 1,70%,   S 0,10%,   P 0,62%,   Mn 0,58%,   C ges. 3,28%.

Beide Gußstücke sind nach dem gleichen Modell hergestellt. Der Unterschied besteht nur darin, daß $P\,5$ in heißer Form und LFC 528 in einer Form vergossen wurde, die Raumtemperatur hatte. Letztere Form war getrocknet, um für beide Gußstücke, abgesehen von der Formtemperatur, gleiche Verhältnisse zu schaffen. Mit Ammoniakdampf abgepreßt, zeigte der Graugußdeckel jedesmal trotz größter Vorsicht entstandene poröse Stellen, zurückzuführen auf die Querschnittverschiedenheit zwischen den dicken äußeren Rand und dem dünneren gewölbten Innenteil[1].

Vielleicht noch wichtiger ist aber, daß bei Perlitguß die Gefahr der Lunkerung, hervorgerufen durch ungleiche Zusammenziehung bei ungleichen Querschnitten, auf ein Mindestmaß zurückgeführt ist. Grenzen bei einem gewöhnlichen Graugußstück dünne Querschnitte an dicke, so erstarren die ersteren im Hinblick auf die große Verschiedenheit der Abkühlungsverhältnisse viel schneller. Dies hat zur Folge, daß der Zufluß des Metalls zu den dickeren Teilen des Stückes nicht imstande ist, den Volumverlust, der durch das Zusammenschrumpfen entsteht, zu ersetzen. Daraus ergeben sich die so häufig vorkommenden gefährlichen Lunker- und

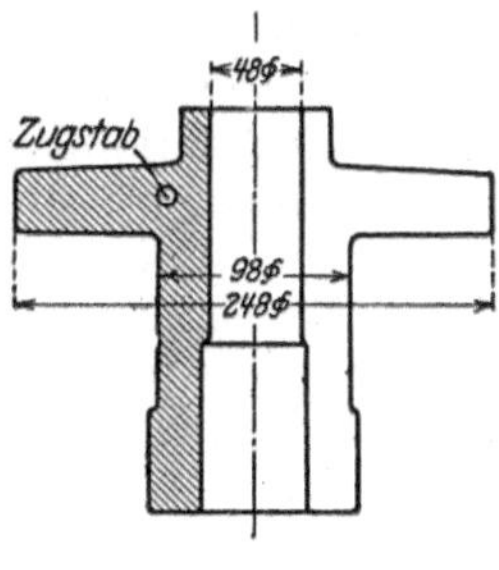

Abb. 31.

porösen Stellen. Anders beim Perlitguß, wo die Verzögerung der Abkühlung ausgleichend wirkt.

In Anbetracht seiner vorzüglichen Mikrostruktur ist Perlitguß auch viel widerstandsfähiger gegen Stoß und ebenso gegen Wachserscheinungen bei wiederholter Erhitzung.

Bei der Herstellung des Perlitgusses kann auf folgende Arten vorgegangen werden:

1. Die Temperatur der Formvorwärmung wird dem Querschnitt angepaßt, während die Zusammensetzung (bei geringem Prozentsatz an Kohlenstoff und Silizium) unverändert bleibt. Je geringer die Masse oder der Querschnitt des Gußstückes ist, desto höher muß die Form vorgewärmt werden, bis zu etwa 500° C. Für ganz dünne Querschnitte

---

[1] Als bemerkenswertes Beispiel für die Gleichförmigkeit des Perlitgusses führt R. T. Rolfe in The Iron and Steel Industry, Juniheft 1929 einen in diesem Material ausgeführten Kompressorzylinder mit stark wechselnder Wandstärke an. Probestäbe daraus, aus der Mitte von Querschnitten mit 29 mm und mit 127 mm Dicke entnommen, wiesen völlige Übereinstimmung in Festigkeit, Gefüge und Härte auf. — Die Zähigkeit des Perlitgusses wird durch einen dort abgebildeten, aus der Mitte eines Gußstücks entnommenen, stark verdrehten Stab von 6 mm Quadratquerschnitt bewiesen, sowie durch Drehspäne, die bei Perlitguß 230 mm Länge erreichten, während sie, unter ganz gleichen Umständen aus dem früher verwendeten Zylindereisen erzeugt, nicht über 40 mm Länge kamen. — Rolfe stellt auch fest, daß der verlorene Kopf bei Perlitgußstücken bis auf einen geringen Bruchteil ohne Schädigung des Ergebnisses fortgelassen werden kann. A.d.H.

liegt die zumeist vorkommende Vorwärmungstemperatur zwischen 300 und 450⁰ C.

2. Es wird eine konstante Vorwärmungstemperatur verwendet, dagegen der Siliziumgehalt entsprechend der Masse des Gußstückes verändert.

3. Gleichzeitige Veränderung beider Faktoren.

Die Gattierung kann durch Zusätze von Gußbruch und Stahlschrott billig gestaltet werden. Manganzusätze wie gewöhnlich. Wo das Hauptgewicht auf Vermeidung des Wachsens gelegt wird, sollte der Phosphorgehalt möglichst niedrig bleiben, etwa unter 0,15%. Kommt es aber bloß auf hohe Festigkeit an, so hindert auch ein Phosphorgehalt bis 0,4% die Bildung guter Perlitstruktur nicht. Kohlenstoff sollte in der Gegend von 3% gehalten werden.

Mit solchen Gattierungen können Tag für Tag ohne irgendwelche Schwierigkeiten so gute Ergebnisse erreicht werden wie sonst nur mit hochwertigsten Roheisensorten. Die Gattierungskosten werden auf diese Weise für Perlitguß sehr niedrig; jedenfalls bleiben sie unter den Kosten für hochwertigen gewöhnlichen Grauguß.

Formen und Kerne werden wie gewöhnlich getrocknet. Sind sie durchgetrocknet, so werden sie zusammengesetzt in den Trockenofen gebracht und erwärmt. Diese Wiedererwärmung ist die einzige wirkliche Mehrausgabe bei dem Verfahren, vorausgesetzt daß auch sonst eine Trocknung der Formen vorgenommen wurde. In Fällen, wo früher grüne Formen verwendet wurden, sind natürlich noch die Trockenkosten hinzuzurechnen. In den nicht seltenen Fällen, wo Perlitguß hochwertige Spezialeisen, Temperguß und Stahlguß ersetzt, kommt er natürlich billiger als diese.

Schwierigkeiten bei Handhabung der heißen Formen und beim Guß sind nicht eingetreten. Die Formsandmischungen, die für getrocknete Formen sonst verwendet wurden, können auch für Perlitguß fast ohne Änderung benutzt werden, ebenso das Material für die Kerne und das Kernöl.

In England hat das Perlitverfahren in den letzten 6 Monaten viele Kritiker gefunden, eine Erscheinung, wie sie bei Einführung eines neuen Verfahrens zu erwarten ist. Man wird an die drei Etappen: Holzschiffe — eiserne Schiffe — Stahlschiffe erinnert. Auch der Verfasser war anfangs, als nur lückenhafte Einzelheiten in den Zeitschriften auftauchten, sehr skeptisch. Er bittet daher aber die Metallurgen und Gießereifachleute, den Perlitguß nicht zu kritisieren oder zu verdammen, ohne selbst vorher Versuche damit gemacht zu haben. In einem kürzlich erschienenen Aufsatz war der Verfasser so kühn, zu behaupten, es sei ganz unwahrscheinlich, daß Eisen, in heißer Form vergossen, einem in kalter Form vergossenen Eisen überlegen sein könne. Diese Behauptung wäre nicht ausgesprochen worden, hätte der Kritiker gesehen, was für Unterschiede sich ergeben, wenn eine Perlitgattierung aus der gleichen Pfanne einmal in heißen und das andere Mal in kalten Formen vergossen wird. Es scheint, daß ein Umstand leicht vergessen wird, daß nämlich Sand bei einer Temperatur von 400⁰ C die Wärme sehr schlecht leitet, daher die Abkühlung in solchen Sanden außerordentlich langsam vor sich geht. Kleine Gußstücke, im Formkasten mit heißem Sand gelassen, waren noch nach 18 Stunden zu heiß, um angefaßt werden zu können.

Unzweifelhaft ist noch viel Forschungsarbeit zur vollständigen Klärung der Vorgänge beim Perlitverfahren nötig. Bisher ist dazu erst der Anfang gemacht. Es steht aber fest, daß der Perlitguß schon in der heutigen Form Tag für Tag mit gleichförmig gutem Ergebnis und durchgängig perlitischer Struktur erhalten und immer wieder erhalten wird.

Unsere Gießerei[1] erzeugt gegenwärtig drei Sorten von Perlitguß mit Siliziumgehalten von 0,5 bis 1,3%. Der letztere wird nur für Gußstücke mit Wandstärken unter ⅓ Zoll (8 mm) verwendet; für Gußstücke von ¾ Zoll (18 mm) bis 2 Zoll (50 mm) Wandstärke wird 0,7 bis 0,85% Silizium genommen. Die Formtemperatur wird entsprechend der Masse der einzelnen Gußstücke eingestellt.

(Deutsche Bearbeitung von Meyersberg.)

5. Versuche mit Perlitguß[2].

Von Bernard Buffet und Alphonse Roeder.

Die Festigkeitseigenschaften des Perlitgusses können durch die allen Gießereifachleuten bekannten Prüfverfahren ermittelt werden. Wir möchten jedoch die besondere Aufmerksamkeit auf eine Prüfungsart lenken, die leider noch wenig in die Praxis eingedrungen ist, trotzdem sie große Bedeutung besitzt: die Dauerschlagprobe.

Wir führen diese Prüfung mit einer Einrichtung aus, die folgende Abmessungen aufweist:

Bärgewicht: 12 kg.

Versuchsstab: 45 mm Durchmesser, Länge 200 mm.

Stützweite: 160 mm.

Fallhöhe: 250 mm.

Schlagzahl in der Minute: 60.

Nach jedem Schlag wird der Prüfstab um 180° gedreht.

Vergleichen wir den Dauerschlagversuch mit dem Pendelschlagversuch nach Charpy, so ist zunächst an die bekannte Tatsache zu erinnern, daß letzterer eine Integration der Festigkeitskurve (vgl. Abb. 32) durchführt. Er erzielt die Totalsumme der Arbeit, die für den Bruch nötig ist. Wir fassen nun den Punkt E ins Auge, der der Elastizitätsgrenze entspricht. Um diesen Punkt zu erreichen, ist eine Arbeit L erforderlich.

Läßt man nun auf das Versuchsstück eine Arbeit L' wirken, die kleiner ist als L, so dürfte diese nach der Theorie niemals zum Bruch führen. In Wirklichkeit bricht aber das Versuchsstück trotzdem nach einer bestimmten Anzahl von Schlägen.

---

[1] J. & E. Hall, Limited.

[2] Entnommen aus: „La fonte perlitique" von B. Buffet und A. Roeder (Bulletin de la Société Industrielle de Mulhouse, Novembre 1925. Mulhouse).

Die Erklärung kann nur darin gefunden werden, daß der Stoff nicht vollständig homogen ist und daß bei der Beanspruchung, die darauf ausgeübt wurde, an einzelnen Stellen die Elastizitätsgrenze bereits überschritten wurde, während sie an anderen trotz gleicher Beanspruchung lange noch nicht erreicht war. Daraus folgt, daß schon eine gewisse Arbeitsmenge im Stück aufgezehrt sein muß. Als Folge davon tritt dann nach einer gewissen Anzahl von Schlägen Bruch ein.

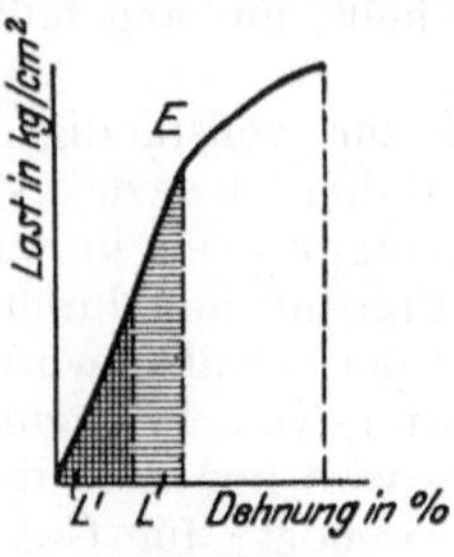

Abb. 32.

Diese Theorie wird durch die Praxis bestätigt, da die Stoffe um so höhere Dauerschlagzahl ergeben, je homogener sie sind, selbst bloß mit freiem Auge beurteilt. Nachstehende Tabelle beweist dies:

Art des Gußeisens	Anzahl der Schläge, nach denen der Bruch erfolgte (Durchschnittswerte)	
	Stab roh	Stab bearbeitet
Gewöhnlicher Grauguß	21	17
Riemenscheibenguß	28	24
Zylinderguß	63	81
Perlitguß	502	610

Die Schlagzahl, bei der der Perlitguß brach, beträgt mithin das 8fache der für Zylinderguß erforderlichen.

Für die praktische Beurteilung ist dieser Versuch sehr interessant, denn er entspricht gut den Verhältnissen, unter denen das Gußeisen tatsächlich zu arbeiten hat. Von den durch Festigkeitsversuche ermittelten Zugfestigkeitszahlen, die manchmal sehr hoch liegen (bis zu 30 und 35 kg), wird bei Festigkeitsberechnungen für Gußeisen niemals Gebrauch gemacht. Man rechnet allgemein nur mit 1 bis 2 kg, also mit ganz außergewöhnlich hoher Sicherheit. Der Grund liegt in der Notwendigkeit, sich beim Gußeisen gegen die große Ungleichmäßigkeit des Materials und gegen die Gußspannungen sichern zu müssen. Eine Gußeisenart, die in diesen beiden Beziehungen einen Fortschritt bringt, muß daher jeder anderen Gußeisensorte überlegen sein.

Zugversuch: Nach dem über den Dauerschlagversuch Gesagten ist es wohl nicht nötig, zu bemerken, daß wir dem Zugversuch bei der Untersuchung des Gußeisens gar keine Bedeutung beilegen.

Es ist leicht, hohe Ziffern der Zugfestigkeit zu erhalten, wenn man die Abmessungen der Prüfstäbe geschickt wählt. Man kann auf diese Weise 30 kg bekommen. Aber diese hohe Zahl bedeutet nichts, wenn die Prüfstäbe getrennt gegossen sind und die Möglichkeit von Gußspannungen sowie die Ungleichmäßigkeit des Materials dazu nötigen, eine abnorm hohe Sicherheitsgrenze zu nehmen. Schon ein geringes Maß von Aufrichtigkeit führt daher zu dem Eingeständnis, daß die hohen Festigkeitsziffern vom praktischen Standpunkt aus ohne Bedeutung sind.

Beim Perlitguß aber hat man es mit einem Material zu tun, bei dem nicht nur die Bruchfestigkeit, sondern auch die zur Herbeiführung des Bruches nötige Arbeit gegenüber anderen Gußeisensorten erheblich erhöht ist. Vor allem aber gestattet seine Homogenität, den Sicherheitsgrad ganz erheblich herunterzusetzen.

Verschleißfestigkeit: Der Perlitguß hat hervorragenden Verschleißwiderstand. Wir haben dies in der Praxis festgestellt bei Rädern von Sandaufzügen und bei Exzentern von Rüttelsieben. Außerdem haben wir im Laboratorium Verschleißversuche vorgenommen, wobei wir die Oberflächen zweier Versuchsstücke aus gleichem Stoff trocken gegeneinander schleifen ließen. Der Versuch wurde mit 110 Hüben in der Minute durchgeführt. Versuchsstücke aus Zylindereisen verloren bei einer Berührungsfläche von 58,75 cm² in 32 Stunden 10 g; dagegen war bei den Versuchsstücken aus Perlitguß unter gleichen Bedingungen bei gleicher schleifender Oberfläche in 180 Stunden nur ein Verlust von 7 g festzustellen.

(Übertragung aus dem Französischen von Meyersberg.)

6. Der Perlitguß in der praktischen Verwendung[1].

Von Dipl.-Ing. Gustav Meyersberg, Berlin.

Im nachstehenden soll festgestellt werden, wieweit die Vorzuge, die dem Perlitguß bei seinem Erscheinen zugesprochen wurden, in der Praxis Bestätigung gefunden haben.

Festigkeit. Zahlenmäßig am sichersten zu erfassen sind die Festigkeitseigenschaften. Die Bauersche Arbeit in den Mitt. Materialpr.-Amts Berlin-Dahlem 1922[2] brachte dazu einen Vergleich zwischen

1. gewöhnlichem Gußeisen G, entsprechend etwa der Güteklasse Ge 14,91 des Dinormblattes 1691,

2. sogenanntem Zylindereisen Z, entsprechend etwa der Güteklasse Ge 18,91 des Dinormblattes 1691, und

3. Perlitguß P.

Wird der für G ermittelte Durchschnittswert $= 1$ gesetzt, so ergab sich als Verhältnis $G : Z : P$

für die Biegefestigkeit 1 : 1,41 : 1,78,

für die Durchbiegung 1 : 1,24 : 1,65,

für die Zugfestigkeit 1 : 1,44 : 1,92.

Hierbei ist nicht außer acht zu lassen, daß bei Gußeisen sowohl der Biege- als auch der Zugversuch Streuungen aufweisen, die allerdings um so geringer ausfallen, je hochwertiger das Gußeisen ist. Bei Perlitguß sind sie demnach geringer als bei gewöhnlichem Grauguß. Die damals für Perlitguß ermittelten Werte der Biegefestigkeit mit 50,9 kg/mm² bei 14 mm Durchbiegung und der Zugfestigkeit mit 28 kg/mm² haben sich auch in der Praxis bestätigt.

---

[1] Mit Zugrundelegung der in Z. V. D. I. 1927, S. 1427 erschienenen Arbeit des gleichen Verfassers: „Entwicklung des Perlitgusses".

[2] Zum Abdruck gebracht auf S. 22.

Dem Konstrukteur bietet die Erhöhung der Festigkeit die Möglichkeit, entweder die Abmessungen gegenüber der früheren Ausführung in Grauguß herabzusetzen oder erhöhte Sicherheit gegen Bruch zu gewinnen.

Die Dimensionsverringerung findet eine Grenze in allen Fällen, wo die Wandstärke unter ein gewisses geringstes Maß nicht gebracht werden darf, sei es, daß gießereitechnische oder andere außerhalb der Festigkeitsbeanspruchung liegende technische Gründe, etwa die Vorschrift eines Mindestgewichts, maßgebend sind. Nicht selten kommt es aber vor, daß die geringere Bemessung aus Gründen unterbleibt, die außerhalb des Technischen liegen. Die Scheu vor den Kosten der Änderung, insbesondere der Modelle, scheint manchmal unüberwindlich, oder auch nur die Scheu vor der Unbequemlichkeit, die jede Art Abänderung mit sich bringt! Und doch kann die Auswertung der höheren Festigkeit ganz durchschlagende Vorteile bringen, unterstützt durch den Umstand, daß beim Edelguß erheblich höhere Treffsicherheit zu erreichen ist.

So ist es der Druckereimaschinen-Fabrik Bohn & Herber, Würzburg, gelungen, ihre Erzeugnisse auf diese Weise stark im Gewicht zu ermäßigen und trotzdem noch eine Erhöhung der Beanspruchungsmöglichkeit zu gewinnen. Als Beispiel sei ein Schnellpressenzylinder angeführt, der früher mit besonderer Stahlachse hergestellt wurde, während bei der jetzigen Ausführung in Perlitguß die Wellenenden angegossen werden. Die Folgen sind Gewichtsersparnis, Erhöhung der Sicherheit und Vereinfachung der Herstellung. Auch die Grundgestelle dieser Druckereimaschinen sind in der neuen Perlitgußausführung wesentlich leichter gehalten. Ebenso konnte bei den Zahnrädern an Gewicht gespart werden; ihr Modul wurde erheblich herabgesetzt. Lediglich die Karren der Druckmaschinen wurden in den Abmessungen nicht geändert. Dafür ist aber die Beanspruchung bei der jetzigen Ausführung gegen früher stark vermindert.

Zähigkeit. Vielleicht noch bedeutungsvoller als die Erhöhung der Bruchfestigkeit ist aber die Verbesserung einer Eigenschaft, die beim alten Grauguß besonders viel zu wünschen übrig ließ, der Zähigkeit und der Widerstandsfähigkeit gegenüber Schlag und Stoß. Schon in der Erhöhung der Durchbiegung bei der Biegeprobe spricht sich die größere Zähigkeit aus. Bauer stellte für die Durchbiegung[1] des Perlitgusses Werte bis zu 17,5 mm fest, während sie bei Grauguß unter 10 mm blieb. Im Durchschnitt ergab sich für den Perlitguß eine Verbesserung um 65%. Noch deutlicher zeigt sich aber die Überlegenheit der Zähigkeit und die große Widerstandsfähigkeit gegenüber wechselnden, stoßweisen Beanspruchungen bei der von Bauer erstmals für Gußeisen verwendeten Dauerschlagprobe. Die Schlagzahl, nach der der eingekerbte Perlitstab brach, betrug bei den Bauerschen Versuchen das 15fache gegenüber Grauguß und das 3½fache gegenüber Zylindereisen.

Vielleicht noch augenfälliger ist ein Versuch, der zuerst von L. & C. Steinmüller, Gummersbach, an Perlitgußstücken vorge-

---

[1] A. a. O. Tab. 2 auf S. 28.

nommen wurde. Ein wandartiger Konstruktionsteil hatte bei der früher üblichen Herstellung in Grauguß vielfach zu Rißbildungen Veranlassung gegeben, wozu außer der allgemeinen Sprödigkeit des Stoffes auch noch die Gußspannungen beitrugen, zu denen das Stück neigte. Um einen Vergleich der neuen Ausführung in Perlitguß gegenüber der älteren zu gewinnen, wurde das Stück an der durch die Rißbildung besonders gefährdeten Stelle mit schweren Zuschlaghämmern bearbeitet. Während das Graugußstück nach zwei bis drei Schlägen brach, genügten 55 Schläge noch nicht, um bei dem Perlitgußstück die ersten Anzeichen eines beginnenden Bruches hervorzurufen, und dies, trotzdem die Wandstärke von 15 mm auf 12 mm herabgesetzt war.

In allen Fällen, wo betriebsmäßig Stoß- und Schlagbeanspruchungen, Vibrationen u. dgl. vorkommen, bei Teilen von Fördermitteln, Kraft- und Eisenbahnwagen, Elektrokarren, Pressen, Hämmern u. dgl. m. treten diese Eigenschaften in den Vordergrund. Der in Abb. 33 dargestellte Bock für Schaltschützen zu Wechselstromlokomotiven hielt einer Dauerprüfung von 750000 Schaltungen, entsprechend einer Lebensdauer von 25 Jahren, ohne Schädigung stand und zeigt sich dadurch der früheren Ausführung in Temperguß weit überlegen.

Bearbeitbarkeit. Die Verbesserung der Festigkeitseigenschaften wäre im Wert sehr herabgesetzt, wenn damit eine Erhöhung der Härte Hand in Hand ginge, wie erwartet werden

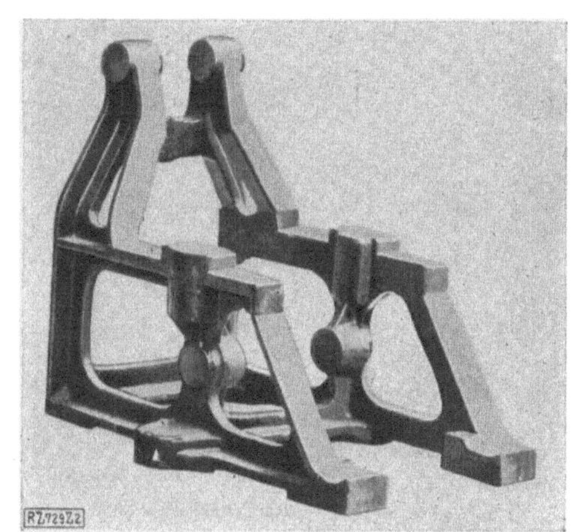

Abb. 33. Bock für Schaltstützen auf elektrischen Lokomotiven, früher in Temperguß hergestellt.

könnte. Für den Perlitguß besonders kennzeichnend ist, daß dies nicht der Fall ist. Die weitgehende Ausreifung des Gefüges, die sich bei der Durchführung des Verfahrens ergibt, spricht sich auch darin aus, daß der Gefügebestandteil, der für die Härte des Gußstückes in erster Linie maßgebend ist, nicht in Erscheinung tritt. Dieser Gefügebestandteil ist das Eisenkarbid (Fe_3C), „Zementit". Sein Vorherrschen ist die Ursache für das weiße Bruchaussehen, womit hohe, die Bearbeitung hindernde Härte und Sprödigkeit gleichbedeutend ist. Beim Perlitguß tritt aber dieser Gefügebestandteil nicht auf. Wir haben es nur mit dem Perlitgefüge zu tun, das bei mäßiger Härte höchste Festigkeit gewährleistet.

Abb. 34 zeigt eine Kolbenringwalze, an der die Brinellhärten, wie sie an den verschiedenen Stellen festgestellt wurden, vermerkt sind. Daran ist nicht nur die Größenordnung der Härtezahlen bemerkenswert, die ein für Werkstattzwecke bequemes Maß aufweisen, sondern

4*

auch die Geringfügigkeit der Abweichungen, die zwischen ihnen in verschiedenen Höhenlagen und an verschiedenen Stellen bestehen.

Die leichte Bearbeitbarkeit ist für die Praxis von größter Wichtigkeit und bedeutet auch dem Stahlguß gegenüber einen Vorteil.

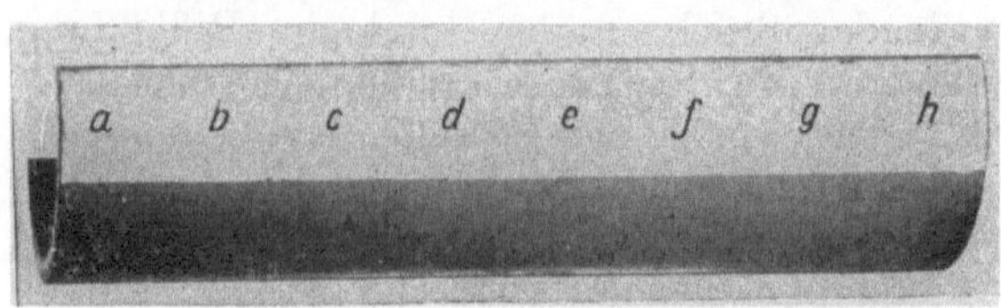

Abb. 34. Brinellhärte einer Kolbenringwalze aus Perlitguß.
a 183, b 181, c 179, d 179, e 180, f 181, g 183, h 185.

Ein Stück, das dafür als Beispiel dienen kann, ist in Abb. 35 wiedergegeben. Es ist dies ein Getriebekasten für Raupenschlepper, der früher in Stahlguß ausgeführt wurde, in dieser Ausführung aber wenig befriedigte. Bei den verhältnismäßig dünnen Wandstärken und den geringen Spielräumen zwischen Wand- und Getriebeteilen gab es viel Nacharbeit, vielfach auch Ausschuß wegen Verziehungen und Lunkerbildung. Die Dichtungsflächen an den Teilfugen fielen oft unsauber aus und waren wegen großer Härte häufig schlecht zu bearbeiten. Bei der Ausführung in Perlitguß sind alle diese Beschwerdepunkte weggefallen. Der Ausschuß ist auf ein Mindestmaß heruntergegangen. Das Aussehen ist einwandfrei, die Bearbeitung bequem, so

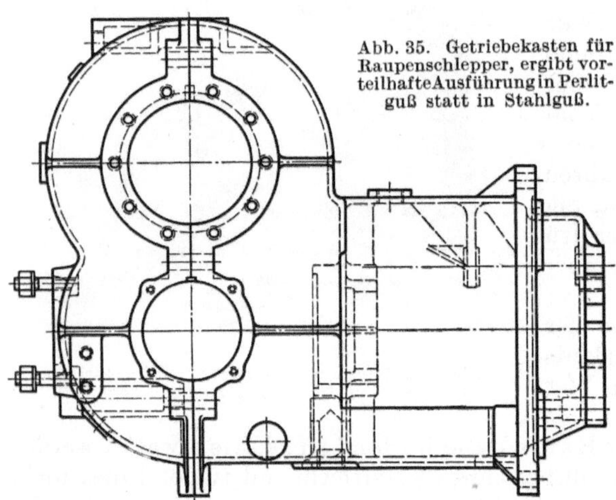

Abb. 35. Getriebekasten für Raupenschlepper, ergibt vorteilhafte Ausführung in Perlitguß statt in Stahlguß.

daß die ausführende Firma nicht nur bei diesem Stück, sondern auch bei zahlreichen anderen Stücken, für die bisher Stahlguß verwendet wurde, zum Perlitguß übergegangen ist, damit auch erhebliche Verbilligung erreicht hat.

Spannungsfreiheit. Der Werkstatt ebenso unwillkommen wie harte, unbearbeitbare Stellen sind Gußspannungen. Sie treten häufig erst zutage, wenn das Gußstück schon bearbeitet und die Ausgabe für die Bearbeitung bereits entstanden ist.

Die Regelung der Abkühlungsgeschwindigkeit beim Perlitguß wirkt auf Ausgleich und Milderung der Ursachen für die Spannungen hin[1].

---

[1] Vgl. Geiger: Handbuch der Eisen- und Stahlgießerei I. S. 363, 2. Aufl. Berlin: Julius Springer 1925. Vgl. auch über den Einfluß der Vergleichmäßigung der Abkühlung L. Schmid in Gieß. 1919, S. 39ff.

Planmäßige Versuche von P. Bardenheuer und C. Ebbefeld[1] über die Schwindvorgänge brachten eine volle Bestätigung dieser Vorteile.

Das als Beispiel für die Zähigkeit erwähnte wandartige Stück der Firma Steinmüller kann auch für die beim Perlitguß erreichte Spannungsfreiheit als Beispiel dienen.

Zur unmittelbaren Feststellung der Spannungsverhältnisse wurde ein Gitterstück von den zur Studiengesellschaft für Veredelung für Gußeisen gehörenden Gießereien einmal in Perlitguß (Abb. 36) und in Grauguß (Abb. 37) abgegossen. Es ist gekennzeichnet durch die großen Unterschiede in den Querschnitten der einzelnen Gitterstäbe. Bei der Ausführung in Normal-Maschinenguß (Abb. 37) sprangen sämtliche Stücke bereits beim Erkalten in der Form. Bei der Ausführung in Perlitguß (Abb. 36) blieben sie ganz. Nach Anbohrung an den mit *a* bezeichneten Stellen (Abb. 36) trat ganz geringe Klaffung ein.

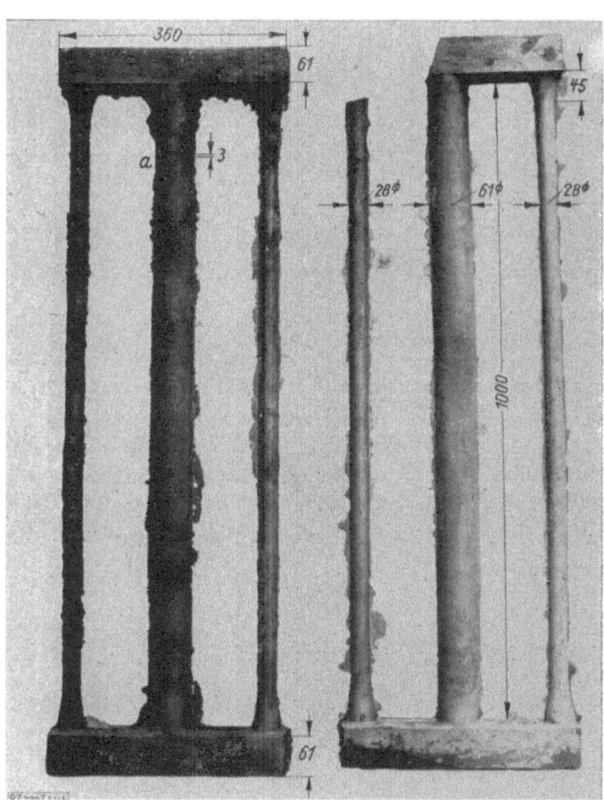

Perlitguß.   Grauguß.
Abb. 36 und 37. Gitterstück.

Gleichmäßigkeit des Gefüges. Die Beherrschung der Abkühlgeschwindigkeit hat nicht nur die weitgehende Ausreifung des Gefüges zur Folge, sondern auch seine große Gleichmäßigkeit an den verschiedenen Stellen des Gußstückes. Der Körper einer Stopfbüchse (Abb. 38), der außerordentliche Verschiedenheit der Wandstärken aufweist, wurde durchschnitten, um von den mit *a*, *b*, *c* und *d* bezeichneten Stellen Schliffproben zu liefern. Diese zeigen überraschende Gleichmäßigkeit trotz der großen Verschiedenheit der Wanddicken.

---

[1] Gieß.-Zg. 1925, S. 454 und Stahleisen 1925, S. 825 u. 1022.

Auch die als Beispiel für die gleichmäßige Härte bereits erwähnte
Kolbenringwalze (Abb. 34) beweist die Gleichmäßigkeit des Gefüges,
da diese ja auch Voraussetzung für die
Gleichmäßigkeit der Härte sein muß.

Auffallend ist bei Perlitgußstücken der
reine Klang, den sie, geeignet aufgehängt,
beim Anschlagen mit dem Hammer ergeben. Es ist daher möglich, aus Perlitguß gut klingende Glocken herzustellen.
Der Klang von Glocken aus gewöhnlichem
Grauguß ist dagegen unrein und in der
Tonhöhe nur unsicher bestimmbar, ein
weiterer Beweis, daß Perlitguß ein in seiner
ganzen Struktur gleichmäßig durchgebil-
deter Baustoff ist.

Lunkerfreiheit. Zu den bedenklichsten
Erscheinungen, die bei Gußstücken auftreten können, gehören die Lunkerungen.
Sie sind nicht nur eine erhebliche Aus-
schußursache, sondern können auch, zu
spät bemerkt, zu Brüchen führen. Ihre
Entstehung[1] ist auf die Verschiedenheit
des spezifischen Volumens beim flüssigen
und beim erstarrenden Metall zurückzu-

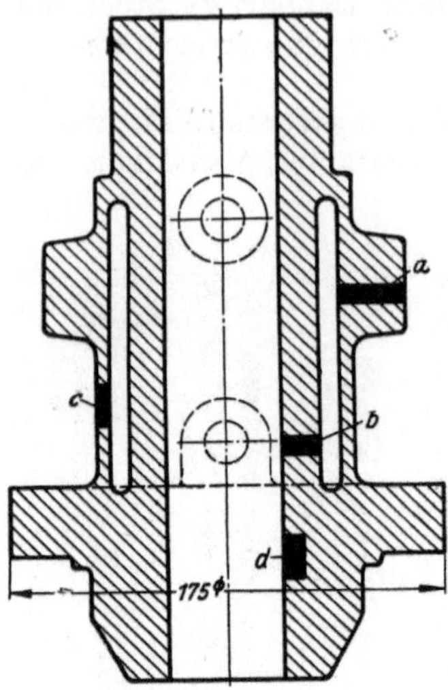

Abb. 38. Körper einer in Perlitguß
ausgeführten Stopfbüchse.
a, b, c, d Stellen, an denen die Schliffproben entnommen wurden.

führen. Ist die Schmelze an einzelnen Stellen noch flüssig und an
anderen schon in der Erstarrung begriffen, so können Hohlräume entstehen, die Lunker. Ebenso wie das Perlitgußverfahren die Entstehung
der Gußspan-
nungen unter-
drückt, hat es
sich aber auch als
sehr wirkungs-
volles Mittel zur
Unterdrückung
der Lunker er-
wiesen. Abb. 39
zeigt ein Stück
in Form eines
„K", das, in ge-

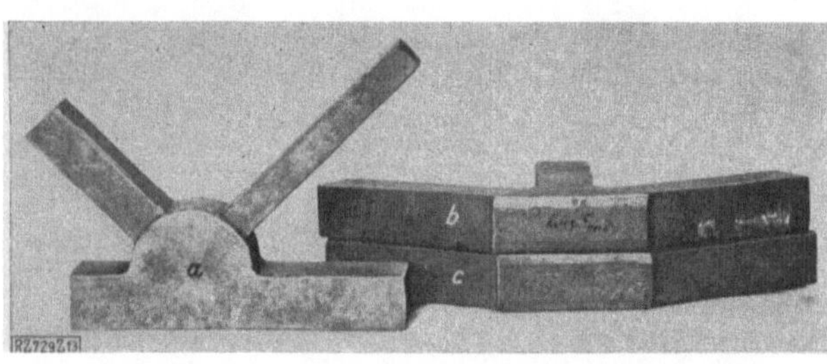

Abb. 39. K-Stück. *a* Form des Versuchstückes, *b* Bruchprobe von Grauguß mit Lunker *c* Bruchprobe von Perlitguß ohne Lunker.

wöhnlicher Weise vergossen, regelmäßig zur Ausbildung eines mehr oder
minder kräftigen Lunkers in der Nähe des Knotenpunktes führt. Er
tritt nicht auf, wenn der Guß nach dem Perlitgußverfahren erfolgt
(Abb. 39). Mit der Lunkerfreiheit im Zusammenhang steht die Erscheinung, daß man bei Perlitguß ohne oder mit wesentlich kleinerem
verlorenen Kopf auskommen kann als bei gewöhnlichem Guß.

---

[1] Vgl. Irresberger in Geiger: Handbuch der Eisen- und Stahl-Gießerei
I, S. 331, 2. Aufl. Berlin: Julius Springer 1925, auch Sipp und Bauer: „Schwinden und Lunkern des Eisens" in Stahleisen 1913, S. 675 und 1921, S. 888.

Dichtheit. Ebenso wie vor Lunkern schützt das Perlitgußverfahren auch vor der Bildung kleinerer Blasen, wie sie beim gewöhnlichen Guß häufig auftreten. Die große Dichtheit des Gusses erklärt sich durch die Gleichmäßigkeit, Ausreifung und Feinkörnigkeit des Gefüges. Die Dichte ist besonders für die Fälle von Bedeutung, in denen das Gußstück zur Aufnahme von hochgespannten Flüssigkeiten oder Gasen dient. Hierher gehören Rohrleitungen, Krümmer u. dgl. m., ferner sehr zahlreiche Anwendungen bei Dampfmaschinen und Verpuffungsmotoren, insbesondere Dieselmotoren. Ebenso haben sich Preßpumpenkörper, die früher in Stahlguß nicht dicht hergestellt werden konnten, in Perlitguß hergestellt, als tadellos erwiesen.

Abb. 40 zeigt Zylinder-Einsatzbüchsen für Schiffsdieselmotoren, die ebenso wie die zugehörigen Kolben in Perlitguß reihenweise ausgeführt werden. An den Stellen *a* und *b* sind Probestäbe für Zugversuche, *c* und *d* solche für Biegeversuche angegossen. Zugfestigkeiten bis zu 33 kg/mm² wurden bei einer Brinellhärte zwischen 190 und 205 festgestellt. Die größten bisher hergestelten derartigen Büchsen (für Hochofengas-Maschinen) erreichen ein Rohgewicht von 6500 kg bei 2700 mm Länge, 950 mm Durchmesser und 70 mm Wanddicke.

Ein weiteres Gebiet, für das die Dichtheit des Gusses wichtig ist, sind die Verteilerkästen der Rauchgasvorwärmer. Sie werden aus Perlitguß hergestellt, um den gesteigerten Anforderungen genügen zu können,

Abb. 40. Zylinder-Einsatzbüchsen für Schiffs-Dieselmotoren. Rohgewicht 830 kg, Rohgewicht des zugehörigen Kolben 385 kg.
a und *b* Entnahme der Probestücke für die Zugversuche, *c* und *d* angegossene Stäbe für die Biegeversuche.

die an den Vorwärmerbau durch die fortgesetzte Erhöhung der Betriebsdrücke gestellt werden, und um sie gegen das Einpressen der Rohrkonusse widerstandsfähiger zu machen. Die Firma L. & C. Steinmüller, Gummersbach, hat darüber in der Z. V. D. I. 1924, S. 609, berichtet[1]. Die Vorwärmerelemente, die unter Verwendung von Perlitguß gebaut werden, halten Betriebsdrücke von 150 Atmosphären aus. Im Zeitraum von vier Jahren sind Hunderte von Vorwärmern mit Perlitguß-Sammelkästen ausgerüstet worden, die sämtlich einwandfrei in Betrieb sind.

Steinmüller führt auch Rippenheizrohre in Perlitguß aus. Bei diesen Stücken, deren Flansch 30 mm und deren Rohrkörper 11 mm stark ist, wobei die Rippen bis auf 2 mm auslaufen, zeigt sich deutlich, daß auch bei großen Querschnittsunterschieden mit dem Lanz-Perlit-

---

[1] Vgl. S. 59.

verfahren einwandfrei gearbeitet werden kann. Die Rippenrohre finden
Verwendung im Dampfkesselbau für besonders hohe Drucke und
können bis auf 400 Atmosphären und darüber abgepreßt werden. Bei
einer kürzlich von unparteiischer Seite vorgenommenen Prüfung zweier
Rippenrohre platzte das eine bei 670 Atm., das andre erst bei 750 Atm.,
ohne vorher undicht geworden zu sein.

Welche Bedeutung dem hier erreichten Fortschritt in Verbraucher-
kreisen zugeschrieben wird, geht aus der Äußerung Spruths in den
Mitt. V. El.-Werke Nr. 400—401, Januar 1926, hervor: „Durch Herstellung aus Perlitguß wird der gußeiserne Rippenekonomiser für ein
sehr viel höheres zulässiges Druckgebiet (praktisch bisher nur ca.
20 Atmosphären Überdruck) möglich."

Verschleißfestigkeit. Viele von den Gegenständen, deren Verwendung
Dichtheit des Gusses verlangt, müssen auch gegenüber Abnützung
durch gleitende Reibung besonders widerstandsfähig sein. Hohe Verschleißfestigkeit war eine
der ersten Eigenschaften, die
von den Erfindern als Beson-
derheit des Perlitgusses erkannt
wurde. Sie ist daher schon im
Grundpatent (DRP. 301 918) in
den Vordergrund gestellt. Tatsächlich hat sie sich auch als
vornehmlich wichtig und praktisch bedeutsam erwiesen.

Abb. 41. Zahnräder für Milchzentrifugen.
a hochwertiges Gußeisen nach 30 Betriebsstunden.
b Perlitguß nach 400 Betriebsstunden.

Auf Grund von Untersuch-
ungen in der Mechanisch-Technischen Versuchsanstalt des
Eisenbahnzentralamtes kommt
Lehmann[1] zu dem Ergebnis,
daß weder Härte, noch chemische Zusammensetzung, noch Graphitmenge und -ausbildung wesentlichen Einfluß auf den Verschleißwiderstand nehmen. Er hängt vielmehr nur von dem Perlitgehalt
ab, derart, daß Gußeisen mit rein perlitischem Gefüge die höchste
Verschleißfestigkeit besitzt. Die Versuche, auf Grund deren dieses
Ergebnis gewonnen wurde, erstrecken sich auf das Zusammenarbeiten
der Versuchskörper mit Schienenstahl, mit hartem und mit weichem
Gußeisen.

Buffet und Roeder[2] ließen ebene Flächen von Versuchskörpern
gleichen Stoffes trocken gegeneinander schleifen und erhielten bei
Zylindergußstücken eine Abnützung von 0,3 g je Stunde, bei Perlitgußstücken eine solche von bloß 0,039 g je Stunde.

In allen Fällen, wo betriebsmäßig Metall auf Metall gleitet, aber auch
dann, wenn Stoffe anderer Art, Flüssigkeiten, Sand, Staub u. dgl.

---

[1] Dr. Otto Heinz Lehmann: „Die Abnützung des Gußeisens bei gleitender
Reibung". Gieß.-Zg. 1926, S. 597 (Beitrag 1 der dritten Reihe).

[2] Vgl. S. 47 und B. Buffet und A. Roeder: „La fonte perlitique". Bulletin
de la Société Industrielle de Mulhouse, November 1925.

zwischen oder an bewegte Flächen geraten, ist die Eigenschaft der Verschleißfestigkeit von großer Bedeutung. Abb. 41 zeigt zwei Zahnräder, die an Milchzentrifugen im Betriebe waren. Das eine (a) aus dem früher üblichen „Qualitätsguß" angefertigt, hat sich nach 30 Betriebsstunden abgearbeitet, während das Perlitgußrad (b) nach 400 Betriebsstunden noch keine Abnützung aufwies. Ähnlich beweist sich die Verschleißfestigkeit des Perlitgusses bei Bremsklötzen, bei Kreiselpumpenteilen, bei Laufringen und Rollen von schweren Trockentrommeln, die früher in drei Monaten abgenützt waren und in der jetzigen Ausführung jahrelang laufen.

Besonders beweiskräftig sind die Fälle, wo Sand mit den Maschinenteilen in Berührung kommt, z. B. bei Sandaufbereitungsmaschinen, deren Kettenräder, Ketten, Sandförderer, Rüttelsiebexzenter u. dgl. m. wegen der in alle Zwischenräume eindringenden scharfen Quarzsandkörner vordem nach längstens zwei bis drei Monaten unbrauchbar waren und ersetzt werden mußten. Die neu eingebauten Teile aus Perlitguß sind schon 1¼ Jahre in Betrieb, ohne einer Auswechselung zu bedürfen. Ähnliches gilt für Kohlenstaubmühlen, für deren Teile bei Ausführung in Perlitguß im Mindestfalle die dreifache Lebensdauer gegen früher festgestellt wurde.

Weitere Beispiele bieten Motorenteile, die gleitender Reibung ausgesetzt sind. Gelegentlich des Motorschlepper-Wettbewerbs 1925 stellte Prof. G. Becker[1] die Abnützungen an den Zylindern der dabei geprüften Verbrennungsmotoren fest. Im allgemeinen waren sie sehr hoch, was auf die Einwirkung des mit der Verbrennungsluft angesaugten Staubes zurückzuführen war. Aus der Reihe der untersuchten Motoren fiel nur einer vollständig heraus; seine Abnützung lag weit unter der der übrigen, obschon die durch ihn angesaugte Luft nicht von Staub gereinigt war, während mehrere der anderen Motoren dafür eine besondere Einrichtung hatten. Der so auffallend wenig abgenützte Zylinder gehörte zu dem Lanzschen Zweitakt-Glühkopfmotor und war aus Perlitguß hergestellt.

Nachstehend seien einige Anwendungen aus der Praxis des besonders scharfe Anforderungen stellenden Dieselmotorbaues besprochen:

Die Zylinderlaufbüchse der Dieselmotoren muß aus einem harten, zähen und dichten Guß von gleichmäßigem Gefüge bestehen. Denn die Büchse bildet nicht nur die Gleitfläche für den Arbeitskolben, sondern muß auch einen Gasdruck bis etwa 45 Atmosphären aushalten. Ist der Werkstoff weich und ungleichmäßig, dann neigt auch der beste Kolben zum Fressen, selbst wenn Kolben und Büchse sauber auf der Maschine geschliffen sind. Perlitguß hat sich diesen Ansprüchen voll gewachsen gezeigt und wesentlich besser bewährt als der früher verwendete „Zylinderguß". Die Wanddicken werden in der jetzigen Ausführung geringer als früher gehalten, wodurch die Kühlung verbessert wird. Außerdem erzielt man eine ganz glatte und gleichmäßige Laufbahn, so daß die Kolbenreibung wesentlich herabgemindert wird.

---

[1] Prof. Dr. G. Becker: „Motorschlepper für Industrie und Landwirtschaft". Z. V. D. I. 1926, S. 1262.

Die Schraubenräder, die bei Dieselmotoren zum Antrieb des Steuerwellen benutzt werden, müssen hinsichtlich Härte, Gleichmäßigkeit des Gefüges und Zähigkeit dieselben Eigenschaften haben wie die Zylinderbüchsen. Während bei größeren Dieselmotoren der übliche Zylinderguß oft versagte, sind bei der Verwendung von Perlitguß bestimmter Härte keine Beanstandungen mehr aufgetreten.

Hervorragend bewährte sich der Perlitguß auch bei der Brennstoffpumpe der kompressorlosen Dieselmotoren. Diese Pumpen müssen Drücke von mehreren hundert Atmosphären erzeugen. Die Pumpenkolben und die Kolben der Überströmventile müssen sich stopfbüchsenlos in ihren Führungen bewegen und dabei gegen den hohen Druck abdichten. Versuche mit allen möglichen Werkstoffen, auch mit Edelstählen, haben hier lange nicht die guten Ergebnisse gehabt wie die Verwendung von Perlitguß. Während sich das Festbremsen der äußerst dicht eingeschliffenen Kolben bei allen anderen Baustoffen einstellte, treten bei Perlitguß keinerlei Anstände auf.

Nach Ansicht der Firmen, die im Dieselmotorbau mit Perlitguß Erfahrungen gemacht haben, führt die Entwicklung dahin, die meisten Stahlgußteile durch Perlitguß zu ersetzen. Er kommt ferner als geeigneter Baustoff für die Antriebsnocken der Steuerungsventile, für die Sitze dieser Ventile, die Ventilteller, ferner auch für hochbeanspruchte Zylinderdeckel und die Kolben in Betracht.

Gefügebeständigkeit bei höheren Temperaturen. Stark in den Vordergrund tritt in neuerer Zeit das Verhalten des Perlitgusses gegenüber hohen Betriebstemperaturen. Gußeisen zeigt bei solcher Verwendung im allgemeinen die höchst gefährliche Eigenschaft des „Wachsens"[1]. Dieses ist wohl zu unterscheiden von der normalen Wärmeausdehnung, die allen Stoffen gemeinsam ist. Während letztere nach der Abkühlung wieder zurückgeht, haben Stoffe, die die Erscheinung des Wachsens aufweisen, die Eigenschaft, daß die in der Wärme erfahrene Ausdehnung nicht vollständig verschwindet. Das Wachsen nimmt mit jeder neuen Erwärmung zu, wenn auch jedes folgende Mal in geringerem Maße. Dies führt zu gefährlichen Verspannungen zwischen einander berührenden Konstruktionsteilen. Gußeiserne Rohr- und Gehäuseteile werden im Heißdampf rissig und vermodern manchmal derart, daß sie mit dem Messer geschnitten werden können.

In den letzten Jahren ist dieser Gegenstand studiert worden[2]. Es ergab sich, daß die Erscheinung in unmittelbarer Beziehung steht mit dem Gehalt an Silizium, das als Begleitstoff im Gußeisen regelmäßig vorkommt. An sich wird das Silizium vom Eisengießer gern gesehen, da es die leichte Vergießbarkeit und gute Bearbeitbarkeit fördert und die Möglichkeit gibt, den Kohlenstoffgehalt herunterzudrücken, was wieder für die Festigkeit vorteilhaft ist. Es hat sich aber gezeigt, daß mit den Siliziumgehalten, wie sie im allgemeinen verwendet werden

---

[1] Vgl. Thum: „Die Werkstoffe im heutigen Dampfturbinenbau". Z. V. D. I. 1927, S. 758. Dazu die Diskussion in der Fachsitzung „Dampftechnik". Z. V. D. I. 1927, S. 1134.

[2] Vgl. die Beiträge 2, 3 u. 4 der dritten Reihe.

(um etwa 2% und darüber), das Wachsen untrennbar verbunden ist und um so größeres Ausmaß annimmt, je höher der Siliziumgehalt wird. Hier gibt nun das Verfahren zur Erzeugung des sogenannten Heißperlits außer der Möglichkeit, ein spannungsfreies, dichtes und festes Eisen zu erzeugen, auch die Möglichkeit, es auf sehr niedrigen Siliziumgehalt zu gattieren. Diese Gattierungen würden, normal vergossen, weiß erstarren. Ein Gußeisen mit 1% Silizium und darunter besitzt aber ein so geringes Wachsen, daß es praktisch belanglos wird. Damit ist also ein Mittel gegeben, Gußeisen auch für Verwendung bei höheren Temperaturen brauchbar zu machen und auch hier wieder den kostspieligeren und unbequemeren Stahlguß zu ersetzen. Für alle Verwendungszwecke, wo höhere Temperaturen auftreten, bei Verbrennungsmotoren und Heißdampfmaschinen, Dampfturbinen u. dgl. m., ist diese Eigenschaft bedeutungsvoll, ferner für Rohrleitungsteile und Krümmer sowie für die schon erwähnten Vorwärmerkästen und sonstigen Heizkörper.

Alle Vorteile des Perlitgusses würden nichts besagen, wäre es nicht möglich, das für ihn kennzeichnende durchgängige perlitische Gefüge mit Treffsicherheit zu erreichen. Die Treffsicherheit war ja seit jeher beim Eisenguß ein besonders kritischer Punkt. Rudeloff kam darüber noch in seinem „Bericht über die Versuche zur Ermittelung der Treffsicherheit der Gießereien"[1] zu einem recht pessimistischen Urteil. Daß der Perlitguß dagegen heute mit großer Treffsicherheit hergestellt wird, ist der zielbewußten Anwendung der gleichen Methoden zu danken, die zu seiner Erfindung führten. Wissenschaftliche Durchdringung und dauernde Überprüfung des gesamten Gießereibetriebes durch wissenschaftlich geschulte Ingenieure, angefangen von der Untersuchung der Rohstoffe und des Formsandes bis zur genauen Erkennung und Beherrschung der Schmelz- und Formtrockenvorgänge, sowie des Gießvorganges selbst bieten die Mittel, diese Treffsicherheit zu erreichen. Die Studiengesellschaft für Veredelung von Gußeisen[2] sieht es als ihre wesentliche Aufgabe an, die Kenntnis dieser Gebiete und ihre Anwendung dauernd zu vertiefen.

7. Gußeiserne Rauchgas-Vorwärmer für niedrigen und hohen Druck[3].

Mitgeteilt von der Firma L. & C. Steinmüller, Gummersbach.

Gußeiserne Ekonomiser haben bekanntlich gegenüber schmiedeeisernen den Vorteil, daß sie durch den Sauerstoff des Speisewassers sozusagen überhaupt nicht angriffen werden und dem Angriff von schwefliger Säure einen weit größeren Widerstand entgegensetzen. Für Betriebe, die nicht einwandfreies Kesselspeisewasser haben, kommen infolgedessen aus Gründen der Betriebssicherheit nur gußeiserne Ekonomiser in Betracht.

---

[1] Gieß. 1925, S. 561ff.   [2] Jetzt „Edelgußverband".
[3] Aus Z. V. D. I. 1924, S. 609.

Für den oberen und unteren Verteilkasten war perlitisches Gußeisen (Perlitguß) verwendet, ein Baustoff, dessen Festigkeit, Zähigkeit, gleichmäßige Gefügebeschaffenheit und Widerstandsfähigkeit gegen plötzliche Schlagwirkungen dem Gußstahl nahekommen (s. Tab. 1).

Tabelle 1.

	Biegefestigkeit kg/mm²	Durchbiegung mm	Zugfestigkeit kg/mm²	Kugeldruckhärte nach Brinell	Dauerschlagprobe, Anzahl der Schläge bis zum Bruch
Grauguß . .	28	10	14	130	5
Perlitguß . .	51	17	28	164	72

Aus der Zusammenstellung ist zu ersehen, daß die Zugfestigkeit das Doppelte von der bei gewöhnlichem Grauguß erreicht und die Dauerschlagproben ein Vielfaches von denen bei Grauguß ergeben. Besonders die letztere Eigenschaft eröffnet dem Perlitguß als Baustoff für Vorwärmer günstige Möglichkeiten, da er die im Betrieb auftretenden Wasserschläge, worauf manche Schädigungen der Ekonomiser zurückzuführen sind, infolge seiner Widerstandsfähigkeit gegen Stöße gut verträgt. Diese Eigenschaft wird durch den Gefügebau bedingt.

Die für die Versuche gewählten Probekörper, deren Wandstärken und bauliche Einzelheiten den üblichen Vorwärmerteilen aus Grauguß

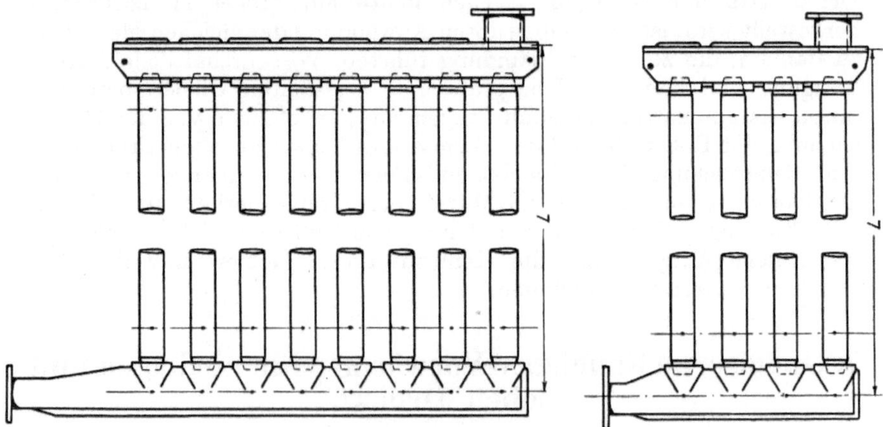

Abb. 42 und 43.　Vorwärmer-Probekörper.

entsprechen, sind in Abb. 42 und 43 dargestellt. Der erste Versuchskörper besteht aus 8 Rohren und je einem oberen und unteren Verteilkasten; die Verteilkasten wurden zur Entnahme von Stichmaßen und Beobachtung der Durchbiegung mit Längsrißmarken, die Rohre im Abstand von 135 mm von den Enden der zylindrischen Stücke mit Körnermarken versehen, Abb. 44; dadurch konnte man ermitteln, wieweit jedes Rohrende beim Abpressen des Versuchskörpers in die betreffende Kegelöffnung des Verteilkastens eindrang. Auch dienten diese Körnermarken dazu, um die Länge der Sitzfläche ihrer Kegel zu messen. Die Kegelöffnungen der Verteilkästen wurden mittels Lehrdornes kontrolliert.

Beim ersten Versuch wurde der Probekörper in drei Stufen auf einer hydraulischen Presse derart zusammengedrückt, daß sich die Länge L des Probekörpers von $L + 22$ über $L + 10$ bis auf $L - 5$ mm verminderte (L = normales Längenstichmaß); dabei zeigten sich keine Beschädigungen.

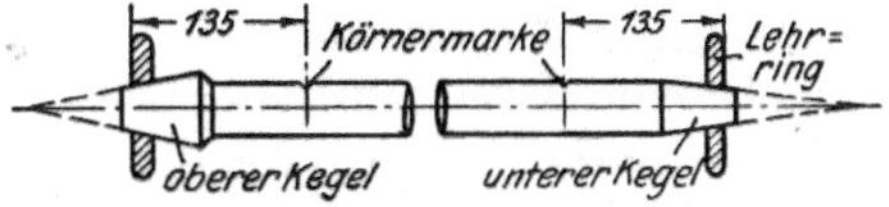

Abb. 44.   Vorwärmerrohr mit Körnermarken.

Der Körper wurde unmittelbar darauf der ersten Kaltwasserdruckprobe ausgesetzt, und bei 43 at wurde der obere Kasten von den Rohrenden abgehoben, Abb. 45.

Obwohl sich der Kasten im zweiten Drittel seiner Länge bis um 5 mm abgehoben hatte, war er wegen der Zähigkeit des Materials nirgends beschädigt. Er wurde darauf zum zweitenmal bis auf $L - 14$ mm

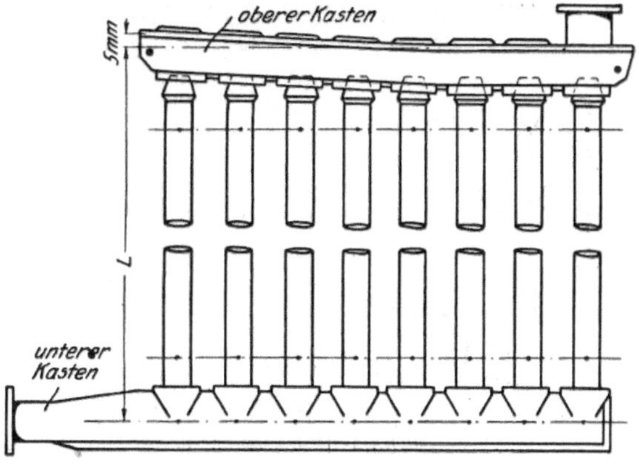

Abb. 45.   Abheben des oberen Kastens bei 43 at Probedruck.

zusammengepreßt, erlitt aber auch hierbei keine Schäden. Bei der folgenden zweiten Kaltwasserdruckprobe wurde der Druck nacheinander auf 40, 50, 80 und 83 at gesteigert. Zwischen den einzelnen Druckstufen wurden kleine Pausen eingeschaltet, während deren der Druck wegen der Undichtheiten der Pumpe und der Druckzuleitung um 10 bis 30 at zurückging. Bei 83 at sprang aus dem oberen Kasten ein größeres Stück aus.

Während der Materialprüfung an Stücken des gebrochenen Verteilkastens erfolgte der erste Druckversuch am zweiten Versuchskörper, Abb. 43, der von $L + 9$ über $L \pm 0$ und $L - 6$ bis auf $L - 10$ mm zusammengedrückt wurde. Bei der darauf folgenden ersten Wasserdruckprobe, wobei der Druck wie beim ersten Probekörper mit Pausen bis auf 75 at gesteigert wurde, zogen sich die Rohrenden teilweise aus den Kegelöffnungen der Kästen heraus.

Der zweite Druckversuch wurde dann von $L + 2$ über $L - 10$ bis auf $L - 15$ mm fortgesetzt. Bei der zweiten Kaltwasserdruckprobe wurde der Druck nacheinander auf 60, 78 und 80 at gesteigert, wobei sich nur die Rohrverbindungen mit den Kammern lösten. Der Probekörper wurde daher zum drittenmal bis auf $L - 15$ mm zusammengezogen. Die dritte Druckprobe erfolgte acht Tage später bei 0° C Raumtemperatur und 72 at Höchstdruck, wobei der obere Kasten von den Rohren abgehoben wurde, aber auch jetzt keine Beschädigung auftrat; der Körper wurde dann zum viertenmal unter mehrmaligem Absetzen der Presse auf $L-25$ mm zusammengezogen und daraufhin einer Kaltwasserdruckprobe mit folgendem Druckverlauf unterworfen: 95, 70, 95, 0, 78, 60, 105, 65, 108, 0, 102 at; bei 102 at platzte eine Flanschenverbindung in der Leitung zwischen Pumpe und Einlaßventil, so daß der Druck plötzlich auf 10 at zurückging. Nachdem die Verbindung wieder instandgesetzt war, wurde der Druck bis auf 112 at gesteigert; bei diesem Druck hob sich der obere Kasten gleichmäßig ab, ohne daß Kasten oder Rohre Beschädigung erlitten. Es folgte nun der fünfte Druckversuch bis auf $L-30$ mm Länge. Bei der darauf folgenden Wasserdruckprobe mit 60, 108, 0 und 118 at wurde die Stopfbüchse der Pumpe undicht. Nach Neuverpacken der Stopfbüchse wurde der Druck auf 112 at gesteigert; die Pumpe wurde jedoch wieder undicht, da das Dichtungsmaterial nicht standhielt. Schließlich konnte der Druck bis auf 140 at gesteigert werden, wobei erst ein Riß im oberen Verteilkasten eintrat.

Das Ergebnis der Untersuchungen an den Bruchstücken des ersten Versuchskörpers und an Probestäben aus dem Guß für den zweiten Versuchskörper ist aus nachstehender Tab. 2 ersichtlich:

Tabelle 2. Vergleichende Versuche mit Gußeisen und Perlit.

	Zugfestigkeit		Härte nach Brinell		Biegefestigkeit nach Kircheis, Auflage 200 mm	
	kg/mm²	kg/mm²			kg/mm²	kg/mm²
G 1	13,4		150		34,5	
G 2	13,6	} 13,6	139	} 147,3	32,5	} 35
G 3	14,1		143		38	
P 1	23,3		173		54,8	
P 2	23,7	} 23,8	168	} 168	58	} 57,6
P 3	24,4		163		60	

G 1 bis G 3 Gußeisen-, P 1 bis P 3 Perlitstäbe.

II. Verbesserung des Gußeisens durch Graphitverminderung.

8. Über den Kruppschen Sternguß[1].

Von Dr.-Ing. P. Kleiber.

Ganz zweifellos ist die Aufstellung des Gußeisendiagramms durch Maurer[2] bahnbrechend für die Herstellung von Qualitätsgußeisen gewesen. Diesem Diagramm liegt die Erkenntnis zugrunde, daß Kohlenstoff und Silizium die Elemente sind, die das Gefüge und damit die Eigenschaften des Gußeisens am einschneidendsten beeinflussen. Nach Art des Guilletschen Diagramms sind in ihm die beim Gußeisen auftretenden Gefügeelemente Ledeburit, Perlit und Perlit-Ferrit mit ihren

---

[1] Übernommen aus Kruppsche Monatshefte Bd. 8, S. 110. 1927.
[2] Kruppsche Monatshefte Bd. 5, S. 115. 1924; vgl. auch S. 12 und Abb. 4.

Übergängen als Felder in Abhängigkeit vom Kohlenstoff und Siliziumgehalt eingetragen. Gewiß ist die Lage der einzelnen Felder auch noch von der Abkühlungsgeschwindigkeit oder, was beim Guß in nicht vorgewärmte Formen dasselbe ist, von der Wandstärke abhängig. Maurer selbst und auch Jungbluth[1] und Klingenstein[2] machen darauf aufmerksam. Beschränkt man sich aber bei der Herstellung hochwertigen Gußeisens auf niedrigen Kohlenstoffgehalt, so bekommt man ein Material, das in seiner Gefügeausbildung weitgehend von der Wandstärke unabhängig ist. Im Maurerschen Gußeisendiagramm kommt das durch die starke Verbreitung des Perlitfeldes bei niedrigem Kohlenstoffgehalt zum Ausdruck. Es lag deshalb nahe, gerade diesen Weg bei der Herstellung hochwertigen Gußeisens zu beschreiten, insbesondere da Wüst und Bardenheuer[3] bei ihren Untersuchungen zu einem ähnlichen Ergebnis kommen, wenn sie für hochwertigen Guß folgende Analyse vorschreiben: C 2,5 bis 3,1%, Si 1,2 bis 2,2%, Mn 0,7 bis 1,2%, P 0,3% und dabei ein perlitisches Gefüge feststellen. Des weiteren ermutigte dazu die Erkenntnis, daß man durch niedrigen Kohlenstoffgehalt außer zu einem abkühlungsunempfindlichen Guß auch leicht zu hervorragenden Festigkeitseigenschaften kommt. Es sei hier erwähnt, daß die s. Z. von Maurer[4] mitgeteilten Festigkeitswerte für den Kruppschen Spezialguß an niedriggekohltem Material festgestellt wurden. Auf Grund von Angaben aus der Literatur und auf Grund von Versuchen der Versuchsanstalt der Friedr. Krupp

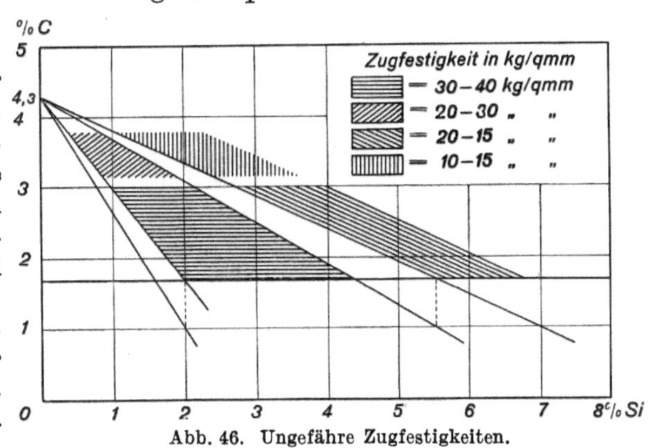

Abb. 46. Ungefähre Zugfestigkeiten.

Aktiengesellschaft läßt sich prinzipiell ein Diagramm entwerfen, das durch Abb. 46 wiedergegeben wird. Selbstverständlich gilt auch dieses Diagramm nur für Wandstärken von etwa 30 bis 40 mm mit hinreichender Genauigkeit.

Nachdem nun einmal das Gebiet des hochwertigen niedriggekohlten Gußeisens durch das Maurer-Diagramm festgelegt war, wurde dazu übergegangen, ein derartiges Material im Großbetrieb und vor allem im Kuppelofen herzustellen. Jedem Graugießer ist wohl hinreichend bekannt, wie schwierig es ist, einen niedrigen und gleichmäßigen Kohlenstoffgehalt im Kuppelofen zu erzielen. Durch Anwendung einer besonderen Gattierung und Schmelzweise ist die Frage der Erzielung eines

---

[1] Stahleisen Bd. 44, S. 1522. 1924.
[2] Z. V. d. I. Bd. 70, S. 387. 1926. vgl. auch S. 19.
[3] Mitt. d. K. W. I. für Eisenforschung Bd. 4, S. 126. 1922.
[4] A. a. O.

niedrigen C-Gehaltes des Gußeisens im Kuppelofen einwandfrei gelöst worden. Seit etwa 3 Jahren wird dieses Material bei der Fried. Krupp Aktiengesellschaft im Kuppelofen ohne jegliche Vor- und Nachbehandlung in einem Arbeitsgang erschmolzen und unter dem Namen „Sternguß" in den Handel gebracht.

Durch den geringen Kohlenstoffgehalt des Materials weist der Sternguß selbst in den stärksten Querschnitten eine sehr feine Graphitverteilung auf und das Gefüge ist rein perlitisch.

Aus Tabelle 1 und 2 sind einige Analysen und Festigkeitszahlen von Sternguß zu ersehen.

Tabelle 1. Analysen und Zerreißfestigkeiten.

Nr.	Ges. C	Si	Mn	P	S	Rohdurchmess. d. Stabes	Durchmess. d. bearb. Stabes	Zerreißfestigkeit
	%	%	%	%	%	mm	mm	kg/mm^2
1	2,60	2,30	1,48	0,11	0,08	30	15	36,8
2	2,60	2,70	1,40	0,20	0,09	30	15	34,7
3	2,50	2,05	1,48	0,25	0,06	30	15	37,4
4	2,65	2,30	1,38	0,24	0,09	30	15	31,6
5	2,75	2,05	1,10	0,25	0,07	30	15	34
6	2,74	1,87	1,54	0,15	0,10	30	15	43
7	2,85	2,24	1,02	0,10	0,08	30	15	31,2
8	2,75	2,04	1,16	0,14	0,11	30	15	35,1
9	2,61	2,12	0,99	0,19	0,10	30	15	33,4
10	2,82	2,00	1,50	0,14	0,09	30	15	39,1/40,1

Tabelle 2. Analysen, Biegefestigkeit, Durchbiegung und Brinellhärte.

Nr.	C	Si	Mn	P	S	Durchmesser des Stabes	Staboberfläche	Biegefestigkeit	Durchbiegung	Bleiblende Durchbiegung
	%	%	%	%	%	mm		kg/mm^2	mm	mm
1	2,75	2,04	1,16	0,14	0,11	30	unb.	61	11	1,2
2	2,73	2,01	1,20	0,15	0,09	30	„	65,1	12	1,2
3	2,60	2,30	1,48	0,11	0,08	30	„	63	11	—
4	2,90	1,79	1,44	0,24	0,09	30	„	56	12,5	—
5	2,91	1,66	0,86	0,12	0,13	30	bearb.	62,5	13,6	3,4
6	2,70	2,33	0,93	0,12	0,13	30	„	59,3	14,1	4,0
7										
8	2,38	1,90	1,20	0,16	0,10	20	„	63,8	5,6	0,2
9	2,47	2,17	1,40	0,12	0,10	16	„	78,4	4,9	0,3
10	2,47	2,17	1,40	0,12	0,10	10	„	75,8	2,9	0,2

Brinellhärte 200 bis 250.

Trotz der hohen Festigkeiten läßt sich der Sternguß sehr gut bearbeiten. Die angegebenen Festigkeitszahlen sind nicht nur im Probestab, sondern in jedem Teil des Gußstückes von normaler Wandstärke (30 bis 40 mm) vorhanden und selbst bei Wandstärken von 100 mm hat das Gußstück immer noch Festigkeiten bis zu 25 kg/mm².

Bei Verwendung dieses Materials ist dem Konstrukteur die Möglichkeit gegeben, die Wandstärke des Gußstückes schwächer zu halten und so das Gewicht seiner Maschine zu verringern, was vielerlei Vorteile mit sich bringt. Das Material ist besonders geeignet für Gußteile, die hohen Betriebstemperaturen und -drucken ausgesetzt sind. Bei Temperaturen bis 550° ist die gleiche Zugfestigkeit wie bei normaler Temperatur vorhanden, wie aus Abbildung 47 und Tabelle 3 zu ersehen ist, in denen auch Vergleichswerte von Zylindereisen eingetragen sind.

Selbst nach einem 200stündigen Glühen bei

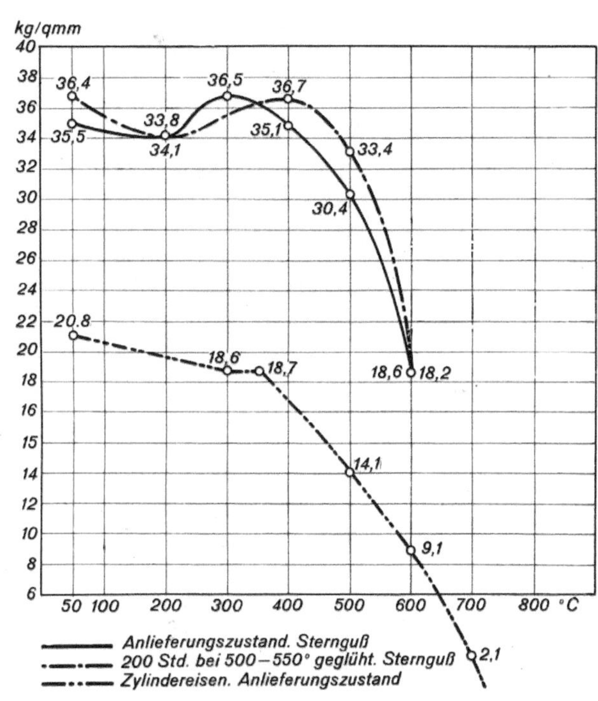

Abb. 47.

500 bis 550° weist der Sternguß bei 20 bis 500° noch eine Warmzugfestigkeit von mindestens 30 kg/mm² auf, wie in Tabelle 4 u. Abb. 47 angegeben ist.

Tabelle 3.

Temperatur °C	Sternguß σ_B in kg/mm²	Zylindereisen σ_B in kg/mm²
26	35,5	20,8
200	34,1	—
300	36,5	18,6
400	35,1	18,7
500	30,1	14,1
600	18,6	9,1

Tabelle 4.

Temperatur °C	Sternguß σ_B in kg/mm²
20	36,4
200	33,8
400	36,7
500	33,4
600	18,2

Ganz besondere Vorteile bietet der Sternguß in bezug auf Wachsen des Materials. Bei den hierüber angestellten Versuchen ergab sich, daß nach 12maliger Erwärmung auf 850° Sternguß nur um 2 bis 3 Volum-% gewachsen war, gewöhnliches Gußeisen dagegen bis 10%. Das Material eignet sich daher besonders zur Herstellung von Turbinengehäusen, Leiträdern, Motorenzylindern, Ventilen, Kolben usw.

Tabelle 5.

Material und Probe-Nr.		Durchmesser im Kerb	Anzahl der Schläge
$\sigma_B = 13 - 14\,\mathrm{kg/mm^2}$	Maschinen-Eisen 1	13	4390
	,, ,, 2	13	3356
	,, ,, 3	13	2927
	,, ,, 4	13	3785
	,, ,, 5	13	2658
	,, ,, 6	12,8	2510
	,, ,, 7	13	2295
	,, ,, 8	13	3595
$\sigma_B = 21 - 24\,\mathrm{kg/mm^2}$	Zylinder-Eisen 1	13	9684
	,, ,, 2	13	6546
	,, ,, 3	13	8329
	,, ,, 4	13	6895
	,, ,, 5	13	6107
	,, ,, 6	13	7146
	,, ,, 7	13	5396
	,, ,, 8	13	8031
$\sigma_B = 31 - 34\,\mathrm{kg/mm^2}$	Sternguß 1	13,0	53027
	,, 2	13,1	40165
	,, 3	13,0	33938
	,, 4	13,1	26667
	,, 5	13,0	39866
	,, 6	13,0	33702
	,, 7	13,0	31854
	,, 8	13,0	26566

Bei der Prüfung auf Dauerschlagfestigkeit[1] ergeben sich Schlagzahlenwerte von im Mittel über 30000 bei einem Bärgewicht von 2,63 kg, einer Fallhöhe von 1 cm, einer Schlagarbeit von 2,63 cmkg bei 2 Schlägen auf eine Umdrehung. Die Proben waren aus einer Platte von 30 mm Dicke herausgeschnitten und hatten im Rundkerb einen Durchmesser von 13 mm. Aus Tabelle 5 sind Einzelwerte im Vergleich mit gewöhnlichem Maschinenguß und Zylindereisen zu ersehen.

Die Kerbzähigkeit[1] (s. Tabelle 6) liegt bei etwa 0,48 mkg/cm² für das 10 mkg Schlagwerk. Bei Prüfung mit dem 75 mkg Schlagwerk erhöht sich die Kerbzähigkeit um etwa 50%.

Tabelle 6.

Nr.	Querschnitt in cm	Winkel in Graden	Schlagarbeit mkg	Schlagarbeit mkg/cm²	Bemerkungen
1	1,0 × 0,5	150,5	0,215	0,43	
2	1,0 × 0,5	143,0	0,59	1,18	
3	1,0 × 0,49	150,0	0,24	0,49	Schlagarbeit 10 mkg
4	1,0 × 0,51	150,5	0,215	0,43	
5	1,1 × 0,5	149,0	0,28	0,56	
6	0,94 × 0,48	150,0	0,24	0,52	
7	1,0 × 0,49	150,5	0,215	0,45	
8	1,0 × 0,48	147,5	0,355	0,75	
1	3,2 × 1,52	68,5	4,56	0,938	
2	3,0 × 2,98	67,5	6,36	0,712	Schlagarbeit 75 mkg
3	3,0 × 1,50	69,0	3,76	0,836	
4	3,1 × 2,98	68,0	5,46	0,592	

[1] Diese Versuche sind ausgeführt von der Werkstätten- und Stoffabteilung des Eisenbahn-Zentralamtes.

Weiter wurde noch eine Prüfung des Sterngusses durch Dauerbiegeversuche[1] vorgenommen. Ein abschließendes Urteil über diese Versuche kann noch nicht abgegeben werden, da die Untersuchungen hierüber noch nicht beendet sind.

Von Lehr[2] ist die Schwingungsfestigkeit von Gußeisen mit 3,5% C, 1,97% Si, 0,59% Mn, 0,48% P, das eine statische Zugfestigkeit von 28 kg/mm² (?) besaß, mit 6,5 kg/mm² angegeben. Sternguß ergab bei 30,6 kg/mm² statischer Zugfestigkeit eine Schwingungsfestigkeit von etwa 13 kg/mm².

Tabelle 7.

| Material | Wärmeleitfähigkeit | | Elektr. Leitfähigkeit |
	im absol. Maß $\dfrac{\mathrm{cal}}{\mathrm{cm}\cdot\mathrm{sec}\cdot{}^0\mathrm{C}}$	im techn. Maß $\dfrac{\mathrm{kg\,cal}}{\mathrm{m}\cdot\mathrm{Std.}\cdot{}^0\mathrm{C}}$	
Grauguß . .	0,13	49	1,42
Sternguß . .	0,09	36	1,56

Die Wärmeleitfähigkeit und elektr. Leitfähigkeit von Sternguß und Grauguß ist aus Tabelle 7 zu ersehen.

Der Elastizitätsmodul zwischen 0,7 und 7 kg/mm² Beanspruchung beträgt 13300 kg/mm²*.

9. Niedriggekohltes Gußeisen als Kupolofenerzeugnis[3].

Von Direktor Karl Emmel.

Ebenso alt wie die Erkenntnis, daß jedes hochwertige Gußeisen vorwiegend perlitisches Gefüge enthält, ist die Erkenntnis, daß eine noch weit höhere Veredelungsmöglichkeit in der Bemessung des GesamtKohlenstoffgehalts liegt.

Wenn schon bei einem Kohlenstoffgehalt von etwa 3,2% die Festigkeitseigenschaften sowie die Dichte des Gefüges vorzüglich sind, so wirkt sich ein Gehalt von etwa 2,5 bis 2,8% C noch weit günstiger aus. Mit der Herabsetzung der Gesamt-Kohlenstoffmenge verringert sich naturgemäß gleichzeitig auch das Ausmaß des das Gefüge nachteilig unterbrechenden Graphits, so daß bei einem solchen Guß mit etwa 2,7% Gesamt-C neben etwa 0,9% geb. C (Perlit) nur noch etwa 1,8% Graphit bestehen kann, gegenüber einem Graphitgehalt von etwa 2,5% bei normalgekohltem Gußeisen. Ebenso vorteilhaft wie das geringe Ausmaß wirkt aber auch die sehr feine Verteilung des Graphits bei einem Gehalt von unter 3% C (Abb. 48 bis 51).

Ein derartiger Guß, der sich auch für die planmäßig laufende Erzeugung von Gußstücken verschiedenster Art eignet, ist indessen bisher nur im Flamm-, Öl- oder Elektroofen erschmolzen worden, während

---

[1] Auf der Dauerbiegemaschine von Schenck, Darmstadt.

[2] Lehr, E.: Abkürzungsverfahren zur Ermittlung der Schwingungsfestigkeit. Dissertation Stuttgart 1925. Siehe auch Prof. Dr. Keßner, Karlsruhe „Die Bedeutung der Werkstoffkunde für den Maschinenkonstrukteur" („Mitteilungen der technisch-wissenschaftlichen Vereine Nordbayerns" Nr. 11 vom 30. 11. 1926).

* Die Schliffbilder und verschiedene Abbildungen der Originalarbeit wurden weggelassen. Anm. d. Herausgeb.

[3] Gekürzte Wiedergabe aus Stahleisen 1925, H. 35, S. 1466.

der Kuppelofen nur Zufallstreffer lieferte, die praktisch ohne besondere Bedeutung waren.

Nach dem Verfahren Thyssen-Emmel ist nun auf Grund einfachster Überlegungen die Aufgabe gelöst, im normalen Kuppelofen auf wirtschaftlichste Weise ein Gußeisen mit garantiert unter 3% Gesamt-Kohlenstoff zu erzeugen, das ohne jede Nachbehandlung Festigkeiten in Höhe der in Tabelle 1 und 2 angeführten Werte ergibt.

Über das Wesen des Verfahrens sei zunächst gesagt, daß es sich dabei um Maßnahmen im Kuppelofenbetrieb handelt, welche bisherige Anschauungen und Gepflogenheiten gänzlich umstellen.

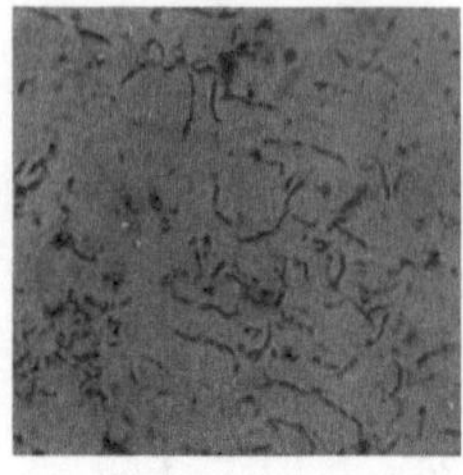

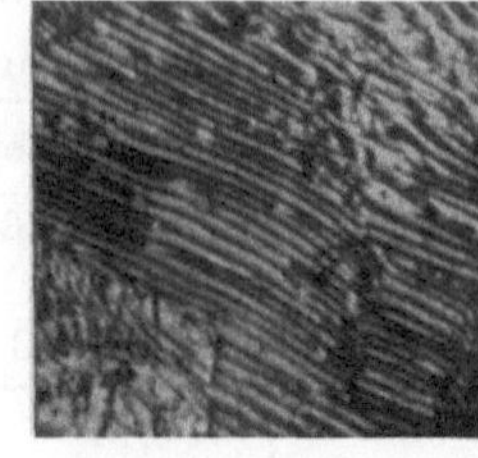

Abb. 48. Graphitverteilung   Abb. 49. Gefügeausbildung
bei 10 mm Wandstärke.

Bisher bemaß man nämlich die Koksmenge in erster Linie nach dem Schmelzpunkt des Einsatzes und dem Flüssigkeitsgrad der Schmelze. Gichtete man z. B. Hämatit, kohlenstoffarmes oder phosphorreiches Eisen, so wählte man einen entsprechend großen Kokssatz, um in jedem Falle heißes Eisen zu erzielen. Man erstrebte den heißen Ofengang selbst auf Kosten der einem größeren Koksaufwand entsprechenden höheren Kohlung der Schmelze. Aus

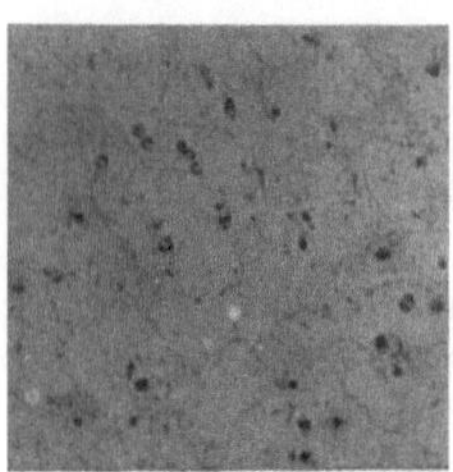

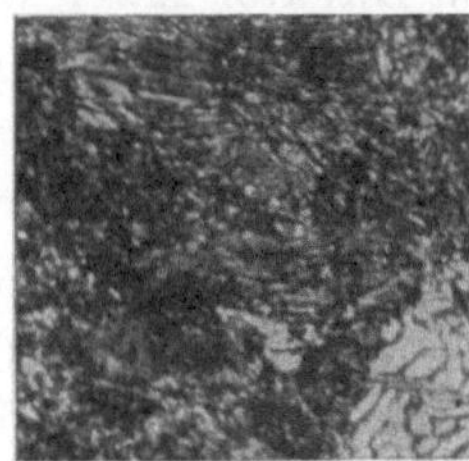

Abb. 50. Graphitverteilung   Abb. 51. Gefügeausbildung
bei 75 mm Wandstärke.

diesem Grunde konnte es auch nicht gelingen, planmäßig einen Kohlenstoffgehalt von unter 3% im Enderzeugnis zu erreichen.

Nach dem vorliegenden Verfahren hat nun der Koks nicht allein den Zweck heißen Schmelzens, sondern auch die ebenso wichtige Aufgabe der Sicherung eines bestimmten für die Erzeugung höchst beanspruchter Gußstücke erforderlich niedrigen Kohlenstoffgehalts, wobei allerdings auch noch sonst zweckentsprechende Maßnahmen im Ofenbetriebe berücksichtigt werden müssen.

Es sei bei dieser Gelegenheit die bisher nicht geläufige Erkenntnis berührt, daß eine Überhitzung der Schmelze im normalen Kuppelofen einerseits nur in ganz beschränktem Maße möglich ist und anderseits nicht allein von der Steigerung des Kokssatzes abhängt, denn sonst wäre es nicht möglich, mit etwa 8 bis 10% Satzkoks ein ebenso heißes Eisen zu erzielen wie mit 12 oder 15%.

Tabelle 1. Zerreißfestigkeiten und Analysen.

Der Stabdurchmesser betrug 15 mm bei den Schmelzen Nr. 2, 3, 4, sonst 20 mm.

Schmelze Nr.	Zerreißfestigkeit kg/mm²	Zusammensetzung im Mittel				
		Ges.-C %	Si %	Mn %	P %	S %
1	31,2, 31,0, 32,2, 32,2	2,84	1,96	0,84	0,13	0,140
2	37,8, 38,1	2,53	2,44	0,90	0,13	0,170
3	37,4, 38,7, 31,5	2,62	2,09	0,96	0,15	0,111
4	41,6, 41,5, 41,5, 41,1	2,70	2,20	1,35	0,20	0,130
5	31,9, 32,4, 32,4, 32,4, 30,6, 29,7, 24,6	2,66	1,90	0,74	0,26	0,140
6	28,9, 32,3, 30,4, 29,5	2,51	2,20	0,83	0,18	0,105
7	32,1, 29,7, 32,1, 31,6	2,48	2,31	1,07	0,18	0,164
8	29,5, 28,9, 31,9, 31,9	2,69	2,19	0,86	0,11	0,138
9	32,4, 31,9, 31,9, 32,4, 28,2, 39,5, 38,5, 38,2	2,80	2,12	1,01	0,13	0,115
10	31,6, 32,4, 32,4, 34,7	2.39	2,70	1,04	0,15	0,122
11	34,4, 31,9, 33,7, 31,9, 31,2	2,74	2,59	0,70	0,16	0,114
12	31,2, 30,7, 31,9, 31,4	2,60	3,29	1,33	0,10	0,104
13	31,4, 31,3, 30,6, 30,6	2,83	2,06	1,12	0,19	0,078
14	29,2, 31,9, 30,0, 31,4	2,39	2,73	1,30	0,16	0,074
15	32,8, 32,8, 31,9, 32,8	2,32	2,82	1,04	0,25	0,106
16	32,8, 32,8, 32,7, 31,2	2,85	1,94	0,78	0,20	0,114
17	33,0, 32,7, 33,8, 32,8	2,52	2,38	1,14	0,19	0,082
18	31,9, 32,0, 31,9, 31,9	2,83	2,07	0,99	0,10	0,100
19	30,2, 30,7, 31,3, 31,9	2,42	2,68	0,93	0,09	0,088
20	33,8, 34,7	2,81	2,19	1,12	0,20	0,085
21	22,6, 32,8, 31,4, 33,4	2,40	2,62	0,65	0,16	0,083
22	29,7, 32,1, 31,7, 32,2	2,66	2,53	1,38	0,19	0,078
23	32,2, 32,5	2,86	2,21	1,27	0,19	0,055
24	34,0, 33,5, 33,5, 33,5	2,85	2,35	1,02	0,14	0,105

Tabelle 2. Biegefestigkeit und Durchbiegungen.

Stabdurchmesser mm	Staboberfläche	Versuchslänge mm	Biegefestigkeit kg/mm²	Durchbiegung mm
15	unbearbeitet	300	63,7—73,5	4,8— 4
15	bearbeitet	300	64,5—74,0	8,6— 6
30	unbearbeitet	600	60,6—67,8	11 —10
30	bearbeitet	600	60,0—70,6	15 —10
36	bearbeitet	720	64,8—66,4	16,8—17,4

Brinellhärte im Durchschnitt 210—240.

Mit Rücksicht auf diese geringen Gehalte an Kohlenstoff muß selbstverständlich die Siliziummenge entsprechend erhöht werden, um eine noch hinreichende Graphitausscheidung zu ermöglichen. Der Siliziumgehalt bewegt sich dementsprechend gemäß der genannten Tabelle zwischen rd. 2 und 2,7%. Der Phosphorgehalt von durchschnittlich 0,1 bis 0,2% kommt damit demjenigen des Hämatits sehr nahe.

Bei näherer Betrachtung der angeführten Analysen läßt sich erkennen daß die günstigsten Festigkeitswerte des Gußeisens dann erreicht werden, wenn die Mengen an Kohlenstoff und Silizium innerhalb der beiderseitigen Grenzwerte von etwa 2,5 % zusammen rd. 5 % ausmachen. Die beiden Mittelwerte der Gehalte an Kohlenstoff und Silizium betragen nämlich 2,62 bzw. 2,32 % = 4,94 %.

Im Zusammenhang mit dem geringen Gehalt an Gesamt-Kohlenstoff und der feinen Verteilung des sehr häufig eutektisch ausgeschiedenen Graphits springt als besonders auffälliges Kennzeichen dieses Gußeisens die Gleichmäßigkeit des Bruchaussehens in der Mitte sowohl als auch am Rande eines etwa 100 mm starken Blockes ins Auge. Ein aus der Mitte eines solchen Blockes herausgearbeiteter Stab von 20 mm Durchergab eine Zerreißfestigkeit von 25 kg/m², also reichlich so viel, wie ein bisher erstklassiges Zylindereisen im einzeln gegossenen Probestab aufzuweisen hat.

Sehr bemerkenswert ist ferner die Erscheinung, daß das niedriggekohlte Gußeisen bei Wandstärken sowohl von beispielsweise 6 als auch von etwa 75 mm fast das gleiche Bruchaussehen hat. Bei wohlausgebildetem perlitischen Grundgefüge erscheint weder in den dünnen Querschnitten Zementit noch in den dicken Ferrit, wie in den zugehörigen Schliffbildern 48 bis 51 nachgewiesen wird. Abb. 48 und 49 beziehen sich auf die Stärke der Rippen bei 10 mm, Abb. 50 und 51 auf den 75 mm starken Teil eines Winkelstücks.

Unter Berücksichtigung dieser Tatsache käme man also, praktisch gesprochen, einer Einheitsgattierung sehr nahe, d. h. einer solchen, deren Anwendungsmöglichkeit in bezug auf Wandstärken und auf Abkühlungsgeschwindigkeit ein sehr weiter Spielraum offen steht. Diese ebenso beachtenswerte wie auch wichtige Beobachtung in Verbindung mit dem oben über das Gefüge Gesagten deckt sich vollkommen mit der von Maurer[1] nachgewiesenen Möglichkeit, ,,ein Gußeisen zu erzeugen, das in weitestgehender Unabhängigkeit von den Abkühlungsverhältnissen perlitische Grundmasse als Feingefüge zeigt und hervorragende Festigkeitseigenschaften hat".

Außerdem fällt noch als besonders vorteilhaft auf, daß an der sonst kritischen Stelle der schroffen Querschnittsübergänge keine Lunkerbildung zu erkennen ist, ebenfalls eine für den Gießer wertvolle Eigenschaft dieses Gußeisens.

In ganz hervorragendem Maße eignet sich dieses niedriggekohlte Gußeisen naturgemäß zur Herstellung von Teilen, die sehr hohen Betriebsdrücken ausgesetzt sind. So hielten Vorwärmerkasten 200 at Preßwasserdruck aus, ohne daß die bis zu 16,5 mm schwachen freistehenden Wände nachgegeben hätten oder an irgend einer Stelle das Druckwasser durchgesickert wäre; zweifellos eine für Gußeisen ganz ungewöhnliche Leistung, welche eine Beschränkung der bisher erforderlichen Wandstärken möglich macht. Und in der Tat sind dann auch schon z. B. Zylinderköpfe um 20 % leichter gehalten worden als bisher, was von nicht geringer preis-, fracht- sowie zolltechnischer Bedeutung ist.

Im weißgattierten Zustande eignet sich dieses Material zur wirtschaft-

---

[1] Gieß.-Zg. 1924. S. 457; vgl. auch S. 12.

licheren Erzeugung des nach dem europäischen wie auch nach dem amerikanischen Verfahren hergestellten Tempergusses. Denn einerseits kann unter Berücksichtigung des schon im Ausgangsstoff niedrig bemessenen Kohlenstoffgehalts eine den Karbidzerfall beschleunigende höhere Silizierung erfolgen und damit eine Verkürzung des Tempervorgangs bewirkt werden. Anderseits ist man der teilweisen Entfernung des Kohlenstoffs schon durch dessen geringes Ausmaß im Ausgangsmaterial bereits entgegengekommen, was ebenfalls eine kürzere Temperzeit zur Folge hat. Für das amerikanische Verfahren dürfte das Kuppelofenschmelzen gegenüber dem Flammofenschmelzen eine Verbilligung bedeuten.

Es wurde indessen in Anbetracht der hohen Herstellungskosten für Temperguß überhaupt die Erzeugung eines Materials angestrebt, das bei wesentlich verkürzter Glühdauer ohne Verwendung irgend einer Tempermasse eine Zerreißfestigkeit von 30 bis 35 kg/m² und eine Dehnung von etwa 3% haben soll. Dies ist auch gelungen, und zwar wurde beim ersten Versuch nach 13 stündigem Glühen bei 850° eine Zerreißfestigkeit von 34,6 kg/mm² bei einer Dehnung von 2,5% erzielt. Die Biegungsfestigkeit eines 15-mm-Rundstabes betrug bei 300 mm Auflageentfernung 98 kg/mm² bei 41 mm Durchbiegung. Eine zweite Schmelze mit veränderter Zusammensetzung ergab nach 20 stündigem Glühen bei rd. 850° unbearbeiteter Stäbe von 10 mm Durchmesser nebenstehende Werte.

Die Biegefestigkeit bei Stäben derselben Schmelze betrug bis 112 kg/mm² bei gleichzeitiger Durchbiegung von 10,4 mm, gemessen am unbearbeiteten Stab von 15 mm Durchmesser und bei 300 mm Versuchslänge. Mit diesen Werten dürften zweifellos weite Aussichten auf Vereinfachung bzw. Verbilligung des bisherigen, besonders des europäischen Temperverfahrens eröffnet sein.

Zerreißfestigkeit in kg/mm²	Dehnung in %
56,3	1,8
56,8	1,7
53,4	1,7
41,1	1,4

III. Verbesserung des Gußeisens durch Graphitverfeinerung.

10. Schmelzüberhitzung und Graphitverfeinerung.
Von Prof. Dr.-Ing. E. Piwowarsky.

Im Jahre 1925 sprach Prof. Dr.-Ing. P. Goerens im Rahmen eines Vortrages, betitelt: „Wege und Ziele zur Veredelung von Gußeisen"[1], folgendes aus: „Man hat nun lange gesucht und sucht auch heute noch nach einem Verfahren, das den Graphit bereits während der Erstarrung und nicht erst wie beim Temperguß nach einer Glühbehandlung in diese Form (nämlich die feineutektische, temperkohleartige, d. B.) überführt." Zu diesem Zeitpunkt wußte Goerens noch nicht,

---

[1] Stahleisen Bd. 45, S. 137. 1925.

daß es bereits E. Piwowarsky gelungen war, festzustellen, wie man bei gewöhnlichem Guß in Sandformen systematisch und mit stets reproduzierbarer Sicherheit eine feineutektische bis temperkohleartige Graphitausbildung im Gußeisen zu erzeugen vermag[1], und zwar unabhängig von der chemischen Zusammensetzung und vom Siliziumgehalt der Gußeisensorten, d. h. also auch in kohlenstoffreicheren Eisensorten. Piwowarsky fand, daß eine zunehmende systematische Überhitzung in bislang nicht übliche, sehr starke Überhitzungsbereiche eine gesetzmäßige systematische Verfeinerung des zunächst langblättrigen Graphits in die feineutektische bis schließlich in die temperkohleartige Form zur Folge hat. Hier war also zum erstenmal die Kausalreihe erkannt und eine Gesetzmäßigkeit von unfehlbarer Wirkung aufgestellt worden. Piwowarsky konnte feststellen, daß die für die anormale Überhitzung in Frage kommenden Temperaturbereiche in einem gewissen Zusammenhang stehen mit einer Beziehung, welche die Abhängigkeit der Graphitmenge von der Überhitzungstemperatur anzeigt. Diese Beziehung ergibt nämlich, daß der Karbidkohlenstoff des erstarrten Eisens in Abhängigkeit von der Überhitzungstemperatur ein Maximum durchläuft, um bei Überschreitung dieser mit „Wendetemperatur" bezeichneten Temperaturlage wieder etwas abzunehmen. Je nach dem Kohlenstoff- und Siliziumgehalt der untersuchten Gußeisensorten war dieses Maximum mehr oder weniger ausgeprägt, immerhin aber doch deutlich erkennbar. Piwowarsky nahm an, daß diese Wendetemperatur je nach der chemischen Zusammensetzung sich ebenfalls, wenn auch verhältnismäßig wenig, verschiebt. Diese gewissermaßen kritische Temperatur wird damit zum Ausgangspunkt jenes Temperaturbereiches, dessen erfolgreiche Rückwirkung einer Schmelzbehandlung die Erzielung eines feineutektischen oder temperkohleartigen Graphits bewirkt. Hat demnach die Wendetemperatur als solche an und für sich mit dem Mechanismus der Graphitverfeinerung nichts zu tun, so gibt sie doch einen wertvollen Anhaltspunkt für die in Frage zu ziehende Überhitzungstemperatur. Piwowarsky sagt, daß zur Erzielung einer feinen Graphitausbildung die Wendetemperatur meistens überschritten werden müsse, am besten jedoch würden die Ergebnisse bei einer Überschreitung von 100 bis 200° erreicht. Da er bei siliziumhaltigen Eisensorten die Wendetemperatur etwa in der Höhenlage um 1450° herum fand, so ergibt sich aus dieser Feststellung eine Überhitzung der Schmelze oberhalb dieser Temperatur bis etwa herauf zu der Höhe von 1650°. Die Höhenlage dieser Wendetemperatur, wie sie von Piwowarsky festgestellt wurde, gilt für die üblichen normalen Einschmelzbedingungen und Einschmelzgeschwindigkeiten.

Ergänzt werden diese Feststellungen durch Ermittlungen der Maschinenfabrik Eßlingen[2], deren Ergebnis in Abb. 52 wiedergegeben ist. Es sind dort die Grenztemperaturen in Abhängigkeit von der Summe

---

[1] E. Piwowarsky in Stahleisen Bd. 45, S. 1455. 1925, sowie Bericht Nr. 63 des Werkstoffausschusses beim Verein Deutscher Eisenhüttenleute.

[2] Vgl. Öst. Patent Nr. 111589 im Anhang.

C + Si aufgetragen, die überschritten werden müssen, um ein Eisen mit feiner (eutektischer) Graphitausbildung zu erreichen.

Über den Mechanismus der Graphitverfeinerung äußerte sich Piwowarsky nur sehr vorsichtig, da er versuchte, gleichzeitig mit der Erscheinung der systematischen Graphitverfeinerung auch eine hypothetische Erklärung für die Erscheinung der Wendetemperatur zu finden. Er sprach der Einwirkung verbliebener ungelöster Graphitreste in der Schmelze eine erhebliche Bedeutung zu, jedoch nicht so weit, daß sie die Erscheinung der Karbidumkehr hätte erklären können.

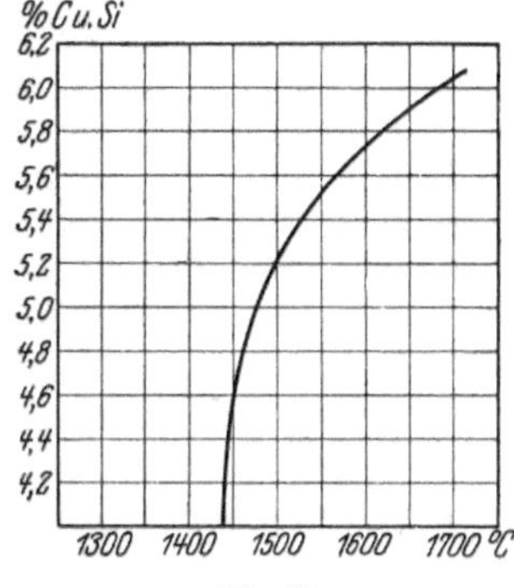

Abb. 52.

Durch spätere Arbeiten von Hanemann (Herbst 1925)[1] konnte allerdings gezeigt werden, daß für die Erscheinung der systematischen Graphitverfeinerung das mit zunehmender Überhitzungstemperatur allmähliche Verschwinden ungelöster Graphitanteile von erheblicher Bedeutung war, ohne allerdings sämtliche Erscheinungsformen damit erklären zu können, u. a. z. B. die Feststellung von Piwowarsky, daß im Vakuum Gußeisen auch aus graphitreichen Schmelzen normalerweise, feineutektisch zur Erstarrung kommt. Bezüglich des Mechanismus der systematischen Graphitverfeinerung konnte Piwowarsky später[2] eine mit zunehmender Überhitzungstemperatur spontan vor sich gehende Erstarrung des Gußeisens in zunehmende Unterkühlungsbereiche hoher Kernzahl feststellen. Das deckt sich mit dem metallographischen Befund der Hanemannschen Versuche und der Auffassung des letzteren, daß das Vorhandensein ungelöster Graphitanteile die spontane Erstarrung des Gußeisens in größere Unterkühlungsbereiche erhöhter Kernzahl für den Graphit verhindert oder beeinträchtigt. Die von Piwowarsky gefundenen Umkehrkurven sind durch die Versuche von Wedemeyer[3], Klingenstein[4], Meyer[5] bestätigt worden. Auch Hanemann[6] erklärt, daß schon vom theoretischen Standpunkt aus eine solche Wendetemperatur sich einstellen muß. Hinsichtlich des oberen Astes dieser Umkehrkurve gehen allerdings ursächlich die Ansichten von Piwowarsky und Hanemann etwas auseinander. Immerhin erschien von Bedeutung, daß auch Hanemann zugibt, der obere Umkehrast müsse in Zusammenhang stehen mit der durch die zunehmende Verfeinerung des Graphits vergrößerten Oberfläche der graphitischen Kristallisationsproduktion und ihrer Impfwirkung auf die sekundäre Kristallisation des Ferrits. Diese Auffassung ist von Bedeutung, da sie durchaus geeignet ist, die Bedeutung der Wendetemperatur zur Kennzeichnung desjenigen Temperaturbereiches dar-

---

[1] Vgl. S. 74.   [2] Gieß.-Zg. 1926, S. 379.
[3] Stahleisen Bd. 46, S. 557. 1926.   [4] Gieß.-Zg. 1927, S. 335.
[5] Stahleisen Bd. 47, S. 294. 1927.   [6] Stahleisen Bd. 47, S. 693. 1927.

zutun, bei deren Überschreitung die Verfeinerung des Graphits rasch und in kurzer Zeit vor sich geht.

Auch L. Zeyen und P. Bardenheuer[1] anerkennen die Möglichkeit der Karbidumkehr, sehen sie jedoch als Zufallserscheinung an, da sie nicht immer nachzuweisen sei. Die letzteren Verfasser geben als Erklärung eine zunehmende Reaktion der Schmelze mit der Tiegelwandung an, die die katalytische Auslösung der Graphitisierungsvorgänge verursachen. Es ist nun interessant, festzustellen, daß bei der Qualität unseres hochfeuerfesten heutigen Tiegelmaterials von etwa 1400° ab bei Tiegel- und Ofenbaumaterial eine bemerkbare Reduktion der Oxyde aus dem ff. Material einsetzt, so daß selbst unter Zugrundelegung dieser Auffassung von Zeyen und Bardenheuer die Höhenlage der Wendetemperatur erhalten blieb. Ihre Existenz ist demnach nicht zu leugnen, und jedes Eisen wird sie bei seinem Einschmelz- und Überhitzungsvorgang zeigen, und wenn sie bei ein und derselben Eisensorte nicht durch einen Versuch ermittelbar ist, gelingt es doch immer, durch einen weiteren oder dritten nochmaligen Einschmelz- und Überhitzungsvorgang bei exakter Versuchsdurchführung die Karbidumkehr und deren Höhenlage zu finden.

11. Die Theorie des Graugusses[2].

Vortrag, gehalten im Berliner Bezirksverein deutscher Ingenieure am 3. März 1926 von Prof. Dr.-Ing. Hanemann.

Der Grauguß besteht aus einer metallischen Grundmasse, in die Graphit eingelagert ist. Die mechanischen Eigenschaften des Graugusses hängen ab von der Art der Grundmasse und derjenigen der Graphitbildung. Wenn wir uns also mit der Theorie des Graugusses beschäftigen wollen, so müssen wir erörtern, wie die Grundmasse

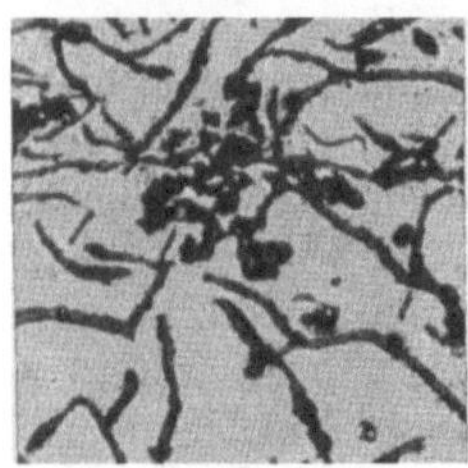

Abb. 53. Geätzt mit alc. $HNO_3 \times 150$ Ferrit und Graphit.

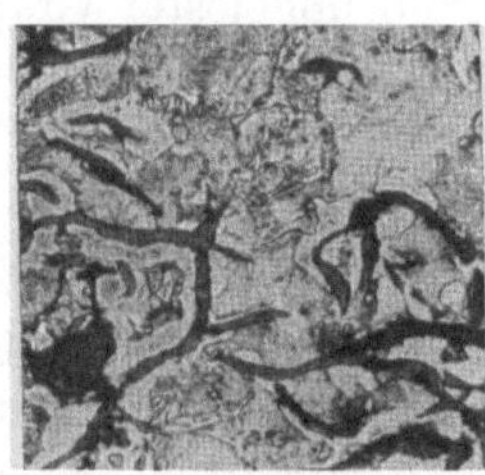

Abb. 54. Geätzt mit alc. $HNO_3 \times 150$ Ferrit, Perlit und Graphit.

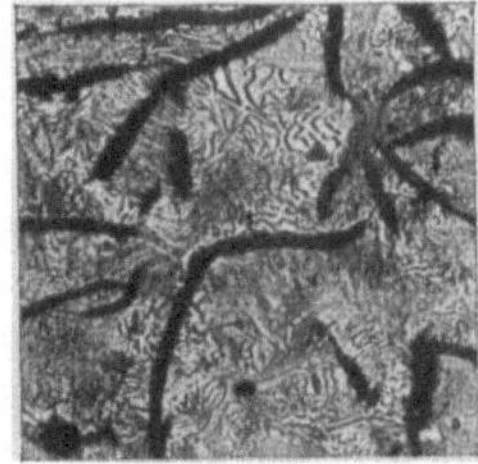

Abb. 55. Geätzt mit alc. $HNO_3 \times 150$ Perlit und Graphit.

und wie die Besonderheiten der Graphitausbildung entstehen. Wir wollen uns zunächst mit Hilfe einiger Lichtbilder über einige hier mögliche Fälle unterrichten.

Abb. 53 zeigt einen Grauguß mit rein ferritischer Grundmasse, Abb. 54 einen solchen, wo die Grundmasse aus Ferrit und Perlit besteht,

---

[1] Mitt. aus d. K. W. I. f. Eisenforsch.; auch Gieß. 1928, S. 362.

[2] Entnommen aus „Monatsblätter des Berliner Bezirksvereins deutscher Ingenieure" 1926, Nr. 4 (1. April).

und Abb. 55 gibt ein Graugußgefüge wieder, wo die Grundmasse nur Perlit enthält. Der Übergang von Ferrit zu Perlit in der Grundmasse bei gleicher Graphitform hat eine Erhöhung der mechanischen Festigkeit um 80 bis 100% zur Folge.

In Abb. 56 hat man eine Art der Graphitausbildung, die man als grobblättrigen Graphit bezeichnen kann, in Abb. 57 blättrigen Graphit

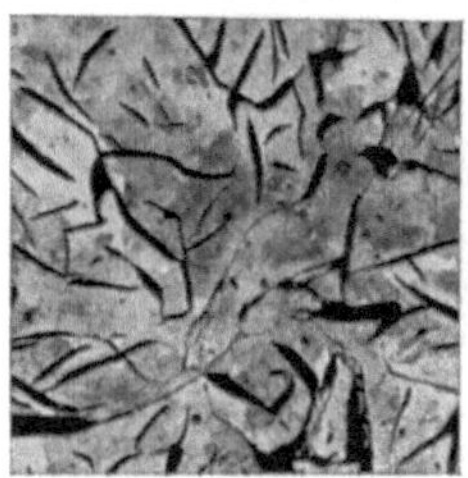

Abb. 56. Geätzt mit alc. HNO₃ × 40 Scheineutektischer Graphit grobblättrig.

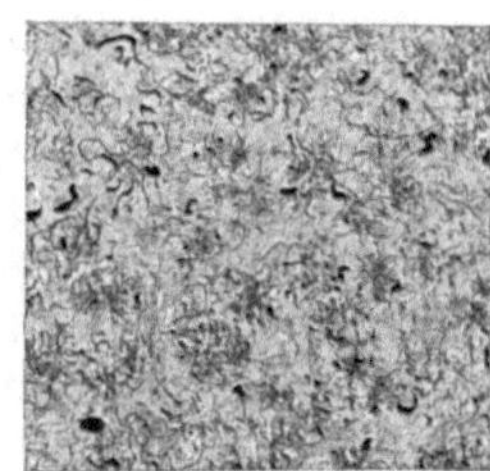

Abb. 57. Geätzt mit alc. HNO₃ × 40 Scheineutektischer Graphit feinblättrig.

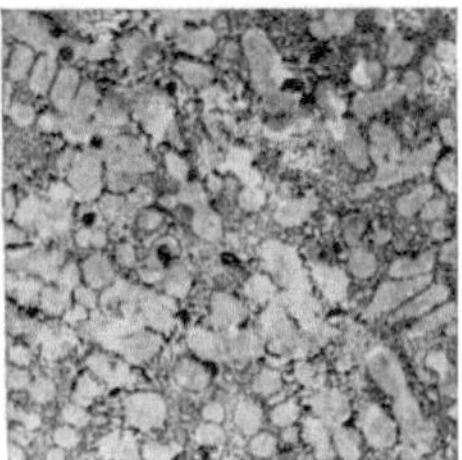

Abb. 58. Geätzt mit alc. HNO₃ × 40 bei 1500° ¼ Stde. geschmolzen eutektischer Graphit, Mischkristalle.

in feiner Ausbildung, während in Abb. 58 der Graphit als sogenannter eutektischer Graphit kristallisiert ist. Wenn man diese eutektische Form betrachtet, so stellt man fest, daß der Graphit aus sehr kleinen Schuppen und Punkten besteht. Es ist darin eine andere, kleinere Größenordnung der Graphitkristalle vorhanden.

Grauguß mit grobblättrigem Graphit hat Zerreißfestigkeiten von rd. 10 bis 14 kg, solcher mit feinblättrigem Graphit von rd. 20 bis 24 kg und solcher mit eutektischem Graphit von rd. 30 bis 35 kg. Es handelt sich also, wie aus diesen Zahlen hervorgeht, bei der Theorie des Graugusses nicht etwa um graue Theorie, sondern um die Grundlage für die richtige Herstellung dieses wichtigen Werkstoffes. Es ist allerdings zunächst nötig, hierzu etwas näher auf metallographische Erwägungen einzugehen.

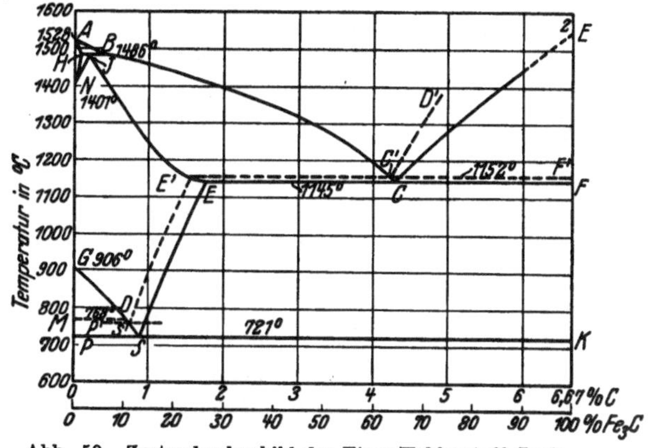

Abb. 59. Zustandsschaubild der Eisen-Kohlenstoff-Legierungen. Die punktierten Linien beziehen sich auf das Eisen-Graphit-System.

Die Kristallisation des Graugusses erfolgt nach dem bekannten Schaubilde der Eisenkohlenstofflegierungen, Abb. 59. Die Graphitkristallisation vollzieht sich in der Gegend von 1150° während der Erstarrung beim Übergang von flüssig zu fest. Die Grundmasse, die damit gleichzeitig gebildet wird, besteht zunächst aus einer festen Lösung von

Eisen mit Kohle. Sie ist noch nicht zerlegt; ihr bleibender Zustand entsteht hier noch nicht. Dieser bildet sich vielmehr erst in einem niedrigeren Temperaturbereich, nämlich zwischen 1000° und 700° durch Umwandlungen im festen Zustand. Wir haben also zwei Vorgänge zu unterscheiden: eine Kristallisation aus dem flüssigen Zustand, die Entstehung des Graphits, und eine Umwandlung im festen Zustand, die Kristallisation in der Grundmasse. Die theoretische Betrachtung vereinfacht sich insofern, als beide Vorgänge nach einem ähnlichen Schema verlaufen. An den 4 Punkten C, C', S und S' hat man jedesmal eine gleichartige Phasenänderung im metallographischen Sinne. Man bezeichnet sie beim Übergang aus dem flüssigen in den festen Zustand (Punkt C und C') als eutektische Kristallisation und bei der Umwandlung der festen Lösung (Punkt S und S') als Kristallisation eines Eutektoides.

Wir wollen zunächst, losgelöst vom Schaubilde der Eisenkohlenstofflegierung, die Kristallisation eines Eutektikums und Eutektoides betrachten. Man stellt die Konzentration einer Legierung von zwei Bestandteilen I und II durch die Grundlinie dar (Linie AB in Abb. 60). Punkt A der Grundlinie entspricht 100% des Metalles I, Punkt C stellt eine 50proz. Legierung dar, Punkt D eine solche von 75% II und 25% I. Die Grundlinie gibt uns das Mischungsverhältnis. Die Ordinate zeigt die Temperatur an. Wichtige Punkte sind dabei z. B. die Schmelzpunkte. E ist der Schmelzpunkt des reinen Körpers I, F derjenige des reinen Körpers II. Nun kommen die charakteristischen Linien, eine horizontale GH und zwei schräge EK und FK.

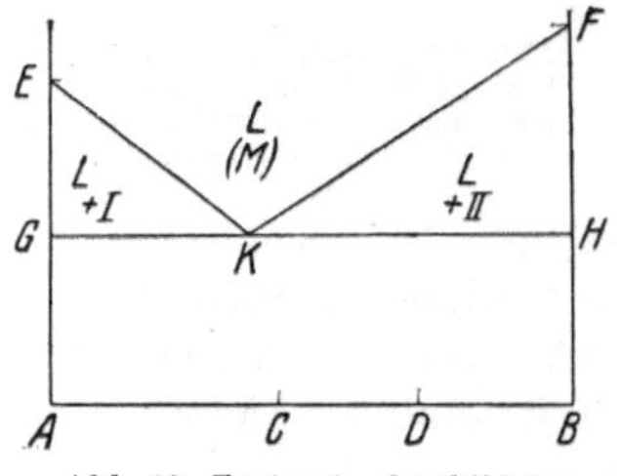

Abb. 60. Zustandsschaubild der Eisen-Kohlenstoff-Legierungen. Schaubild für eutektische bzw. eutektoide Kristallisation.

Diese Linien zerlegen die Fläche des Schaubildes in eine Anzahl sogenannter Zustandsfelder. Das oberste oberhalb EKF ist dasjenige der flüssigen Lösung, hier sind beide Körper geschmolzen und gleichmäßig gemischt. Wir bezeichnen diesen Zustand mit L. Unterhalb GH sind festes I und festes II miteinander im Gleichgewicht. Im Felde GKE ist flüssige Schmelze mit I und im Felde HKF flüssige Schmelze mit II im Gleichgewicht. Ein ganz ähnliches Schema hat man beim Übergang einer festen Lösung in zwei Bestandteile. Die feste Lösung wollen wir mit M bezeichnen. Man braucht in der Figur nur L durch M ersetzt zu denken, um das Schema des Eutektoides darzustellen. Betrachten wir einmal die Gefügeentwicklung, die sich auf Grund solchen Gleichgewichtes ausbildet. Wir können gleich ein Beispiel aus dem Eisenkohlenstoffschaubild nehmen, nämlich die Zerlegung der festen Lösung von Eisen und Kohlenstoff in die Bestandteile Eisenkarbid und reines Eisen nach den Linien GS, SE und PSK in Abb. 59. Bei der Konzentration des Punktes S von 0,9% Kohlenstoff haben wir oberhalb der Temperatur S eine feste Lösung von Eisen und Kohlenstoff. Zugleich mit Unterschreitung des Punktes bei der Abkühlung zerlegt sich diese in Eisen und Eisenkarbid; das Gefüge wird aus einer innigen Mischung dieser zwei Bestandteile bestehen. Dies Eutektoid hat man in dem besonderen Falle der Eisenkohlenstofflegierung als „Perlit“ bezeichnet.

Wir sehen das Gefüge im nächsten Lichtbild, Abb. 61.

Haben wir eine feste Lösung geringerer Konzentration, z. B. mit 0,54% C, so bildet sich beim Übergang aus dem Zustandsfeld GSE in GSP ein Gemisch aus der festen Lösung mit dem Körper I, d. h. im vorliegenden Falle mit reinem Eisen. Durch diese Ausscheidung von I ändert sich die Konzentration der festen Lösung. Ist die Temperatur bis PSK gesunken, so hat die feste Lösung die Konzentration S erreicht und bildet das Eutektoid. Wir erhalten somit im Gefüge ein Gemisch von Eisenkristallen, sogenanntem Ferrit, und Perlit (Abb. 62), solche Legierungen nennt man unterperlitisch.

Das entsprechende tritt ein, wenn wir eine Konzentration haben, die überperlitisch ist, also einen höheren Kohlenstoffgehalt als Punkt S hat. Dann kristallisiert als primärer Körper nicht der Kristall I, sondern

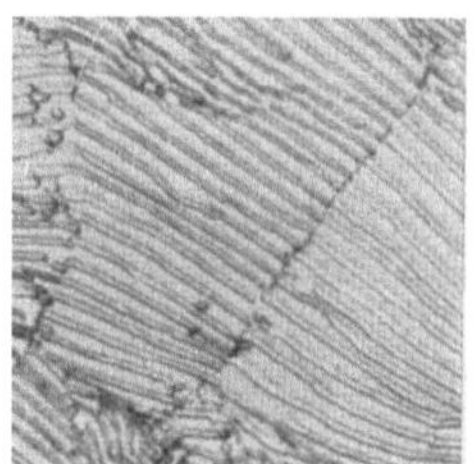

Abb. 61. Geätzt mit alc. HNO$_3$ × 1200 Perlit.

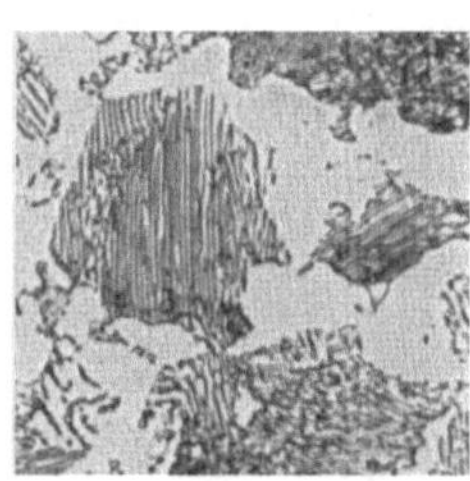

Abb. 62. Geätzt mit alc. HNO$_3$ × 600 Ferrit und Perlit.

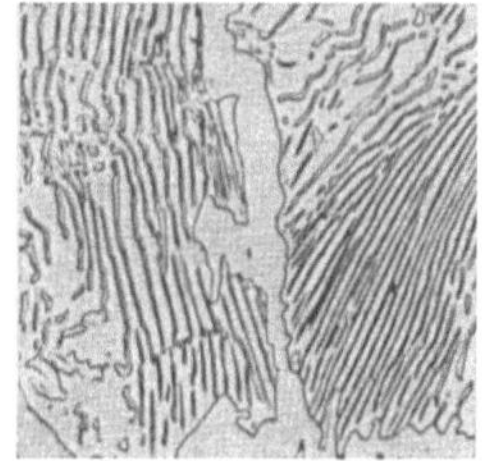

Abb. 63. Geätzt mit alc. HNO$_3$ × 600 Zementit und Perlit.

der Bestandteil II (im Falle der Eisenkohlenstofflegierung das Eisenkarbid Fe$_3$C, der sogenannte Zementit). Wir erhalten ein Gefüge aus Zementit mit Perlit, Abb. 63.

Demzufolge hängt die Kristallisation in der Grundmasse, ob wir nämlich eine perlitische oder eine ferritisch-perlitische Grundmasse erhalten, davon ab, mit welcher Konzentration, mit welchem Kohlenstoffgehalt, die erste Lösung an den Linienzug GSE gelangt. Wir müssen uns also fragen: Woher rührt die verschiedene Konzentration, die die feste Lösung im Grauguß hat, wenn sie an dieses Temperaturgebiet herankommt? Um diese Frage zu klären, müssen wir betrachten, wie diese feste Lösung aus dem flüssigen Zustand entsteht und wie sie sich zum Graphit verhält.

Wenn wir die für die Kristallisation an dem Punkte C' maßgebenden Linien $S'E'BC'$, $E'C'F''$ und $C''D'$ betrachten, so haben wir zwar ein Eutektikum bei C', aber auf der linken Seite geht die Horizontallinie nicht bis an die Nullordinate heran. Es ist somit nicht der reine Körper als ein Bestandteil im Eutektikum vorhanden, sondern eine feste Lösung von der Konzentration E'. Es scheidet sich auch primär eine feste Lösung ab, und zwar mit dem Kohlenstoffgehalt von rd. 1,3% entsprechend dem Punkte E'.

Es fragt sich, wie verhält sich die Konzentration dieser festen Lösung bei der Abkühlung. Darüber gibt uns die Linie $E'S'$ Aufschluß. Im Augenblick der Erstarrung haben die Mischkristalle einen Gehalt an gelöstem Kohlenstoff von 1,3%. Während der weiteren Abkühlung aber ändert sich die Konzentration nach dieser Linie durch Graphitausscheidung, d. h. sie wird immer kleiner. Man bezeichnet die aus der festen Lösung ausgeschiedene Form des Graphites als Temperkohle. Aber — und nun kommen wir auf den springenden Punkt bei dieser Frage — die Kristallisation des Graphites nach dieser Linie, die Änderung der Konzentration der festen Lösung infolge Auskristallisation von Graphit verlangt ziemlich viel Zeit, sie kann nur vor sich gehen, wenn die Abkühlung ziemlich langsam ist. Sobald die Abkühlung mit einiger Geschwindigkeit vor sich geht, kann die Kristallisation des Graphites sich nicht vollziehen. Die Kristallisation verläßt dann gewissermaßen dieses Schaubild des Graphitgleichgewichtes, springt aus den Linien heraus und geht in ein anderes Gleichgewichtssystem über. Die Masse kristallisiert nämlich nunmehr nach den Linien GS, SE, PSK, also nach einem Schema, das wir vorhin als das System Ferrit-Perlit-Zementit betrachtet haben. Es bestehen dann also — dies ist die Heyn-Charpysche Theorie der Eisenkohlenstofflegierungen — zwei verschiedene Systeme, das Graphitsystem (gestrichelt ausgezogen in Abb. 59) und das Zementitsystem (stark ausgezogen).

Nun wollen wir hiernach betrachten, wie sich unter verschiedenen Abkühlungsbedingungen die Grundmasse ausbildet. Wir nehmen an, die Abkühlung wäre zunächst langsam verlaufen, sie hat z. B. von 1100° bis 900° zwei Stunden gewährt oder noch etwas mehr. Dann hat sich Graphit nach der Linie $E'S'$ ausscheiden können und die feste Lösung hat bei 900° eine Konzentration von rd. 0,9% C. Aus irgend einem Grunde würde die Abkühlung jetzt etwas schneller gehen. Es kommt hinzu: je tiefer die Temperatur wird, um so mehr Zeit beansprucht der Vorgang der Graphitkristallisation. Nun kann, infolge der schnellen Abkühlung die Kristallisation nicht mehr nach den gestrichelt angegebenen Linien erfolgen, sie geht über in das Zementitsystem, und es bildet sich Perlit als Grundmasse. Dadurch entsteht ein Gefüge wie in Abb. 55, Graphit in einer Grundmasse von Perlit, der heute vielgenannte Perlitguß. Haben wir aber die Abkühlung recht langsam bis in noch tiefere Temperaturen, z. B. 800°, hinabgeführt und verläßt hier erst der Werkstoff das Graphitsystem, so tritt er in das Zementitsystem mit unterperlitischer Grundmasse ein und wir erhalten Graphit in einer ferritisch-perlitischen Grundmasse, Abb. 54. Mit diesen Überlegungen haben wir die Theorie für die Kristallisation der Grundmasse im Grauguß dargelegt.

Für die praktische Anwendung kommt noch ein wichtiger Umstand hinzu. Der Grauguß ist keine reine Eisenkohlenstofflegierung, er ist eine Eisenkohlenstoff-Siliziumlegierung. Die übrigen Komponenten (Mangan, Phosphor u. a.) üben auf die Graphitbildung nicht solch einschneidenden Einfluß aus. Der Gehalt an Silizium beeinflußt die Lage der Linien des Graphitsystems. Haben wir einen höheren Siliziumgehalt, so verschiebt sich die Linie $E'S'$ nach links. Ich habe die Lage dieser Linien und den Einfluß des Siliziums auf sie gemeinsam mit meinem Mitarbeiter Herrn Dr.-Ing. Morschel untersucht, und wir haben folgendes festgestellt (Abb. 64): Jedem Siliziumgehalt entspricht eine andere Lage der Linie $E'S'$. Nun wollen wir einmal betrachten, wie man abkühlen müßte, um Perlitguß zu erzielen bei einem Siliziumgehalt von ungefähr 1%. Die feste Lösung hat einen Gehalt von etwa 0,9% Kohlenstoff unterhalb 1000⁰. Man muß also den Grauguß mit 1% Silizium möglichst langsam abkühlen bis an 1000⁰ und von hier an schneller. Dies erreicht man in

bekannterWeise durch heißes Gießen und Vorwärmen der Form. Diese technischen Mittel reichen aus, um so viel Graphit bis zur Abkühlung auf 1000⁰ zur Ausscheidung zu bringen, daß 0,9% in fester Lösung übrig bleiben. Der Rest springt dann in das Zementitsystem über und die Grundmasse wird perlitisch. Hat man dagegen einen höheren Siliziumgehalt, etwa 2½%, so muß man die Linie des stabilen Graphitsystems bei etwas höherer Temperatur, bei 1100⁰, verlassen, also von hier aus schon schnell abkühlen. Wollte man also bei solch hohem Siliziumgehalt

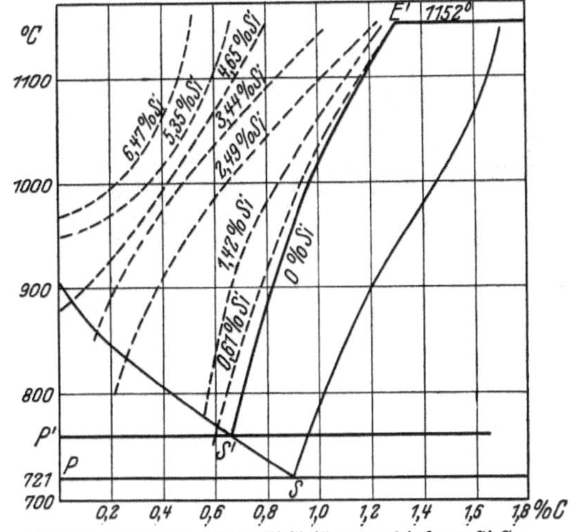

Abb. 64. Lage der Linie $E'S'$ für verschiedene Si-Gehalte (nach Morschel, Diss. Berlin 1924).

Perlitguß erzielen, so müßte man den Guß unter Umständen noch rot aus der Form herausnehmen.

Hiermit haben wir die Theorie der Grundmasse im Grauguß erledigt. Maßgebend ist der Siliziumgehalt und die Geschwindigkeit der Abkühlung im festen Zustand.

Wir wenden uns nunmehr zu der Theorie der Graphitbildung. Es handelt sich da um die Frage, wann entsteht der grobblättrige Graphit und wann der eutektische. In Abb. 56 haben wir den grobblättrigen Graphit, der gleichmäßig — ich hebe das Wort gleichmäßig hervor, in der Grundmasse verteilt ist. Dagegen haben wir (Abb. 58) nur bei eutektischer Graphitbildung den Graphit nicht gleichmäßig in der Grundmasse verteilt, sondern neben dem Graphiteutektikum sind noch Mischkristalle vorhanden. Man gibt bis heute für die Entstehung des blättrigen Graphites folgende mir unzureichend scheinende Erklärung: Der grobblättrige Graphit bildet sich, wenn zunächst die Erstarrung nach dem Zementitsystem (entsprechend Linie ECF) vor sich gehe, aber unmittelbar nach der Erstarrung wandele sich das Zementiteutektikum in den grobblättrigen Graphit um. Der eutektische Graphit dagegen entstehe bei Kristallisation aus dem flüssigen Zustand nach dem Graphitsystem

(Linie $E'C'F'$). Hiergegen spricht eine Anzahl von Gründen, zunächst folgende allgemeine metallographische Erfahrung: Wenn eine Kristallisation in niedriger Temperatur vor sich geht, so ist sie feinkörnig, wenn sie aber in höherer Temperatur erfolgt, so ist sie grobkörniger. Es ist aber auch rein gefügemäßig nicht einzusehen, wie dieser grobblättrige Graphit aus dem Ledeburit entstehen sollte. Ich habe einmal Ledeburit (das Zementiteutektikum C) auf die Temperatur dicht unter C erhitzt und hier einige Zeit gehalten. Das nächste Lichtbild (Abb. 65) zeigt das Gefüge, das sich ergeben hat. Da hat man Temperkohle, aber nicht grobblättrigen Graphit. Wir haben endlich noch einen dritten Grund, der dagegen spricht: das sind die Haltepunktsbestimmungen. Wenn man eine Haltepunktsbestimmung in einem Grauguß anfertigt, dessen Graphit grobblättrig kristallisiert, so beobachtet man den Haltepunkt höher liegend, während man ihn im Grauguß mit feinkörnigem Graphit in tieferer Temperatur findet. Also auch diese Beobachtung schließt aus, daß grobblättriger Graphit unterhalb C entstehen sollte. Ich habe mir aus diesem Grunde eine andere Theorie gebildet.

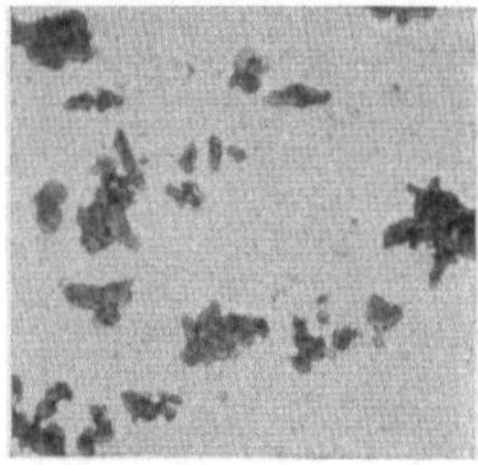

Abb. 65. Geätzt mit alc. HNO₃ × 600 Ferrit und Temperkohle.

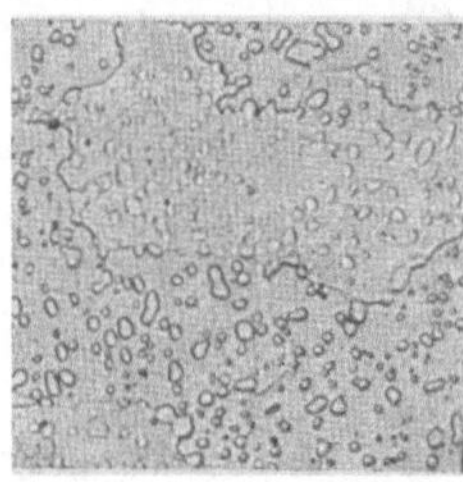

Abb. 66. Geätzt mit alc. HNO₃ × 600 Scheineutektoid aus Ferrit und Zementit.

Um diese Theorie zu erklären, müssen wir einen allgemeinen metallographischen Vorgang betrachten, der immer von Wichtigkeit ist, wenn zwei Phasen ineinander übergehen, wenn überhaupt irgendeine Kristallisation sich abspielt. Die Regel ist, daß sich eine Kristallisation nie gleichzeitig in der gesamten Masse abspielt, sondern immer so vor sich geht, daß zunächst Keime an einzelnen Punkten der Körper entstehen und daß von diesen Keimen aus die Kristalle anwachsen. Auch umgekehrt; wenn irgendeine Umwandlung vor sich gehen soll und man hat schon Keime, nämlich kleine Kriställchen der neuen Kristallart, die entstehen soll, so schließt sich die Kristallisation an diese Keime an. Dieser Vorgang hat auch auf die Ausbildung der Eutektoide und der Eutektika einen großen Einfluß. Hat man z. B. im Zementitsystem oberhalb S in der festen Lösung eines überperlitischen Stahles keine Keime, so geht die Kristallisation nach dem beschriebenen Regelfall vor sich: es bildet sich neben dem Zementitnetz das Eutektoid (Abb. 63). Nun kann man durch gewisse Schmiedebehandlung erreichen, daß von vornherein der Zementit in kleinen Kügelchen in der Grundmasse verteilt ist. Diese kleinen Kügelchen wirken dann als Keime, und die Kristallisation des Eutektoides findet nicht statt, statt dessen kristallisiert der Zementit, der sich im Regelfall als Bestandteil des Eutektoides bilden sollte, an die vorhandenen Keime an, und man erhält ein Gefüge, wie es das nächste Lichtbild zeigt (Abb. 66). Wir haben eine ferritische Grundmasse mit eingelagerten Zementitkügelchen in gleichmäßiger Verteilung. Es sieht so aus, als ob dies ein Eutektoid wäre, aber es ist ein Scheineutektoid.

Nun geht meine Theorie dahin: wir haben auch bei der Graphitkristallisation häufig den Fall, daß man schon Graphitkeime hat. Nach meiner Annahme löst sich beim Schmelzen von grauem Roheisen nicht sofort aller Graphit restlos auf, er bleibt vielmehr zunächst noch einige Zeit zum Teil in der flüssigen Schmelze als solcher erhalten. Wir haben also nach der Schmelzung eine große Zahl von Graphitkeimen, und wenn dann die Abkühlung beginnt, so wird der Graphit an diese Graphitkeime ankristallisieren. Wir erhalten ein Scheineutektikum, und dies ist der grobblättrige Graphit. Haben wir aber die Graphitkeime zerstört, so wird die Kristallisation so verlaufen, daß sich zunächst Mischkristalle ausscheiden und im Anschluß hieran das wahre Eutektikum, also der feinkörnige eutektische Graphit entsteht.

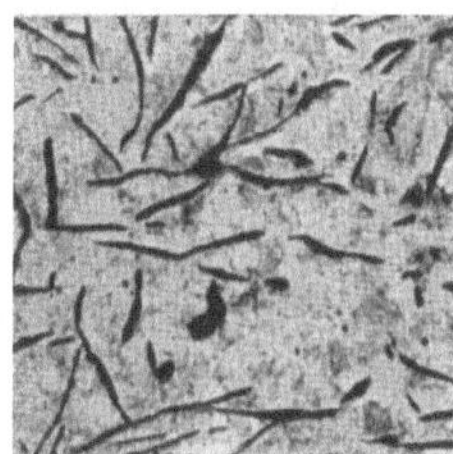

Abb. 67. Geätzt mit alc. HNO$_3$ × 40 Grauguß mit scheineutektischem Graphit bei 1250° geschmolzen.

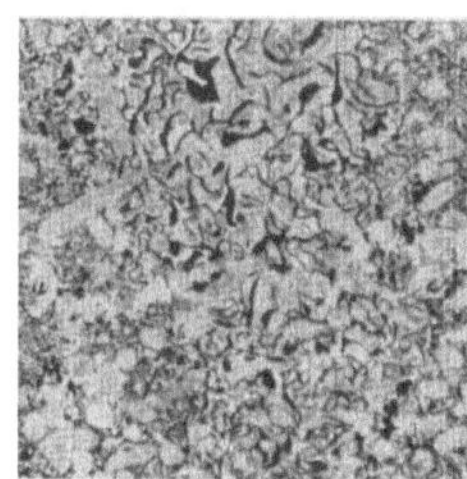

Abb. 68. Geätzt mit alc. HNO$_3$ × 40 bei 1350° ¼ Stunde geschmolzen, teils scheineutektischer, teils eutektischer Graphit.

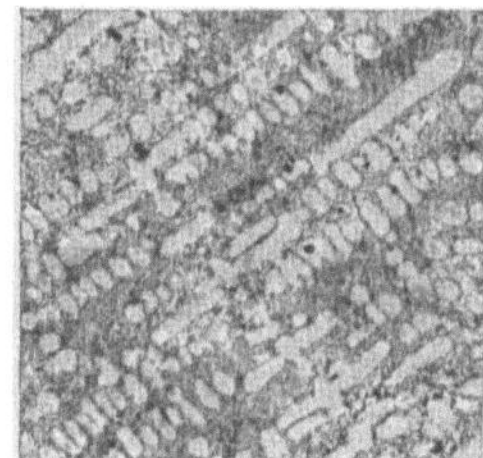

Abb. 69. Geätzt mit alc. HNO$_3$ × 40 bei 1300° eine Stunde geschmolzen, Mischkristalle und eutektischer Graphit.

Wenn diese Auffassung richtig ist, so muß sie durch Versuche bestätigt werden können. Ich werde Ihnen nun eine Anzahl von Schliffergebnissen vorführen, die mit dieser Absicht unter verschiedenen Bedingungen ausgeführt wurden. Ein Grauguß mit blättrigem Graphit wurde geschmolzen, unmittelbar zur Erstarrung gebracht. Hier müßten wir also grobblättrigen Graphit erhalten. Sie haben in der nächsten Abb. (67) das Ergebnis: es hat sich grobblättriger Graphit gebildet. Im nächsten Versuch ist der nämliche Grauguß — eine andere Probe aus grobblättrigem Ausgangswerkstoff — für eine Viertelstunde auf 1500° erhitzt und hierauf abgekühlt worden. Wir haben ein Gefüge erhalten, das Sie in Abb. 58 sehen. Es sind Mischkristalle mit feinem eutektischen Graphit. Hier hat die hohe Erhitzung auf 1500° die Keime zerstört, sie waren nicht mehr zugegen, als die Schmelze bei der Abkühlung in den Erstarrungsbereich hineingelangte. Nun mußten sich zunächst Mischkristalle und im Anschluß daran eutektischer Graphit ausscheiden. Wir haben den gleichen Versuch mit sehr langsamer Abkühlung angestellt (1500° bis 1100° zwei Stunden) mit dem Ergebnis, daß wiederum eutektischer Graphit gebildet wurde. Also augenscheinlich ist die eutektische Graphitkristallisation von der Abkühlungsgeschwindigkeit unabhängig. Wir haben uns dann gesagt, es muß möglich sein, Zwischenzustände zu erhalten. Erhitzen wir so hoch, daß nur ein Teil der Keime zerstört wird, so müssen wir eine Mischung aus dem blättrigen und aus dem eutektischen Graphit erhalten. In der Tat ergab eine Erhitzung auf 1350° für eine Viertelstunde das folgende Lichtbild (Abb. 68).

Endlich verlangt die Theorie, daß die Zerstörung der Keime auch möglich sein muß, wenn man lange Zeit in niederer Temperatur flüssig hält, und so haben wir bei 1300° eine Stunde lang flüssig gehalten. Wir haben der Theorie entsprechend ein Gefüge bekommen, das Ihnen das nächste Lichtbild (Abb. 69) zeigt, nämlich nur eutektischen Graphit.

Hat man also die Absicht, blättrigen Graphit zu erhalten, so muß man die Schmelze so führen, daß sie noch Graphitkeime behält. Hat man die Absicht, feinkörnigen eutektischen Graphit zu erhalten, so muß man so hoch oder in weniger hoher Schmelztemperatur so lange erhitzen, bis die Graphitkeime vernichtet sind.

Hiermit bin ich am Ende meiner Ausführungen angelangt und will nochmals kurz zusammenfassen: Maßgebend für die Kristallisation des Graugusses aus der Schmelze sind die Linien des Graphitsystems und für die Umwandlung im festen Zustand sowohl diejenigen des Graphitsystems als auch die des Zementitsystems. Hat man Graphitkeime in der Schmelze, so wird man blättrigen Graphit erhalten, hat man dagegen so hoch oder so lange erhitzt, daß die Graphitkeime zerstört sind, so wird man eutektischen Graphit erhalten. Die Art der Kristallisation der Grundmasse richtet sich nach der Temperatur, bei der die Linie $E'S'$ des Graphitsystems verlassen wird, und die Lage dieser Linie selbst hängt vom Siliziumgehalt ab[1].

12. Auszug aus dem Schmelzbuch der A. Borsig G.m.b.H. Berlin-Tegel.

(Verfahren nach Hanemann[1].)

Bezeichnung des Werkstückes und der Probe	Zerreißfestigkeit kg/mm²	Abnahmedatum	Bezeichnung des Werkstückes und der Probe	Zerreißfestigkeit kg/mm²	Abnahmedatum
20	29,0	9. 8. 27	Naßdampfkessel:		
21	29,0	9. 8. 27	16	27,0	24. 8. 27
22	26,0	22. 8. 27	17	29,0	24. 8. 27
23	29,0	22. 8. 27	18	26,0	29. 9. 27
26	31,0	29. 8. 27	19	27,0	19. 9. 27
27	26,0	29. 8. 27			
Naßdampfkessel:			Heißdampfkammern:		
			12	26,0	29. 7. 27
12	26,0	29. 7. 27	13	30,0	29. 7. 27
13	29,0	22. 8. 27	14	28,0	24. 8. 27
14	28,0	22. 8. 27	15	29,0	24. 8. 27
15	27,0	24. 8. 27	16	26,0	29. 8. 27

[1] Vgl. Amerik. Patent Nr. 1 705 972 im Anhang, Ansprüche unter Nummer 10 angeführt.

Fortsetzung der Tabelle aus dem Schmelzbuch.

Bezeichnung des Werkstückes und der Probe	Zerreißfestigkeit kg/mm²	Abnahmedatum	Bezeichnung des Werkstückes und der Probe	Zerreißfestigkeit kg/mm²	Abnahmedatum
Zylinder:			Zylinder:		
1	27,0	9. 8. 27	17	25,0	8. 9. 27
2	26,0	22. 8. 27	18	26,0	8. 9. 27
3	23,0	22. 8. 27	19	31,0	8. 9. 27
4	24,0	22. 8. 27	20	30,0	8. 9. 27
5	24,0	22. 8. 27	Zylinder:		
6	27,0	22. 8. 27	1	26,0	30. 10. 27
7	29,0	22. 8. 27	2	26,0	30. 10. 27
8	27,0	29. 8. 27	3	24,0	30. 10. 27
9	26,0	24. 8. 27	4	26,0	30. 10. 27
10	28,0	24. 8. 27	5	22,0	10. 10. 27
11	27,0	24. 8. 27	6	27,0	10. 10. 27
12	26,0	29. 8. 27	7	29,0	10. 10. 27
13	31,0	29. 8. 27	8	26,0	26. 10. 27
14	27,0	29. 8. 27	9	24,0	10. 10. 27
15	30,0	29. 8. 27	10	26,0	26. 10. 27
16	29,0	8. 9. 27	11	26,0	26. 10. 27

13. Über das Stahlzusatzverfahren.

Kohlenstoffgehalt und damit zusammenhängende Eigenschaften des im Kupolofen damit erzeugten hochwertigen Graugusses[1].

Von Karl Emmel, Mannheim.

Ein Gesamtkohlenstoffgehalt von unter 3% verbessert bekanntlich die physikalischen und mechanischen Eigenschaften des Gußeisens in sehr hohem Maße. Daß dabei Form und Verteilung des Graphits eine wesentliche Rolle spielen, ist ebenso bekannt, weshalb im allgemeinen der Gießer die feinstmögliche Graphitausscheidung als zwangläufige Folgeerscheinung einer besonders niedrigen Kohlung ansieht und demgemäß glaubt, diese Graphitverfeinerung auf dem Wege über die Herabminderung des Gesamtkohlenstoffgehaltes auf unter 3% erzielen zu müssen.

Diese Ansicht hat sich indessen als nicht ganz richtig erwiesen; denn es hat sich gezeigt, daß auch bei Kohlenstoffgehalten von rd. 3 und über 3% im praktischen Kupolofenbetrieb sich ganz vorzügliche Graphitverfeinerung und damit höchstwertiges Gußeisen erzielen läßt, welches jedem anderen, auf gewöhnlichem Wege erschmolzenen und in üblicher Weise weiter verarbeiteten Kupolofenerzeugnis bei weitem überlegen ist, wenn nach dem Stahlzusatzverfahren, also unter Ausnutzung sehr hoher Schmelztemperaturen, gearbeitet wird (Abb. 70, 71, 72, sowie Tabelle 1).

Die Erkenntnis, daß auch eine höhere Kohlung als eine solche von wesentlich unter 3% höchstwertiges Gußeisen ergibt, bedeutet natürlich einen sehr beachtenswerten Fortschritt, auf Grund dessen die Möglich-

---

[1] Gekürzt aus Gieß. 1929, H. 27, S. 605 wiedergegeben.

6*

keit eröffnet ist, dieses Erzeugnis in den weitaus meisten Fällen unter ähnlichen Bedingungen erfolgreich zu vergießen wie auf normalem Wege erzeugtes Zylindereisen.

Das höher in diesen Grenzen gekohlte, bei sehr hohen Temperaturen erschmolzene Sondereisen verträgt naturgemäß auch längeres Stehen und gestattet häufigeres Kippen aus größeren Pfannen in kleinere Pfannen und Formen, ohne ein Verschmieren der Pfannenwände befürchten zu lassen. Mit diesen Vorteilen sind auch alle übrigen günstigen Verarbeitungsbedingungen ohne weiteres gegeben.

Von besonderem Interesse dürfte auch die Tatsache sein, daß das höher gekohlte Eisen einen fast eben so hohen Siliziumgehalt wie das wesentlich unter 3% gekohlte verträgt, ohne daß der Graphit in viel gröberer Form ausgeschieden wird (Abb. 71) und ohne daß sich daher

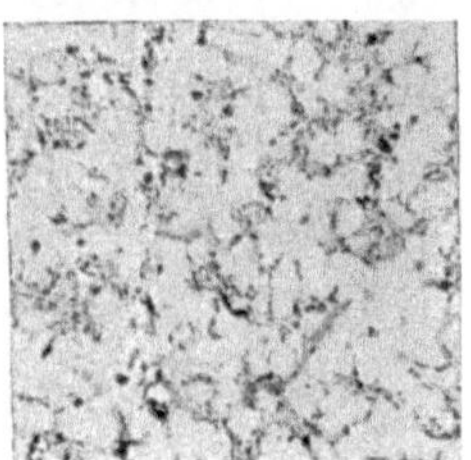 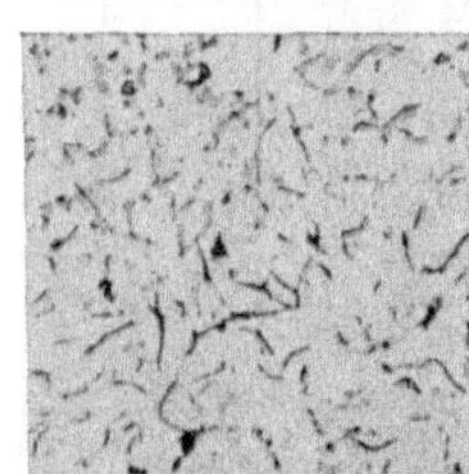 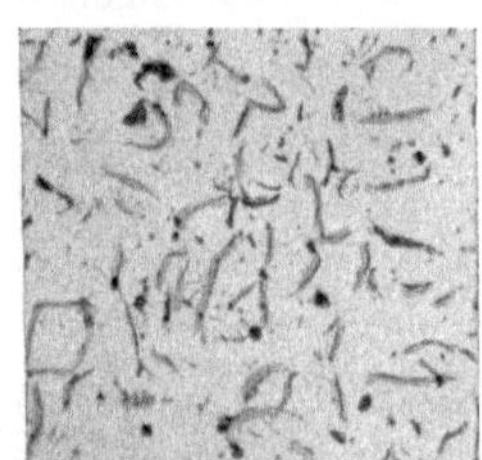

Abb. 70.	Abb. 71.	Abb. 72.
C = 2,97%; Si = 1,73%;	C = 3,22%; Si = 2,09%;	C = 3,40%; Si = 1,38%;
Mn = 0,95%; P = 0,21%;	Mn = 0,92%; P = 0,20%;	Mn = 0,74%; P = 0,43%;
S = 0,112%; × 50, ungeätzt.	S = 0,089%; × 50, ungeätzt.	S = 0,086%; × 50, ungeätzt.

auch die Festigkeitseigenschaften unbedingt beträchtlich zu vermindern brauchen (Tabellen 1 und 5). Es ist dies ganz besonders wertvoll für das Gießen dünner Wandstärken, die bei großer Festigkeit noch leicht bearbeitbar sein sollen. Während ein auf üblichem Wege erzeugtes Gußeisen mit etwa 3,2% C und mit etwa 1,6 bis 2% Si kaum mit Sicherheit 18 bis 20 kg/mm² Zugfestigkeit im angegossenen Stab ergeben dürfte, können beim Stahlzusatzverfahren bei gleicher Analyse mehr als 26 und bis über 35 kg/mm² im Stück erreicht werden. Allerdings wird es bei Kohlenstoffgehalten von 3,2 bis 3,5% schon zweckmäßig, den Siliziumgehalt auf 1 bis 1,5% einzustellen, um eine bestimmte Treffsicherheit hoher Festigkeitswerte gewährleisten zu können.

Das Stahlzusatzverfahren ermöglicht heute die treffsichere Regelung des Gesamtkohlenstoffgehaltes. Ebenso, wie man dabei in der Lage ist, ihn planmäßig unter 3% zu halten[1], so kann man ihn auch ebenso planmäßig auf rd. 3 und auf über 3% einstellen (Tabellen 3, 4, und 5).

Es dürfte einigermaßen überraschen, daß für die Einstellung der verschiedenen Kohlenstoffgehalte die Bemessung der Stahlzusatzmengen bei weitem nicht in dem Maße ausschlaggebend ist, wie man anzunehmen geneigt sein könnte; vielmehr sind hierfür Betriebsweise und Bauart des Kupolofens sowie die Koksbeschaffenheit von weit ausschlaggebenderer Bedeutung. So ist es z. B. möglich, je nach entsprechender Berücksich-

---

[1] Stahleisen Bd. 45, H. 35. 1925; vgl. S. 67.

Tabelle 1. Festigkeitswerte bei C-Gehalten von 3—3,5%.

Nr.	Zusammensetzung der Schmelze in %					Biege-festigkeit kg/mm²	Stabdurch-messer (roh) mm	Zug-festigkeit kg/mm²
	C	Si	Mn	P	S			
1	2,99	2,45	1,27	0,15	0,074	57,5 / 62,7	20	32,3 / 35,5
2	3,03	1,89	1,10	0,16	0,090	51,7 / 50,8 / 52,2	30	29,0 / 29,1 / 29,1
3	3,04	2,07	1,17	0,09	0,115	53,2 / 55,5	30	30,7 / 29,7
4	3,05	1,37	0,41	0,12	0,187	58,8 / 57,0 / 56,6	30	—
5	3,05	1,96	0,69	0,20	0,090	51,5 / 52,2 / 52,2	20	—
6	3,06	1,88	0,89	0,16	0,129	53,8 / 59,8 / 64,6	30	—
7	3,10	1,41	0,62	0,12	0,153	60,3 / 57,6 / 59,2	30	30,7 / 30,3 / 33,2
8	3,14	1,63	0,73	0,24	0,100	48,9 / 52,3 / 49,5	20	31,0 / 30,6
9	3,15	1,66	0,82	0,20	0,122	47,4 / 49,9 / 47,0	30	31,3 / 29,5 / 29,5
10	3,16	1,35	0,86	0,30	0,120	54,5 / 57,2 / 56,3	20	32,7 / 31,9
11	3,26	1,92	0,94	0,26	0,108	47,3 / 47,3 / 51,3	20	30,9 / 31,1 / 30,4
12	3,28	1,85	1,02	0,19	0,114	53,2 / 54,2 / 51,8	20	29,8 / 30,3 / 29,9
13	3,31	1,64	0,80	0,24	0,108	54,1 / 50,2 / 55,4	20	29,0 / 30,1
14	3,38	1,00	0,83	0,27	0,118	50,5 / 54,6 / 53,9	30	29,1 / 28,8
15	3,40	1,25	1,05	0,26	0,116	58,2 / 64,5 / 59,1	20	31,3 / 31,3 / 31,9
16	3,47	1,19	0,97	0,26	0,106	54,1 / 56,7 / 52,7	30	30,6 / 29,9
17	3,47	1,61	0,98	0,26	0,110	54,1 / 52,1 / 51,3	20	30,5 / 28,1
18	3,48	1,41	0,98	0,43	0,124	51,7 / 47,8 / 48,7	20	27,5 / 26,8 / 27,0
19	3,53	1,59	1,00	0,34	0,118	55,7 / 50,2	20	28,9 / 30,3

Tabelle 2. Zusammensetzung von Schmelzen mit 50% Stahlzusatz, mit sehr mäßigen Schwefelgehalten.

Nr.	Gußtag	C %	Si %	Mn %	P %	S %	Reihen-folge der Pfannen
1	24. 5. 27	2,87	1,56	0,59	0,24	0,078	1
2	24. 5. 27	2,85	1,75	0,72	0,14	0,068	2
3	24. 5. 27	2,86	1,54	0,56	0,14	0,068	3
4	24. 5. 27	2,86	1,70	0,85	0,16	0,080	4
5	24. 5. 27	3,00	1,26	0,72	0,13	0,086	5
6	24. 5. 27	2,94	1,54	0,71	0,18	0,080	6
7	25. 5. 27	3,00	2,24	0,81	0,19	0,110	1
8	25. 5. 27	2,77	1,98	0,80	0,16	0,068	2
9	25. 5. 27	2,81	2,17	0,86	0,15	0,088	3
10	25. 5. 27	—	2,10	0,77	0,14	0,096	4
11	25. 5. 27	2,75	2,05	0,65	0,18	0,082	5
12	25. 5. 27	2,78	1,72	0,68	0,14	0,096	6
13	27. 5. 27	3,00	2,12	0,77	0,19	0,076	1
14	27. 5. 27	3,00	1,96	0,81	0,21	0,072	2
15	27. 5. 27	2,87	2,14	0,69	0,22	0,076	3
16	27. 5. 27	2,93	2,21	0,66	0,18	0,070	4
17	27. 5. 27	2,82	2,14	0,60	0,18	0,072	5
18	27. 5. 27	2,85	2,12	0,73	0,22	0,076	6
19	28. 5. 27	2,76	2,00	0,69	0,28	0,068	1
20	28. 5. 27	2,70	2,03	0,89	0,18	0,078	2
21	28. 5. 27	2,78	2,03	0,78	0,16	0,076	3
22	28. 5. 27	2,82	1,63	1,00	—	—	4
23	28. 5. 27	2,89	2,24	0,81	0,16	0,064	5
24	30. 5. 27	2,95	2,24	0,69	0,17	0,064	1
25	30. 5. 27	2,95	2,03	0,54	0,14	0,068	2
26	30. 5. 27	2,87	1,61	0,70	0,15	0,064	3
27	30. 5. 27	2,88	1,82	0,57	0,18	0,064	4
28	30. 5. 27	2,94	1,75	0,54	0,16	0,060	5
29	1. 6. 27	3,08	2,24	0,67	0,26	0,084	1
30	1. 6. 27	3,01	2,26	0,72	0,17	0,080	2
31	1. 6. 27	2,94	2,17	0,93	0,19	0,082	3
32	1. 6. 27	2,78	2,00	0,63	0,15	0,082	4
33	1. 6. 27	2,83	1,82	0,67	0,19	0,080	5

tigung, den Kohlenstoffgehalt der Schmelze bei nur 50% Stahleinsatz planmäßig auf durchschnittlich 2,9 bis 3,1% (Tabelle 5) und bei Verwendung von 60 bis 70% Stahlabfällen planmäßig auf 3,1 bis 3,4% zu halten (Tabellen 3 und 4).

Die in Tabelle 3 angegebenen Werte der Gußtage vom 1. März 1927 bis einschließlich zum 1. April 1927 entsprechen der Zusammensetzung der jeweils täglich aufeinanderfolgenden Pfanneninhalte von je einer Tonne, bzw. der Zusammensetzung des jeweiligen Abstichbeginns und Abstichendes. Die Kohlenstoffgehalte lassen an Gleichmäßigkeit, sowohl innerhalb der täglichen Proben untereinander, als auch in den Proben der verschiedenen Tage praktisch kaum zu wünschen übrig. Es wurden ohne Fortlassung eines Gießtages oder einer Tagesprobe fünf aufeinanderfolgende Gießtage gewählt.

Tabelle 3. Zusammensetzung von Schmelzen mit 60% Stahlzusatz mit im Mittel rd. 3,3% C.

Nr.	Gußtag	C %	Si %	Mn %	P %	S %	Probe-entnahme	Reihen-folge der Pfannen
1	1. 3. 27	3,15	1,63	0,72	0,22	0,096	Abstichbeginn	1
2	1 3. 27	3,13	1,63	0,75	0,66	0,104	Abstichende	1
3	1. 3. 27	3,31	1,63	0,72	0,27	0,120	Abstichbeginn	2
4	1. 3. 27	3,28	1,66	0,69	0,33	0,102	Abstichende	2
5	1. 3. 27	3,36	1,60	0,67	0,37	0,110	Pfanne	3
6	18. 3. 27	2,98	1,57	0,85	0,33	0,114	Pfanne	1
7	18. 3. 27	3,33	1,41	0,84	0,31	0,124	Abstichbeginn	2
8	18. 3. 27	2,99	1,29	0,88	0,29	0,116	Abstichende	2
9	18. 3. 27	3,00	1,31	0,74	0,25	0,108	Pfanne	3
10	28. 3. 27	3,23	1,83	0,92	0,22	0,116	Abstichbeginn	1
11	28. 3. 27	3,25	2,18	1,04	0,19	0,116	Pfanne	1
12	28. 3. 27	3,66	1,92	0,94	0,27	0,108	Abstichende	1
13	28. 3. 27	3,42	1,90	0,87	0,20	0,122	Abstichbeginn	2
14	28. 3. 27	3,22	1,97	0,87	0,23	0,114	Pfanne	2
15	28. 3. 27	3,29	1,85	0,87	0,19	0,120	Abstichende	2
16	30. 3. 27	3,37	1,69	0,71	0,21	0,118	Abstichbeginn	1
17	30. 3. 27	3,36	1,85	0,73	0,30	0,108	Pfanne	1
18	30. 3. 27	3,32	1,78	0,78	0,25	0,106	Abstichende	1
19	30. 3. 27	3,36	1,71	0,71	0,44	0,096	Abstichbeginn	2
20	30. 3. 27	3,38	1,71	0,65	0,46	0,106	Pfanne	2
21	30. 3. 27	3,34	1,78	0,63	0,41	0,102	Abstichende	2
22	1. 4. 27	3,29	1,38	1,00	0,21	0,126	Abstichbeginn	1
23	1. 4. 27	3,31	1,90	1,05	0,20	0,102	Pfanne	1
24	1. 4. 27	3,28	1,85	1,02	0,19	0,114	Abstichende	1
25	1. 4. 27	3,33	1,99	0,97	0,27	0,116	Abstichbeginn	2
26	1. 4. 27	3,26	2,32	1,09	0,27	0,092	Pfanne	2
27	1. 4. 27	3,25	2,11	1,06	0,24	0,118	Abstichende	2
28	1. 4. 27	3,00	2,37	1,18	0,24	0,098	Abstichbeginn	3
29	1. 4. 27	3,28	—	0,86	0,27	0,092	Pfanne	3
30	1. 4. 27	3,24	2,04	1,03	0,24	0,096	Abstichende	3

Die Werte der Gießtage vom 26. Oktober 1927 bis zum 12. November 1927 einschließlich (gemäß Tabelle 4) entsprechen der Zusammensetzung der täglich aufeinanderfolgenden Pfanneninhalte von ebenfalls einer Tonne. Auch hier zeigt sich die Gleichmäßigkeit der Kohlenstoffgehalte, sowohl innerhalb der täglichen Pfanneninhalte, als auch innerhalb der Proben der verschiedenen Tage. Hier wurden ebenfalls ohne Ausschaltung eines Gießtages oder einer Tagesprobe zehn aufeinanderfolgende Gießtage gewählt.

Bei einem Vergleich der Tabelle 3 und 4 einerseits mit Tabelle 5 anderseits bemerkt man, daß die Schmelzen der beiden ersteren durchschnittlich höhere Schwefelgehalte aufweisen als die letztere. Es ist wahrscheinlich, daß die Schwefelanreicherung zum großen Teil in der Verarbeitung der besonders reichlichen Mengen an Stahl- und Schmiedeeisenabfällen, in Höhe von 60, 65 und 70% begründet liegt. Daß hierbei aber auch in besonderem Maße die Schwefelmenge des Kokses mitgewirkt haben muß, geht daraus hervor, daß trotz der niedrigeren

Tabelle 4. Zusammensetzung von Schmelzen mit 65 bis 70% Stahlzusatz
mit im Mittel rd. 3,2% C.

Nr.	Gußtag	C %	Si %	Mn %	P %	S %	Reihenfolge der Pfannen	Stahlzusatz %
1	26. 10. 27	3,32	1,45	0,58	0,27	0,130	1	
2	26. 10. 27	3,15	1,45	0,60	0,27	0,130	2	
3	26. 10. 27	3,37	1,40	0,61	0,21	0,108	3	
4	28. 10. 27	3,18	1,47	0,62	0,23	0,136	1	
5	28. 10. 27	3,19	1,24	0,60	0,30	0,148	2	
6	28. 10. 27	3,28	1,35	0,60	0,18	0,132	3	
7	31. 10. 27	3,31	1,86	0,73	0,32	0,130	1	65
8	31. 10. 27	3,23	1,56	0,67	0,23	0,120	2	
9	2. 11. 27	3,12	1,41	1,00	0,23	0,112	1	
10	2. 11. 27	3,10	1,24	0,90	0,17	0,122	2	
11	2. 11. 27	3,45	1,47	0,86	0,17	0,110	3	
12	4. 11. 27	3,17	1,63	0,81	0,31	0,136	1	
13	4. 11. 27	3,04	1,52	0,98	0,22	0,142	2	
14	7. 11. 27	3,16	1,47	0,68	0,42	0,090	1	
15	7. 11. 27	3,09	1,47	0,74	0,32	0,108	2	
16	7. 11. 27	3,15	1,24	0,80	0,22	0,122	3	
17	8. 11. 27	3,34	1,35	0,73	0,31	0,114	1	
18	8. 11. 27	3,29	1,42	0,95	0,22	0,112	2	
19	8. 11. 27	3,26	1,17	0,79	0,18	0,112	3	
20	10. 11. 27	3,25	1,42	0,90	0,22	0,146	1	
21	10. 11. 27	3,00	1,38	0,88	0,21	0,148	2	
22	10. 11. 27	3,05	1,31	0,82	0,19	0,138	3	70
23	10. 11. 27	3,01	1,31	0,80	0,19	0,130	4	
24	10. 11. 27	3,10	1,31	0,80	0,18	0,112	5	
25	11. 11. 27	3,11	1,47	0,68	0,39	0,136	1	
26	11. 11. 27	3,20	1,24	0,64	0,33	0,148	2	
27	11. 11. 27	3,25	1,33	0,69	0,39	0,144	3	
28	11. 11. 27	3,40	1,38	0,74	0,43	0,086	4	
29	12. 11. 27	3,17	1,29	0,64	0,32	0,156	1	
30	12. 11. 27	3,25	1,33	0,64	0,32	0,136	2	

Kohlenstoffgehalte die Schwefelwerte der Tabelle 2 noch beträchtlich
unter denjenigen der Tabelle 5 liegen, obwohl die Schmelzen beider
Tabellen mit 50% Stahl versetzt waren und in ein und demselben Ofen
durchgeführt wurden. Die in Tabelle 2 angeführten Werte sind übrigens
nicht nur relativ, sondern auch absolut genommen außerordentlich niedrig.
Immerhin ist aber erfahrungsgemäß kaum daran zu zweifeln, daß im
allgemeinen die Schwefelanreicherung mit dem Aufgeben besonders
hoher Stahlsätze wächst.

Außer Betriebsweise und Bauart des Kupolofens gibt es noch einen
anderen Weg zur Beeinflussung des Gesamtkohlenstoffgehaltes, und zwar
einen solchen rein metallurgischer Art. Es besteht nämlich bekanntlich
eine Abhängigkeit des Kohlenstoffaufnahmevermögens des Eisens von
der Menge des anwesenden Siliziums, und es liegt die Vermutung nahe,
daß diese sich bei einem so reichlich bemessenen kohlenstoffarmen Einsatz praktisch ganz besonders wirksam ausnutzen lassen müsse. Es wur-

Tabelle 5. Schmelzen mit 50% Stahlzusatz von 6 aufeinander folgenden Gießtagen mit je 3 bis 7 Abstichen zu je 1 t ohne Ausschaltung eines Gußtages oder eines Abstiches[1].

C-Gehalt im Mittel rd. 3%.

Nr.	Gußtag	Zusammensetzung					Höchste Biegefestigkeit kg/mm²	Zugehörige Durchbiegung mm	Zugfestigkeit imStück kg/mm²	Brinellhärte im Mittel bei	
		C %	Si %	Mn %	P %	S %				14 mm	35 mm
										Wandstärke	
1	21. 11. 27	3,02	2,26	—	0,25	0,098	50,3	12,4	—	—	—
2	21. 11. 27	2,93	1,86	1,09	0,21	0,108	54,5	12,0	30,9	—	—
3	21. 11. 27	2,93	1,78	—	0,20	0,088	55,6	12,0	30,0	—	—
4	21. 11. 27	2,85	2,10	1,33	0,24	0,100	—	—	—	—	—
5	21. 11. 27	3,24	1,96	1,00	0,20	0,076	—	—	—	—	—
6	22. 11. 27	3,07	1,85	1,09	0,27	0,110	48,5	11,2	—	—	—
7	22. 11. 27	3,20	1,91	1,03	0,16	0,094	48,0	12,6	29,6	—	—
8	22. 11. 27	3,17	2,03	1,09	0,21	0,092	44,7	12,0	—	—	—
9	22. 11. 27	3,17	1,33	0,88	0,20	0,102	—	—	—	—	—
10	23. 11. 27	3,14	1,56	1,07	0,20	0,112	53,2	14,2	27,9	192	188
11	23. 11. 27	3,09	2,17	1,03	0,21	0,120	47,8	12,2	25,7	(Mitte und Rand von Probestab 30 mm Ø)	
12	23. 11. 27	3,02	1,89	0,94	0,19	0,114	—	—	—	—	—
13	23. 11. 27	2,95	1,56	0,83	0,20	0,108	55,4	13,2	—	—	—
14	23. 11. 27	3,10	1,80	0,97	0,18	0,104	—	—	—	—	—
15	23. 11. 27	3,06	1,84	0,89	0,31	0,106	—	—	—	—	—
16	24. 11. 27	3,17	1,84	1,03	0,29	0,128	—	—	—	—	—
17	24. 11. 27	2,99	1,89	0,87	0,26	0,148	49,6	10,6	26,7	—	—
18	24. 11. 27	2,99	1,98	1,03	0,27	0,136	—	—	—	—	—
19	24. 11. 27	2,96	1,84	0,99	0,31	0,128	52,1	11,4	31,2	—	—
20	25. 11. 27	3,01	1,52	1,21	0,27	0,104	—	—	—	—	—
21	25. 11. 27	3,05	1,84	1,26	0,25	0,090	52,2	12,2	29,5	—	—
22	25. 11. 27	3,03	1,61	1,00	0,21	0,094	59,7	13,4	29,7	—	—
23	25. 11. 27	2,97	1,73	0,95	0,21	0,112	53,6	10,4	34,2	185	177
24	25. 11. 27	2,88	2,03	1,26	0,19	0,108	—	—	—	—	—
25	25. 11. 27	2,87	1,45	0,95	0,22	0,108	—	—	—	—	—
26	25. 11. 27	2,92	1,43	0,81	0,24	0,126	—	—	—	—	—
27	28. 11. 27	2,94	2,24	1,13	0,24	0,104	—	—	—	—	—
28	28. 11. 27	2,86	2,15	1,12	0,24	0,118	53,3	11,6	29,7	—	—
29	28. 11. 27	2,97	1,52	0,99	0,19	0,108	55,7	12,6	30,3	—	—
30	28. 11. 27	2,96	2,10	1,15	0,25	0,104	53,1	12,2	30,0	189	177
31	28. 11. 27	2,88	1,63	0,91	0,23	0,108	—	—	—	—	—
32	28. 11. 27	2,87	2,00	0,70	0,26	0,110	—	—	—	—	—

den daher Versuchsschmelzen durchgeführt, welche dann auch eine unverkennbare Gesetzmäßigkeit hierin ergaben.

So läßt sich z. B. in einem bestimmten Ofen mit Vorherd bei 60% Stahleinsatz und bei Gegenwart von etwa 1% Si nur selten unter 3% C in der Schmelze erzielen, wohingegen in dem gleichen Ofen, unter auch sonst gleichen Bedingungen, bei nur 50% Stahleinsatz und bei Gegenwart von etwa 1,8% Si und mehr, ein Kohlenstoffgehalt von unter 3% gewährleistet werden kann (Tabelle 6). Im vorherdlosen Ofen scheint

---

[1] In der Originalarbeit (Gieß. 1929, S. 608) sind die Ergebnisse von 25 aufeinanderfolgenden Gießtagen angegeben.

diese Gesetzmäßigkeit der Abhängigkeit des Kohlungsgrades vom Siliziumgehalt sich nicht im gleichen Maße auszuwirken; jedoch sind praktische Versuche hierin noch nicht abgeschlossen. Für den Betrieb des Vorherdofens läßt sich diese Abhängigkeit in einer aus praktischen

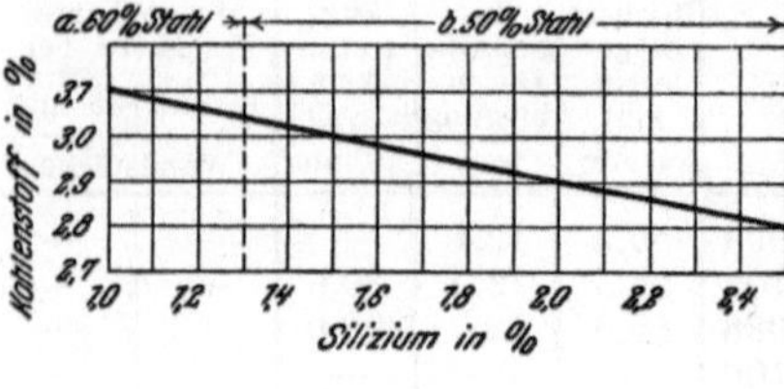

Abb. 73.

Durchschnittszahlen sich ergebenden Kurve darstellen (Abb. 73). Vermutlich beeinflußt, ebenfalls nach metallurgischer Regel, jedoch in entgegengesetztem Sinne, auch die Menge des anwesenden Mangans, wenn auch in beschränkterem Maße, die Kohlung der mit großen Stahlsätzen versetzten Schmelze. Der durchschnittliche Gehalt an Mangan und Kohlenstoff der in Tabelle 2 vermerkten Werte beträgt nämlich 0,7 bzw. 2,85%, gegenüber 1 und 3% der Werte der Tabelle 5 bzw. Abb. 74. Sämtliche Schmelzen dieser beiden Tabellen wurden in ein und demselben Ofen und unter auch sonst gleichen Bedingungen durchgeführt. Da nach praktischen Erfahrungen, wie bereits oben erwähnt, auch die Beschaffenheit des Schmelzkokses den Kohlungsgrad in beachtenswertem Maße beeinflußt, und die Koksgüte nicht immer die gleiche war, so ist es allerdings nicht ausgeschlossen, daß diese zur Gestaltung des Mengenverhältnisses von Kohlenstoff zu Mangan mit beigetragen hat. Bezüglich des Siliziumgehaltes schaltet dieser Vorbehalt aus. Wenn nun eingangs einerseits auf die für die erfolgreiche Verarbeitung der wesentlich unter 3% gekohlten Schmelze notwendigen Erfahrungsmaßnahmen hingewiesen wurde, und wenn anderseits nachgewiesen

Tabelle 6. Durchschnittsanalysen einer in ein und demselben Vorherdofen unter gleichen Bedingungen erschmolzenen Gattierungen.

a) Mit niedrigem Si-Gehalt und mit 60% Stahlzusatz.
b) Mit höherem Si-Gehalt und mit 50% Stahlzusatz.

Nr.	C %	Si %	Mn %	P %	S %
a) = 60% Stahlzusatz.					
1	3,11	1,26	0,98	0,22	0,098
2	3,15	1,26	0,95	0,20	0,092
3	2,96	0,91	0,65	0,26	0,092
4	3,14	1,00	0,65	0,29	0,104
5	3,13	1,24	0,64	0,23	0,080
6	3,01	1,02	0,82	0,20	0,104
7	2,99	1,33	0,91	0,28	0,082
b) = 50% Stahlzusatz.					
8	2,91	2,26	0,73	0,16	0,108
9	2,78	2,57	1,03	0,18	0,104
10	2,89	2,57	0,68	—	0,102
11	2,78	2,57	1,17	0,18	0,090
12	2,84	2,19	1,06	0,19	0,096
13	2,80	2,50	1,14	0,17	0,068
14	2,88	1,94	0,79	0,22	0,086

werden kann, daß auch Kohlenstoffgehalte von etwa 3 bis 3,5% bei günstiger Verarbeitungsmöglichkeit sehr hohe Festigkeitsmöglichkeiten ergeben können (Tabelle 1), so ergeben sich folgende, die Praxis interessierenden Fragen, die wie anschließend beantwortet werden können:

1. Innerhalb welcher Grenzen liegt der für die form- und gießtechnische sowie mechanische Verarbeitbarkeit des nach dem vorliegennde Verfahren erzeugten Sondereisens vorteilhafteste Kohlenstoffgehalt?

Dieser Kohlenstoffgehalt liegt bei auch sonst entsprechender Zusammensetzung bei rd. 3 und bei über 3%.

2. Welcher Kohlenstoffgehalt innerhalb dieser Grenzen ist der für die Erzielung höchster Durchschnitts- und Spitzenfestigkeitswerte günstigste?

Ein Kohlenstoffgehalt von rd. 3%.

3. Mit welcher Treffsicherheit wird dieser günstigste Kohlenstoffgehalt erreicht?

Tabelle 5 bzw. die hierzu gehörige Streubild-Abb. 74 ergeben ein kennzeichnendes Maß der Treffsicherheit dieses Kohlenstoffgehalts, die derjenigen eines gewöhnlichen Kupolofeneisens kaum nachstehen dürfte. Das Mittel der darin angeführten Werte beträgt 2,95%.

Während aus Tabelle 5 bzw. Abb. 74 die Gleichmäßigkeit der Kohlenstoffgehalte in den

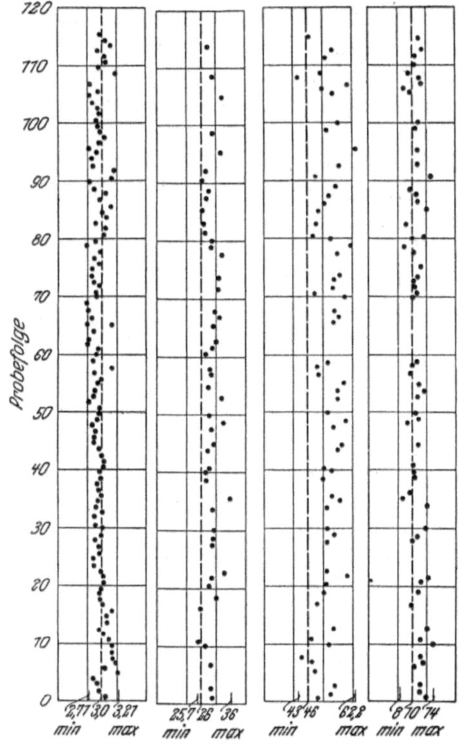

Abb. 74. Streubild, enthaltend die Aufzeichnungen von 116 aufeinanderfolgenden Schmelzen mit 50% Stahl. (Tabelle 5 enthält nur die ersten 32 Schmelzen.)

Im Mittel: 29,8 kg/mm² 53,5 kg/mm² 11,1 mm
2,95% Zug- Biege- Durch-
C-Gehalt festigkeit festigkeit biegung
im Stück ——————————
vom Normalstab

zahlreichen lückenlos aufeinanderfolgenden Tagen erzeugten Schmelzen hervorgeht, zeigt Abb. 75, daß der Kohlenstoffgehalt ebenso gleichmäßig innerhalb z. B. 34 Abstichen einer 7½stündigen Tagesschmelze von 30 t erzielt werden kann. Abgesehen von den beiden ersten nach der Schmelzpause erfolgten Abstichen schwankte der Kohlenstoffgehalt hier nur zwischen 2,9 und 3,08%.

4. Welche Durchschnitts- und Spitzenfestigkeitswerte ergibt dieser Kohlenstoffgehalt?

Ein Kohlenstoffgehalt von rd. 3% ergibt, gemäß Tabelle 5 bzw. Abb. 74, Durchschnittswerte von 29,8 kg/mm² Zugfestigkeit im Stück, sowie 5,5 kg/mm² Biegefestigkeit und 11,1 mm Durchbiegung. Erstere

bezieht sich auf aus dem Gußstück selbst geschnittene Stäbe von 10 mm
Durchmesser und 110 mm Länge, und letztere auf unbearbeitete, einzeln
und aufrecht gegossene Probestäbe von 30 mm Durchmesser und 600 mm
Auflageentfernung. Um mit dem Herausschneiden der Zerreißstäbe
aus dem Gußstück dieses nicht opfern zu müssen, bzw. um den Probestäben eine mittlere Wandstärke der betreffenden Gußstücke zugrunde
zu legen, erhielten diese flanschenartige Ansätze von 15 × 18 mm Querschnitt, aus denen die Stäbe herausgedreht wurden.

Die Spitzenfestigkeitswerte belaufen sich gemäß Tabelle 5 auf
36 kg/mm² Zug- und auf 62,2 kg/mm² Biegefestigkeit sowie auf 14,2 mm
Durchbiegung.

5. Mit welcher Treffsicherheit erreicht man diese Durchschnittswerte ?

Tabelle 5 und Abb. 74 gibt hierüber unzweideutigen Aufschluß.

6. Was ergibt ein Vergleich der Eigenschaften des wesentlich unter 3

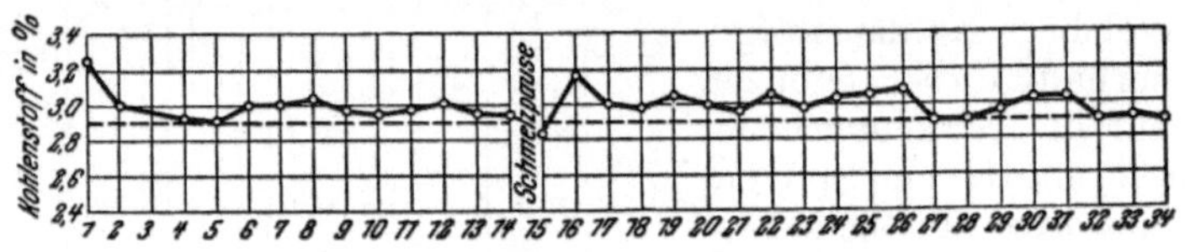

Abb. 75. Kohlenstoffgehalte von 34 Abstichen von je 400 bis 1700 kg einer Tagesschmelze
von 30 t (Schmelzzeit 7½ st), aus welcher wahllos Stücke von 6 bis 20 mm Wandstärke
gegossen wurden.

und des über 3% gekohlten Sondereisens einerseits und derjenigen des
auf rd. 3% gekohlten anderseits ?

Die Gleichmäßigkeit des Kohlenstoffgehalts besonders niedrig-
gekohlter Schmelzen hat man weniger in der Hand als diejenige der
auf rd. 3% gekohlten. Da bei ersteren etwaige Schwankungen sich zu-
weilen stark nach unten auswirken, so sind hinsichtlich der Form- und
Gießtechnik besondere Vorsichtmaßnahmen zu treffen, welche die auf
rd. 3% gekohlte Schmelze bei weitem nicht in dem Maße erfordert. Die
Durchschnittsfestigkeitwerte der besonders niedriggekohlten Schmelzen liegen kaum höher, und die Spitzenwerte höher als diejenigen des
auf rd. 3% gekohlten Sondereisens. Die Spitzenwerte belaufen sich gemäß den in „Stahl und Eisen", Heft 35 des Jahrgangs 1925 vermerkten
Zahlen auf 41,6 kg/mm² Zug- und auf 68 kg/mm² Biegefestigkeit. Diese
Spitzen werden allerdings auf Kosten der Durchbiegung erreicht und
dürften daher für die Praxis kaum dauernden Wert haben. Die Gefüge-
dichte auch dieses Werkstoffes ist bei größerer Bearbeitungshärte
vorzüglich. Die Eigenschaft, sowohl in dünnen als auch in dicken
Wandstärken die gleiche Dichte zu zeigen, sowie an Stellen schroffer
Übergänge keine Lunker zu bilden, kennzeichnet den Werkstoff
mit wesentlich unter 3% C wie denjenigen mit rd. 3% C in
gleichem Maße.

Was den Vergleich des auf über 3% gekohlten Sondereisens mit dem
auf rd. 3% gekohlten anbetrifft, so wird man auch hier dem letzteren
in den weitaus meisten Fällen den Vorzug geben müssen. Jenes kann in

Frage kommen, wenn weniger Wert auf die Treffsicherheit hoher Festigkeiteigenschaften gelegt wird, als auf einen besonders weichen und zähen Werkstoff, dessen Durchbiegung sich bis über 15 mm steigern kann, und dessen Dichte ebenfalls eine ganz vorzügliche ist. Die Schwankungen in den Kohlenstoffgehalten der über 3% gekohlten Schmelzen halten sich ähnlich wie diejenigen der auf rd. 3% C eingestellten in engeren Grenzen. Etwaige Schwankungen des Kohlenstoffgehalts nach unten können sich nur günstig für die Festigkeitseigenschaften und solche nach oben vorteilhaft für die Bearbeitung auswirken. Die Spitzenfestigkeitwerte sind nach den vorliegenden Unterlagen etwa 32 kg/mm² Zug- und allerdings noch etwa 60 kg/mm² Biegefestigkeit. Obwohl eine größere Anzahl Werte von Schmelzen mit mehr als 3% C vorliegt, so dürften sie zur eindeutigen Kennzeichnung auch dieses Werkstoffs noch nicht genügen; denn die vorliegenden Werte sind in bezug auf die Silizium- und Mangangehalte nicht einheitlich genug.

Wenn aus vorstehendem bereits die Vorzüge des auf rd. 3% C eingestellten Sondereisens hervorgehen, so ist dazu noch folgendes zu erläutern:

Hinsichtlich der Härte dieses Werkstoffs geben z. B. die Brinellzahlen, welche sich auf drei Abgüsse des in Abb. 76 wiedergegebenen, in nasse Form vergossenen Krümmers beziehen, ein interessantes Bild. Demnach läßt sich dieser Werkstoff unter normaler Schnittgeschwindigkeit bearbeiten. Verglichen mit den sehr hohen Festigkeitzahlen erscheinen diese Brinellhärten außerordentlich niedrig und halten sich sowohl bei den verschiedenen Festigkeiten als auch bei den verschiedenen Wandstärken in fast gleicher Höhe. Im Maschinenbau dürfte dieses

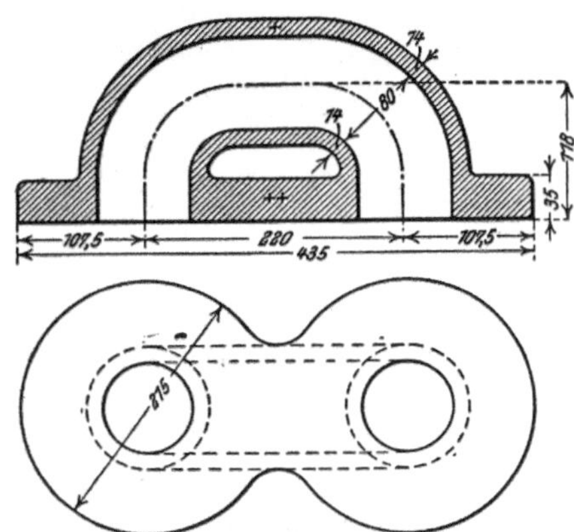

Abb. 76. Krümmer (Naßguß) für Ekonomiser.
Wandstärke = 14 bzw. 35 mm; l. W. = 80 mm.

	1. Abguß	2. Abguß	3. Abguß
C =	2,96 %	2,97 %	2,98 %
Si =	2,10 %	1,73 %	1,33 %
Mn =	1,15 %	0,95 %	0,91 %
P =	0,25 %	0,21 %	0,25 %
S =	0,104%	0,112%	0,104%
Zugfestigkeit in kg je mm² im Stück . .	30,0	34,2	36,0
Biegefestigkeit in kg je mm²	53,1	53,5	55,0
Durchbiegung in mm	12,2	10,4	9,8
Brinellhärte im Rohr	189	185	183
Brinellhärte im Flansch	177	177	178

Verhältnis das weitaus am häufigsten erwünschte sein.

Je nach den Gehalten an Kohlenstoff und Silizium kann die Härte auch über 200 steigen, und auch dann ist dieses Eisen noch gut bearbeitbar.

Als Beispiel dafür, wie wenig das auf rd. 3% gekohlte Sondereisen an schroffen Querschnittübergängen zum Lunkern neigt, bildet das in Abb. 77 dargestellte Gußstück, welches bei einer Wandstärke von 22 mm im zylindrischen Teil, seitliche Nocken von 100 mm hat. Das Stück wurde aufrecht und ohne Steiger etwa an den Nocken gegossen. Beim

Sprengen sollten die Bruchflächen an den kritischen Stellen erhalten
bleiben; doch die Zähigkeit des Gusses war derart, daß die am Rande
der Nocken und durch den zylindrischen Teil gebohrten Sprenglöcher

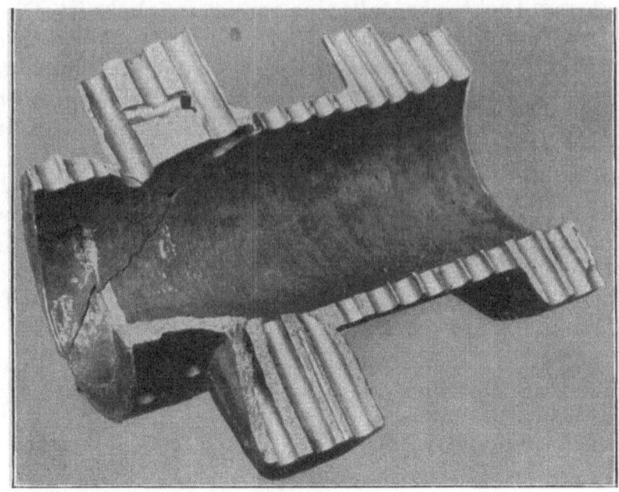

Abb. 77.

nicht genügten, um das Stück zu teilen. Deshalb mußte ein Loch neben
dem andern gebohrt werden, wobei die Bruchfläche leider in die Mitte
unterbrochen wurde. Immerhin aber ist die vollkommene Dichte der
kritischen Stellen auch so noch zu erkennen.

14. Aus der Praxis des Emmelgusses.

Bericht der Sächsischen Maschinenfabrik vorm. Rich.
Hartmann Aktiengesellschaft in Chemnitz.

Die Sächsische Maschinenfabrik vorm. Rich. Hartmann Aktiengesellschaft in Chemnitz stellt aus Emmelguß dünnwandige Gußstücke,
vor allem für den Textilmaschinenbau, in großem Maßstabe her. Es handelt sich dabei um Guß, der häufig nicht mehr als 4 bis 6 mm Wandstärke hat, z. B. das Verdeck einer Spinnereimaschine mit bloß 4 mm Wand

Abb. 78. Gew. Grauguß.

Abb. 79. Emmelguß.

stärke. Der größte Teil der Antriebsräder für Textilmaschinen wird
nach Emmel gegossen. Ebenso alle Bügel, Haken und Hebel, die
große Beanspruchung haben.

Aber nicht nur die Klein-Gießerei, sondern auch die Groß-Gießerei hat den Emmelguß aufgenommen und wohlgelungene Versuche gemacht. Das in Abb. 78 wiedergegebene Rohr von 9 mm Wandstärke mit angesetztem Flansch von 50 mm Wandstärke zeigt die Ausführung in gewöhnlichem Grauguß. Lunkerung und ungleichmäßiges Gefüge

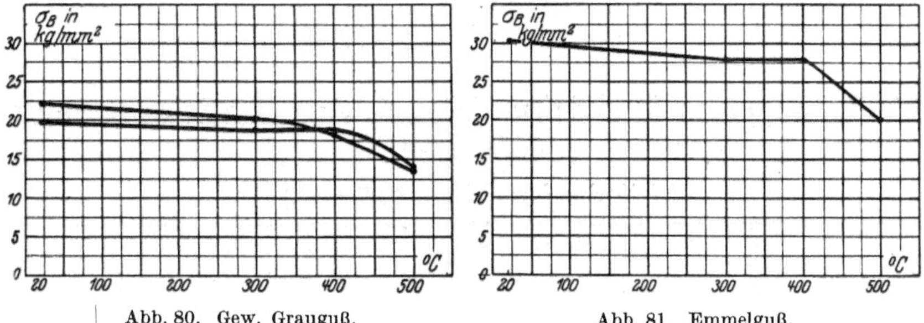

Abb. 80. Gew. Grauguß. Abb. 81. Emmelguß.

treten dabei deutlich hervor, während die Ausführung nach Abb. 79 in Emmelguß das dichte Gefüge dieses Sondergusses zeigt.

Probestäbe von 12 mm Durchmesser wurden in Emmelguß und in gewöhnlichem Grauguß der staatlichen Material-Prüf-Anstalt an der Gewerbe-Akademie Chemnitz zur Prüfung übergeben. Bei verschiedenen Temperaturen wurde die Festigkeit geprüft. Es ergaben sich für Stäbe aus verschiedenen Graugußchargen folgende Werte, vgl. Abb. 80:

Temperatur ^{0} C	Zerreißfestigkeit (kg/mm^2)	
20	a) 19,9	b) 22,2
300	18,8	20,2
400	19,1	18,8
500	14,0	13,5

Für Edelguß ergaben sich als Mittelwerte mehrerer untersuchter Stäbe folgende Werte, vgl. Abb. 81:

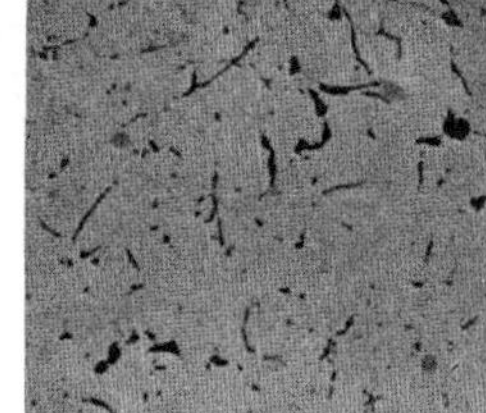

Tem- peratur ^{0} C	Zerreiß- festigkeit (kg/mm^2)
20	30,9
300	27,8
400	28,1
500	20,1

Abb. 82. Gew. Grauguß. Abb. 83. Emmelguß.

Das Gefüge bei hundertfacher Vergrößerung, ungeätzt, zeigen Abb. 82 für Grauguß und Abb. 83 für Emmelguß.

Die Analyse war

bei Grauguß	bei Emmelguß
3,45 % C	2,76 % C
2,41 % Si	2,42 % Si
1,08 % Mn	0,84 % Mn
0,60 % P	0,58 % P
0,072 % S	0,080 % S

15. Auszug aus dem Schmelzbuch der Maschinenfabrik Eßlingen.

(Heißschmelzverfahren Eßlingen[1].)

Gußtag	Stab Nr.	Chemische Analyse					Physikalische Werte			Härte	Bemerkung
		C %	Si %	Mn %	P %	S %	Zerreiß-festigkeit kg/mm²	Biege-festigkeit kg/mm²	Durch-biegung mm		
2. 4. 28	223	3,29	1,64	0,96	0,24	0,129	29,9	50,8	10,0	219	
5. 4. 28	231	3,27	1,45	1,06	0,23	0,093	32,5	53,1	13,0	223	
10. 4. 28	235	3,34	1,60	1,06	0,26	0,137	29,6	52,5	12,5	219	
12. 4. 28	241	3,27	1,36	0,92	0,24	0,113	29,9	50,4	12,5	226	
13. 4. 28	244	3,31	1,27	0,89	0,24	0,105	29,6	53,7	12,5	226	
16. 4. 28	248	3,34	1,33	0,86	0,29	0,109	32,5	56,7	11,0	237	
19. 4. 28	255	3,30	1,51	1,06	0,29	0,117	26,7	48,9	11,0	219	
21. 4. 28	261	3,33	1,68	0,96	0,29	0,125	28,7	55,2	13,0	219	
23. 4. 28	263	3,28	1,31	0,83	0,24	0,149	29,3	49,5	13,5	223	
24. 4. 28	266	3,16	1,48	0,96	0,24	0,101	31,2	55,3	12,0	223	
26. 4. 28	272	3,27	1,50	0,96	0,26	0,121	31,2	45,9	12,0	230	
27. 4. 28	276	3,30	1,39	0,92	0,21	0,125	31,5	53,2	12,5	226	
28. 4. 28	278	3,30	1,30	1,02	0,21	0,105	—	50,8	11,0	241	Spritzk.
2. 5. 28	282	3,35	1,28	0,89	0,24	0,145	—	49,1	10,5	223	„
4. 5. 28	288	3,31	1,32	1,16	0,23	0,153	31,2	56,7	13,5	234	
5. 5. 28	289	3,27	1,35	1,02	0,23	0,105	30,6	50,75	11,0	226	
6. 5. 28	291	3,31	1,44	0,99	0,24	0,117	29,3	51,1	10,0	225	
8. 5. 28	295	3,34	1,39	0,89	0,24	0,101	27,4	52,3	11,5	226	
9. 5. 28	298	3,33	1,41	1,06	0,20	0,109	28,0	53,1	12,5	214	
10. 5. 28	300	3,31	1,41	1,05	0,20	0,109	29,6	52,8	13,0	220	
11. 5. 28	304	3,30	1,36	1,06	0,21	0,117	29,6	48,0	11,5	206	
14. 5. 28	308	3,03	1,51	0,99	0,32	0,109	30,6	47,1	12,0	215	
16. 5. 28	314	3,27	1,50	0,99	0,28	0,129	26,1	48,7	11,0	219	
19. 5. 28	320	3,27	1,43	1,12	0,20	0,129	28,7	51,2	11,0	219	
21. 5. 28	322	3,34	1,59	0,96	0,29	0,111	28,3	50,3	11,0	219	
23. 5. 28	328	3,26	1,26	0,92	0,18	0,149	29,3	50,9	12,0	223	
24. 5. 28	331	3,34	1,12	0,76	0,18	0,141	35,4	51,1	13,5	237	
26. 5. 28	337	3,34	1,36	0,99	0,18	0,157	29,3	51,1	12,0	223	
29. 5. 28	339	3,24	1,61	0,96	0,23	0,089	29,9	52,8	13,0	219	
30. 5. 28	343	3,29	1,33	0,99	0,18	0,113	26,7	54,3	12,5	215	

[1] Vgl. die im Anhang unter 5), 6) u. 7) angeführten Patente.

Dritte Reihe.

1. Die Abnutzung des Gußeisens bei gleitender Reibung[1].

Von Dr.-Ing. Otto Heinz Lehmann, Berlin.

Von den früheren Untersuchungen[2] über den Gegenstand hat sich keine bisher näher mit den Fragen befaßt:

„Wie verschleißt Gußeisen?"

und

„Ist es möglich, die Abnutzung mit brauchbaren Werten der mechanischen, chemischen und metallographischen Eigenschaften in Zusammenhang zu bringen?"

Hier können nur systematische Versuche zum Erfolg führen.

Angeregt durch Untersuchungen an vorzeitig abgenutzten Bremsklötzen, Kolbenschieberbuchsen und Zylindergehäusen, hat Verfasser die nachstehenden Versuche durchgeführt. Es soll darin ermittelt werden, wie die verschiedenen Arten des Gußeisens, hartes, mittelhartes und weiches, sich in der Abnutzungsprüfung verhalten, ob es in der Härte des Gußeisens eine Grenze gibt, die den Einbau von Gußstücken aus derartigen Gattierungen in hochbeanspruchten Stellen verwirft. Weiter soll erforscht werden, wie sich Gußeisen zum Gußeisen in der Abnutzung

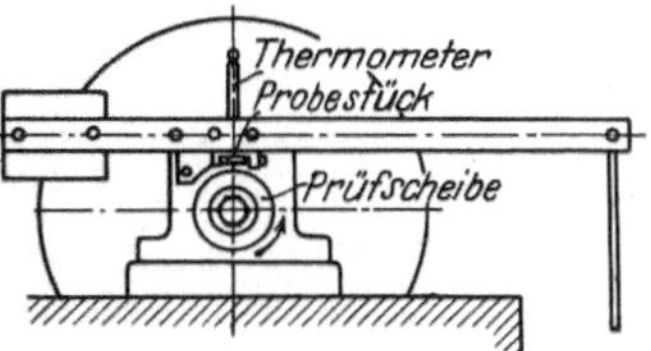

Abb. 84. Prüfmaschine (schematisch).

verhält; ob beide Teile hart sein sollen, oder ob der eine Teil, der vielleicht leichter ersetzbar ist, etwas weicher sein soll, damit er die Abnutzung auf sich nimmt. Es ist also unter den verschiedenen Bedingungen zu untersuchen,

wie ein Gußeisen beschaffen sein muß, um der jeweiligen Abnutzung standzuhalten,

und welche Eigenschaften in unmittelbarer Beziehung zur Abnutzungsfestigkeit stehen.

Versuchseinrichtung. Es ist zunächst erforderlich, auf die gesamte Versuchsanordnung einzugehen und eine Beschreibung der verwendeten Prüfungsmaschinen zu geben.

Ich habe zu meinen Untersuchungen eine kleine Abnutzungsmaschine verwendet, die in Abb. 84 schematisch und in Abb. 85 im Lichtbild wiedergegeben ist. Sie lehnt sich in den Grundzügen der Prüfmaschine für Lagermetalle nach Professor v. Hanffstengel an und besitzt

---

[1] Gekürzte Wiedergabe aus Gieß.-Zg. 1926, S. 597, 623 und 654.
[2] Im Original ausführlich besprochen.

eine rotierende Scheibe, die ausgewechselt werden kann. Gegen diese
Scheibe wird durch Hebelübertragung das zu untersuchende Probeklötzchen gedrückt. Aus den Voruntersuchungen ergab sich, daß für
Abnutzungsversuche die erste Bedingung die ist, daß die Prüfmaschine
einwandfrei fest steht, daß somit Eigenschwingungen fast ganz ausgeschaltet sind. Deshalb wurde die bestmögliche Fundierung für die
Maschine gesucht und der Unterbau, der auf den Abbildungen frei ist,
durch Eisenmassen beschwert[1]. Die Maschine arbeitete nach dieser
Maßnahme ruhig und ohne jede Erschütterung so, daß die Untersuchungen dadurch nicht mehr beeinträchtigt wurden. Die Prüfscheibe

Abb. 85. Prüfmaschine. Teilansicht. ¦Probenbefestigung.

hatte einen Durchmesser von $D = 110$ mm und eine Breite von
$b = 30$ mm. Die Probe selbst lag fest in dem drehbaren Hebel, während
die Scheibe sich mit einer Umdrehungszahl von $n = 400$ min bewegte.
Die Geschwindigkeit an der Berührungsfläche betrug somit

$$V = \frac{D \cdot \pi \cdot n}{66} = \frac{0{,}11 \cdot 3{,}14 \cdot 400}{60} = 2{,}3 \text{ m/sec.}$$

An der Einspannstelle der Probe am Hebel war dieser mit einer
Öffnung versehen, die sich mit einer gleichen Bohrung im Probeklötzchen
deckte. Sie diente zur Aufnahme eines Thermometers, um die durch
die Reibung entstehende Temperaturerhöhung zu messen.

Zur Untersuchung der Härte der Prüfscheiben und Probeklötzchen
stand mir eine Original-Brinell-Presse der Aktiebolaget Alpha zur Verfügung. Sämtliche Kugeldruckversuche wurden mit der 10-mm-Kugel
bei 1000 kg Belastung vorgenommen. Die angegebenen Werte sind
Mittelwerte aus je vier Eindrücken. Es entfallen davon zwei Eindrücke

---

[1] Die Entfernung der Gewichte erfolgte, um eine übersichtlichere photogra-
phische Aufnahme der Maschine zu ermöglichen.

auf die für die Lauffläche bestimmte Seite, zwei andere auf eine der beiden Längsseiten. Es blieb so für eine eventuelle Nachprüfung der Brinell-Härte, hauptsächlich aber für die metallographische Untersuchung, eine Längsseite der Probe frei.

Die mikroskopischen Untersuchungen wurden mit dem bekannten Martens-Apparat ausgeführt. Ich habe alle Proben der Betrachtung bei verschiedener Vergrößerung unterzogen, mich jedoch bei der mikrophotographischen Wiedergabe der Probebilder auf eine Probenreihe beschränkt, da sich wesentliche Unterschiede nicht ergaben. Die Vergrößerung beträgt $V = 100$.

Geätzt wurde mit 4proz. alkoholischer Pikrinsäure.

Die Messungen der Gewichtsveränderungen der Probeklötzchen erfolgte auf einer analytischen Wage.

Versuchsmaterial. Das Versuchsmaterial wurde in der Hauptsache Bremsklötzen entnommen. Ich ging dabei von dem Gedanken aus, daß gerade dieses Material außerordentlichem Verschleiß unterworfen ist, wohingegen man bei fast allen anderen Maschinenteilen mehr oder minder bestrebt ist, den Verschleiß durch Schmierung zu verringern. Ich habe trotzdem nicht versäumt, anderes Material, welches Zylinder- und Kolbenschieberbuchsen entnommen war, der Prüfung zu unterziehen.

Das Bremsklotzmaterial wurde an der Bremsfläche in Form von Klötzchen entnommen, deren Abmessungen $30 \cdot 25 \cdot 20$ mm waren. Insgesamt wurden aus sieben Bremsklötzen, nachdem die Gußhaut entfernt war, Proben entnommen.

Als mechanische Voruntersuchung wurde die Kugeldruckprobe nach Brinell angewandt und die Proben nach der Brinell-Härte zusammengestellt.

Es hat sich vor Beginn der Versuche herausgestellt, daß die Probeklötzchen keineswegs die gleiche Brinell-Härte hatten wie der Bremsklotz selbst; ich bin deshalb zu der Sonderprüfung eines jeden Versuchsklötzchens geschritten.

Als Prüfscheibe habe ich für die Vorversuche zunächst nur die Stahlscheibe benutzt, die aus Radreifenstahl bestand. Für die Hauptversuche habe ich zur Prüfung dieselbe Stahlscheibe verwendet. Die Gußeisenscheiben bestanden aus einer weichen Scheibe von 125 Brinell-Einheiten und einer harten von 203 Brinell-Einheiten. Diese Kugeldruckwerte ergaben sich als Mittelwerte aus je acht Eindrücken.

Aus einer kleinen Reihe von Versuchen habe ich zunächst den günstigsten Anpreßdruck ermittelt, d. h. denjenigen Druck, bei welchem ich die bestmögliche Messung der Abnutzung feststellen konnte. Nacheinander habe ich Proben unter 5 kg, 10 kg, 20 kg, 30 kg und 40 kg Belastung laufen lassen. Hierbei kam ich zu den besten Werten bei 20 kg.

Unter Berücksichtigung der anfänglichen Linienberührung, die während der Laufzeit in eine Flächenberührung überging, die jeweils von der Größe der Verschleißfestigkeit abhing, habe ich für die Haupt-

versuche eine andere Form der Proben gewählt. Abb. 86 stellt die
Probe vor dem Versuch, Abb. 87 dieselbe nach dem Versuch dar. Bei
der Benutzung einer älteren Form war je nach der Verschleißfestigkeit
des Materials die Flächenberührung verschieden; in Abhängigkeit
davon änderte sich aber auch der Anpreßdruck je Flächeneinheit,
da ja die Belastung am Ende des Hebelarms die gleiche blieb. Durch die neue Form erreichte ich einen während der ganzen Versuchsdauer immer gleich bleibenden Druck von 20 kg auf 2,5 cm². Auf Grund der Vorversuche habe ich mich auf eine Versuchsdauer von zweimal einer Stunde beschränkt.

Abb. 86. Probestück der Hauptversuche (vor dem Versuch).
1½ × Vergr.

Ebenso habe ich die Messung der Temperatursteigerung sowie die der
Motorbelastung in den Hintergrund gestellt, da beide Werte mir
keine Angaben von Wichtigkeit brachten. Sie sind zweifellos von verschiedenen äußeren Einflüssen stark abhängig und würden die Versuchsergebnisse außerordentlich stören. Ich habe um so größeren Wert
auf saubere Zurichtung der Proben und die Behandlung der Prüfscheibe gelegt. Die Proben wurden an der Lauffläche sauber geschliffen,
die Prüfscheibe wurde vor jedem neuen Versuch ebenfalls geschliffen
bzw. neu überdreht. Probe und Scheibe wurden mit Alkohol entfettet,
damit Schmiermittel vollkommen ausgeschaltet waren[1].

Tabelle 1.

Ver- such Nr.	Brinell- Härte	Gewichts- abnahme in Gramm nach 1 Std.	 2 Std.	Summe	Ver- such Nr.	Brinell- Härte	Gewichts- abnahme in Gramm nach 1 Std.	 2 Std.	Summe
17 C	123	3,55	0,27	3,82	26 C	161	0,27	0,24	0,51
15 C^2	126	29,8	—	29,8	24 C	164	0,28	0,24	0,52
16 C^2	129	36,1	—	36,1	28 C	168	0,54	0,61	1,15
20 C	131	0,65	0,47	1,12	25 C	171	0,21	0,21	0,42
18 C	135	0,34	0,20	0,54	27 C	173	0,44	0,73	1,17
21 C	143	0,43	0,41	0,84	22 C	174	0,27	0,36	0,63
19 C	144	0,50	0,30	0,80	23 C	185	0,21	0,22	0,43

Hauptversuche. a) Das Verhalten von Gußeisen gegenüber
Stahl. Reihe C.

---

[1] Die eingehende Erörterung der Vorversuche ist bei vorliegendem Abdruck
fortgelassen. Anm. d. Herausgebers.
[2] Wegen starken Verschleißes liefen diese Proben nur 1 Stunde.

1. Proben: Bremsklotzguß 123 bis 185 Brinell-Härte.
2. Prüfscheibe: Schienenstahl.
3. Anpreßdruck: 20 kg/2,5 cm².
4. Laufzeit: 2 Stunden.
5. Umdrehungen: $n = 400$ min.

Tabelle 1 enthält die ermittelten Gewichtsverluste der Proben, die nach zunehmender Brinell-Härte eingetragen sind. Abb. 88 gibt das graphische Schaubild. Die Verluste in Gramm sind als Ordinate und die Brinell-Einheiten als Abszisse aufgetragen.

Tabelle und Schaubild zeigen eine stark ausgeprägte Grenze bei der Härte von 130 Brinell-Einheiten. Die Proben, deren Brinell-Härte unterhalb des Wertes 130 liegt, zeigen einen außerordent-

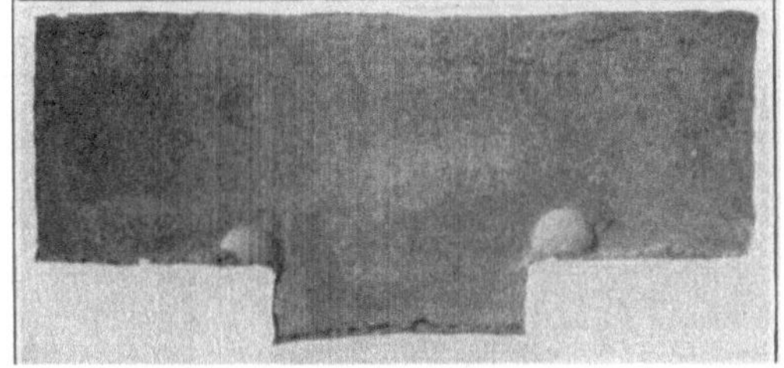

Abb. 87. Probestück der Hauptversuche (nach dem Versuch). 1½ × Vergr.

lich hohen Verschleiß. 15 C und 16 C konnten wegen starker Materialabnahme nur eine Stunde laufen. Bemerkenswert ist, daß bei 17 C anfangs ein starker Verschleiß eintrat, der plötzlich nach etwa 30 Minuten aufhörte. Die Prüfscheibe hatte eine Temperatur von 100 bis 120° C und begann an dem von der Probe bestrichenen Teil schwarz zu werden. Es fand auf der ganzen beanspruchten Fläche eine erhebliche Graphitschmierung durch die freigelegten Graphitblättchen statt. Von dieser Zeit ab nahm der Verschleiß nur gering zu. Von 130 Brinell-Einheiten ab bleibt der Verschleiß in mäßigen Grenzen und schwankt zwischen 0,4 und 0,8 g. Es wäre hier ein Abfallen der Abnutzung mit steigender Brinell-Härte zu beobachten, wenn nicht die Proben 18 C, 28 C, 27 C und 22 C ziemliche Unregelmäßig-

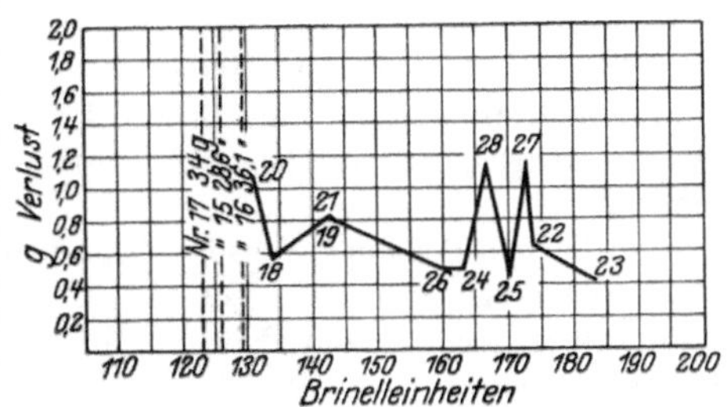

Abb. 88. Beziehungen zwischen Brinell-Härte und Abnutzung für Versuchsreihe C.

keiten verursachten. Ebenso liegt die Brinell-Härte der Probe 17 C unter der der Proben 15 C und 16 C, die Verschleißfestigkeit aber erheblich höher. Es mußten bei diesen Proben andere Ursachen mitspielen, die das Ergebnis beeinflußten. Die Vorversuche hatten mir gezeigt, daß hoher Siliziumgehalt die Abnutzungsfestigkeit verschlechtert. Ich habe das Ausgangsmaterial chemisch untersucht, glaubte jedoch sicherer zu gehen, wenn ich jede einzelne Probe der Analyse unterwarf. Ich habe also bei der Aufstellung der Abnutzungsgröße als Funktion der Brinell-Härte gefunden, daß eine Beurteilung des Verschleißes von Gußeisen auf Stahl nach der Brinell-Härte sehr

mangelhaft ist und daß sie bei Werten unter 130 Brinell-Einheiten vollkommen versagt.

Ich gehe nun zur Beurteilung des Verschleißes nach der chemischen
Zusammensetzung über und bringe in Tabelle 2 die Abnutzung, den
Analysenwerten gegenübergestellt.

Tabelle 2.

Versuch Nr.	C %	Graphit %	Mn %	Si %	P %	S %	Ab-nutzung g	Brinell-Härte
17 C	3,01	2,48	0,44	2,65	0,78	0,24	3,82	123
15 C	2,97	2,80	0,43	2,45	0,88	0,18	29,8	126
16 C	2,97	2,80	0,43	2,45	0,87	0,18	36,1	129
20 C	2,94	2,90	0,44	2,57	0,73	0,20	1,12	131
18 C	3,01	2,48	0,44	2,66	0,78	0,24	0,54	135
21 C	2,83	2,59	0,45	2,55	0,97	0,22	0,84	143
19 C	2,94	2,90	0,44	2,57	0,72	0,20	0,80	144
26 C	2,89	2,27	0,46	2,48	0,95	0,17	0,51	161
24 C	2,96	2,56	0,44	2,36	0,92	0,13	0,52	164
28 C	2,76	1,98	1,04	0,86	0,41	0,28	1,15	168
25 C	2,90	2,28	0,44	2,49	0,95	0,17	0,42	171
27 C	2,76	1,98	1,04	0,86	0,41	0,28	1,17	173
22 C	2,81	2,58	0,46	2,55	0,97	0,22	0,63	174
23 C	2,96	2,56	0,44	2,36	0,92	0,13	0,43	185

Nach meiner Annahme, daß hoher Siliziumgehalt die Abnutzungsfestigkeit verschlechtere, müßten die Proben 17 C und 18 C den höchsten
Verschleiß zeigen, die Proben 28 C und 27 C den geringsten. Die Vorversuche zeigten schon Unterschiede von 0,1 bis 0,2% Si, die mich
einen Einfluß des Siliziums vermuten ließen. Dies ist jedoch nicht der
Fall. Vergleichsweise müßten 18 C und 24 C bei 0,3% Si erheblich im
Verschleiß differieren, während 20 C und 19 C bei gleichem Si-Gehalt
0,3 g Differenz zeigen. Gerade die Proben 28 C und 27 C müßten wegen
ihres niedrigen Si-Gehaltes einen großen Widerstand gegen Abnutzung
bieten.

Ich habe auf Grund dieser widersprechenden Ergebnisse diesen Weg,
vom Si-Gehalt auf den Verschleißwiderstand zu schließen, verlassen
und bin einer Ansicht Kühnels gefolgt[1]. Er glaubt, daß zwischen
Bearbeitbarkeit und Abnutzung die nächsten Beziehungen bestehen.
Zumeist werden allerdings diese Beziehungen nur ganz vorsichtig an-
gedeutet oder gar in Zweifel gesetzt. Als eine Bearbeitbarkeitsprobe
könne z. B. die Keßnersche Bohrprobe in Frage kommen. Es wären
also hier die Ergebnisse der Keßnerschen Versuche meinen Untersuchungen gleichzustellen, da Verschleiß oder Abnutzung nichts weiter
ist als eine Bearbeitung, also eine Abtrennung kleinster Spänchen. Ich
bin dieser Ansicht nachgegangen. Keßner[2] kommt zu dem Schluß, daß
1. eine beträchtliche Steigerung der Bearbeitbarkeit mit wach-
sendem Siliziumgehalt eintritt, wobei gleicher Querschnitt der Proben
und gleiche Abkühlungsgeschwindigkeit bei sonst gleicher chemischer
Zusammensetzung vorausgesetzt sind;

[1] Gieß. 1924, S. 213.   [2] Dissertation Königsberg 1915.

2. folgert er, daß diejenigen Gußeisensorten den höchsten Wert der Bearbeitbarkeit erreichen, bei denen ein Maximum des Gesamtkohlenstoffs als Graphit ausgeschieden ist.

Als Vergleich zu 1. kann ich meine Untersuchungen nicht anführen, da die Proben die Forderungen nicht erfüllen.

Zu 2. stelle ich Graphitgehalt und Abnutzung meiner Proben gegenüber, unter Verzicht auf die Proben 28 C und 27 C, da sie zu stark aus dem Rahmen annähernd gleicher chemischer Zusammensetzung fallen.

Tabelle 3.

Proben Nr.	16 C	15 C	17 C	20 C	21 C	19 C	22 C	18 C	24 C	26 C	23 C	25 C
Graphit[1] . . .	94,3	94,3	82,5	98,5	91,5	98,5	92,0	82,5	86,5	78,5	86,5	78,5
Abnutzung . .	36,1	29,8	3,82	1,12	0,84	0,80	0,63	0,54	0,52	0,51	0,43	0,42

Aber auch in dieser Zusammenstellung, Tabelle 3, zeigt sich, daß Proben mit gleicher Menge Graphit in Hundertteilen des Gesamtkohlenstoffs keineswegs gleiche Abnutzung haben, z. B. 17 C und 18 C, die fast gleiche chemische Zusammensetzung haben. Ich konnte mich deshalb nicht entschließen, die Bearbeitbarkeit der Abnutzung gleichzusetzen. Eine mikroskopische Untersuchung ergab, daß die Graphitkeime bei fast gleichen Klötzen teilweise ganz verschieden ausgebildet waren; ich sah mich veranlaßt, der Ursache dieser Erscheinung nachzugehen.

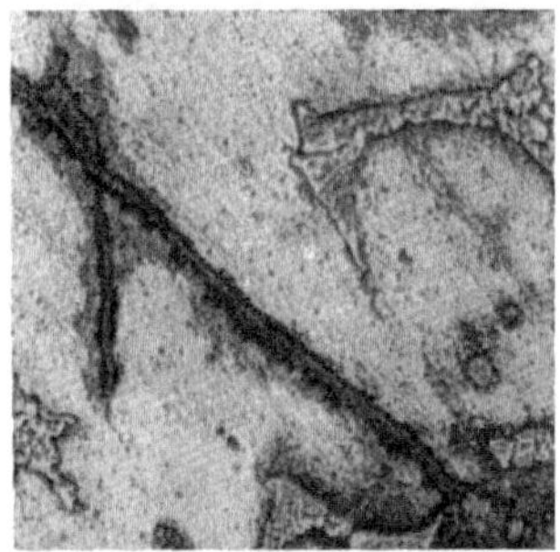

Abb. 89. Grauguß, fast rein ferritisch.
100 × Vergr.

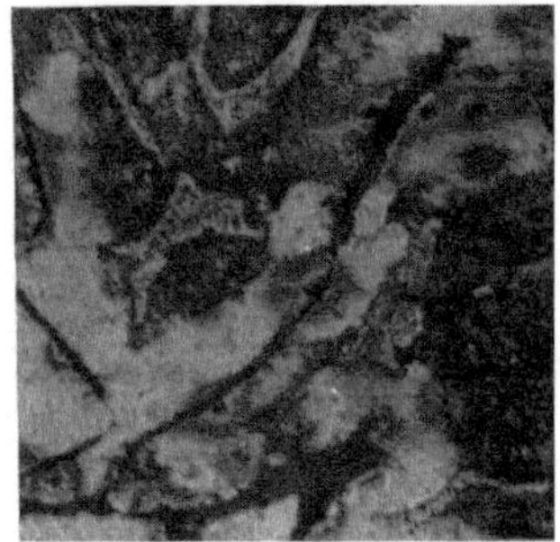

Abb. 90. Grauguß mit etwa 95% Ferrit.
100 × Vergr.

Sämtliche Proben wurden der Gefügeprüfung unterzogen. Ohne Berücksichtigung der Abnutzungsfestigkeit habe ich die Proben nach den Ferritanteilen geordnet und in Tabelle 4 zusammengestellt. Die Beobachtungen sind an dieser Probe an vier Stellen durchgeführt; dort sind die Ferrit- bzw. Perlitanteile gemessen und zu einem Mittelwert verrechnet worden. Zum Vergleich dienen Abb. 89 bis 92. Ich habe mich auf diese wenigen Aufnahmen beschränken müssen, da weitere die Übersicht stören würden[2].

---

[1] In Prozent des Gesamtkohlenstoffes.

[2] Im Original sind noch weitere 5 Schliffbilder, die hier weggelassen wurden, enthalten.

Tabelle 4.

Vergleichs-bild	Aufbau		Versuch Nr.	Abnutzung
	Ferrit %	Perlit %		g
89.	fast rein	—	15 C, 16 C	29,8 36,1,
90	etwa 95	etwa 3	17 C	3,82
—	„ 75	„ 20	20 C	1,12
—	„ 60	„ 30	19 C, 21 C	0,80, 0,84
91	„ 50	„ 40	22 C	0,63
—	„ 25	„ 60	28 C, 27 C	1,15, 1,17
—	„ 10	„ 75	18 C, 26 C, 24 C	0,54, 0,51, 0,52
—	„ 5	„ 90	25 C, 23 C	0,42, 0,43
92	„ 1	„ 95		

Es geht aus dieser Zusammenstellung hervor, daß die Abnutzungsgröße in der Hauptsache von den Gefügebestandteilen abhängt. Der
gefährliche Bestandteil ist der Ferrit, während der Perlit der Verschleiß
verhindernde ist. Den deutlichsten Beweis dafür liefern mir die Proben
15 C und 16 C, deren Gefüge fast rein ferritisch waren; der Verschleiß
war außerordentlich hoch. Probe 17 C hatte prozentual annähernd
dieselben Bestandteile, jedoch war ihre Ausbildung bedeutend feiner

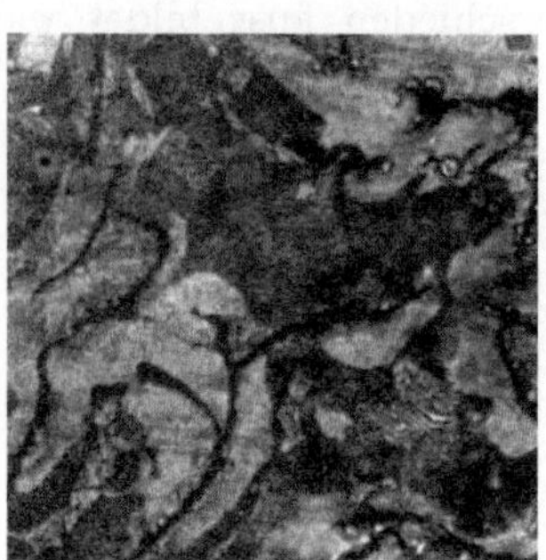

Abb. 91. Grauguß mit etwa 50% Ferrit.
100 × Vergr.

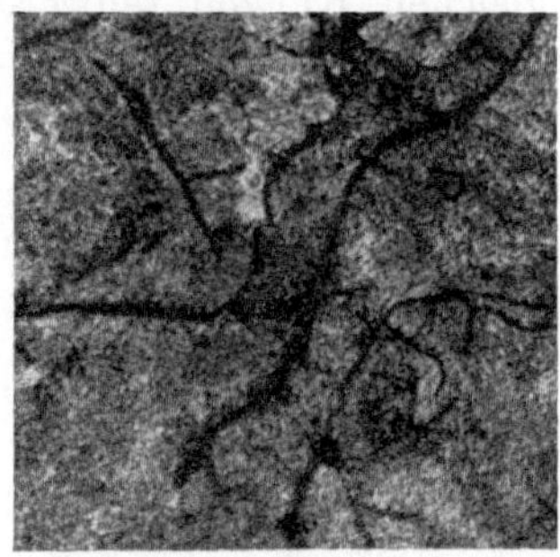

Abb. 92. Grauguß, fast rein
perlitisch.

(vgl. Abb. 89 und 90). Nach meinen weiteren Gefügebetrachtungen ist
meines Erachtens dies aber nicht von ausschlaggebender Bedeutung.
Ich habe nach eingehenden Untersuchungen folgende Gegenüberstel-
lungen gemacht, die mich zu den besten Resultaten geführt haben:
    1. Wie groß sind Ferrit- bzw. Perlitanteile?
    2. Wie sind Graphit- und Phosphideutektikum ausgebildet?
    Betrachtet man Abb. 89 und 90, deren Ferritanteile annähernd
gleich, deren Abnutzungswerte aber sehr unterschiedlich sind, so glaubt
man zunächst, daß die Ausbildung der Graphitnadeln maßgebend ist.
Probe 15 C müßte nach Art der Graphitnadeln bedeutend weniger
verschleißen als 17 C. Die groben Nadeln bei 15 C können meines Erachtens viel leichter ihre Schmierwirkung ausüben als die kleinen
Nadeln bei 17 C.

Ich schreibe diesen vorschnellen Verschleiß dem Phosphideutektikum zu. Als härtester Gefügebestandteil in diesem ferritischen Eisen spielt das Eutektikum die Rolle des Schmirgels. Es findet bei der Abnutzung ein Herausreißen von ganzen Kristallkomplexen statt, die in der Umgebung des Eutektikums liegen. Mir war bis dahin der hohe Verschleiß der Proben 27 C und 28 C unerklärlich. Die erwähnte Tatsache habe ich aber erst an diesen Proben feststellen können, indem ich eine der Proben an einer Seitenfläche poliert und geätzt der Abnutzungsprüfung unterzog. Hier beobachtete ich, daß das Phosphideutektikum an der beanspruchten Fläche herausgerissen war und die umgebenden Perlitkörner stark in Mitleidenschaft gezogen waren. So kommt es, daß trotz des etwa 60 proz. Perlitanteils die Proben 27 C und 28 C fast denselben Verschleiß zeigen wie 20 C mit etwa 20% Perlit.

Im Sinne dieser Beobachtungen habe ich die Prüfungen vorgenommen und habe den geringsten Verschleiß bei fast rein perlitischem Gefüge gefunden. Die Graphitmenge und die -ausbildung haben nach meinen Versuchen keinen wesentlichen Einfluß auf die Abnutzung. Es ist z. B. in den Proben 17 C und 19 C die Graphitausbildung annähernd gleich und doch ihre Verschleißfestigkeit sehr verschieden, während die Proben 19 C und 21 C bei gleichem Verschleiß verschiedene Graphitausbildung und -menge haben.

b) Das Verhalten von Gußeisen gegenüber hartem Gußeisen von 203 Brinell-Einheiten, Reihe D.

1. Proben: Bremsklotzguß, Zylinderguß und Kolbenschieberbuchsenguß von 113 bis 191 Brinell-Einheiten.

2. Prüfscheibe: harter Grauguß von 203 Brinell-Einheiten.

3. Anpreßdruck: 20 kg/2,5 cm².

4. Laufzeit: zwei Stunden.

5. Umdrehungen: $n = 400$ min.

Im Anschluß an die bisherigen Versuche sollen die folgenden zeigen, ob eine Übereinstimmung der für Stahl gezeitigten Ergebnisse auch für die Prüfung Gußeisen/Gußeisen möglich ist. Um diese Versuche denen des vorhergehenden Abschnittes ähnlich zu machen, habe ich die Klötzchen zunächst gegen eine harte Graugußscheibe laufen lassen. Die Vorbedingungen für die Prüfungen wurden erfüllt, indem zunächst die Brinell-Härte bestimmt, darauf die Klötzchen (nach Abb. 86) auf 2,5 cm² Lauffläche bearbeitet und sauber geschliffen wurden.

In der nachstehenden Tabelle 5 sind die Werte nach steigender Brinell-Härte geordnet und in Abb. 93 graphisch wiedergegeben.

Die Werte der Abnutzung sowie der Verlauf der Kurve in Abb. 93 zeigen ziemliche Ähnlichkeit wie beim Verhalten Gußeisen/Stahl. Abgesehen von den Proben 15 D und 16 D haben die Werte unter 130 Brinell-Einheiten wiederum eine starke Abnutzung, während von dort ab der Verschleiß annähernd auf einer Geraden verläuft, die unabhängig von der Brinell-Härte der Klötzchen im Werte von 0,2 g Verlust das Schaubild durchläuft.

Ich habe auch hier die Beobachtung gemacht, daß die Probe unter 130 Brinell-Einheiten in der ersten Stunde einen starken Verschleiß

Tabelle 5.

Versuch Nr.	Brinell-Härte	Gewichtsabnahme in Gramm			Bemerkungen
		nach 1 Stunde	nach 2 Stunden	Summe	
15 D	113	0,25	0,18	0,43	} Bremsklotzguß
16 D	117	0,19	0,22	0,41	
30 D	125	1,20	0,20	0,40	Zylinderguß
29 D	127	2,98	0,35	1,33	
33 D	128	0,43	0,40	3,83	Kolbenschieberbuchsenguß
18 D	129	0,16	0,17	0,33	
19 D	141	0,10	0,10	0,20	
21 D	142	0,11	0,18	0,29	
17 D	152	0,14	0,15	0,29	
20 D	154	0,18	0,13	0,31	
28 D	163	0,09	0,07	0,16	} Bremsklotzguß
24 D	164	0,08	0,06	0,14	
27 D	165	0,09	0,06	0,15	
23 D	169	0,10	0,06	0,16	
22 D	175	0,11	0,12	0,23	
26 D	185	0,09	0,07	0,16	
25 D	191	0,09	0,09	0,18	

hatten, der jedoch nicht in solchem Umfange vorhanden war wie bei Gußeisen/Stahl. Zweifellos war hier die Graphitschmierung der maßgebende Faktor. Ich habe an der Prüfscheibe keine Abnutzung feststellen können, beobachtete aber, daß sie sich an der Graphitschmierung beteiligte. Bei den harten Proben 25 D und 26 D trat die Schwarzfärbung zuerst auf der Scheibe auf, während die Lauffläche der Klötzchen noch hell blieb. Bei den Proben 15 D und 16 D war die Lauffläche der Proben sowie die der Prüfscheibe stark glasig geworden. Ich habe diese Erscheinung bei Gußeisen/Stahl nicht gefunden; dort blieben die Proben bis zuletzt aufgerauht und löcherig.

I. E. Hurst[1] beobachtete dieses Glasigwerden an den Gasmaschinenzylindern, indem er feststellte, „daß die Abnutzung auf einen Zerfall der Oberfläche zurückzuführen ist. Man kann feststellen, daß die Oberfläche solcher Zylinder mit lauter kleinen Löchern bedeckt ist, die von den losgelösten Kristallkörnern herstammen, aus denen das Eisen zusammengesetzt ist.

Wenn gußeiserne, aufeinander bewegte Maschinenteile längere Zeit in Gebrauch gewesen sind, nehmen sie ein glasiges Aussehen an, und der

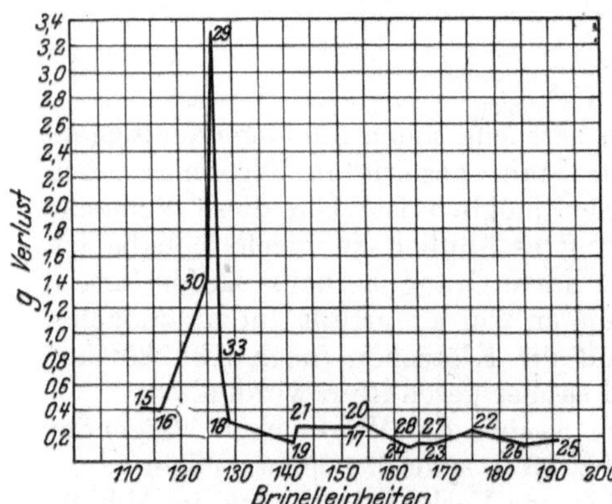

Abb. 93. Beziehungen zwischen Brinell-Härte und Abnutzung für Reihe D.

[1] Iron Coal Trades Rev. 1918, 15. November, S. 546.

Grad der Abnutzung scheint sich zu verringern. Man hat festgestellt, daß bei Reibungskupplungen der Reibungskoeffizient stark mit dem Zustande der Oberflächen wechselt und beim Glasigwerden schnell sinkt. Dasselbe hat sich beim Kolben und Zylinder von Verbrennungsmotoren und schnellaufenden Dampfmaschinen herausgestellt. Zweifellos ist das glasige Aussehen solchen Gußeisens auf die plastische Zerstörung der Oberflächenkörner zurückzuführen. Bei den Zylindern von Verbrennungsmotoren kann man häufig beobachten, wie eine Schicht des abgeriebenen Materials die ganze Oberfläche bedeckt und so die feinen Vertiefungen ausfüllt, die bei der Bearbeitung durch den Werkzeugstahl entstanden sind. Wenn man diese Schicht vorsichtig entfernt, treten die Vertiefungen wieder zutage. Überhaupt ist die Art der Oberflächenbearbeitung von großem Einfluß auf die Abnutzung. Ein grob gearbeitetes Futter eines Zylinders nutzt sich anfänglich sehr schnell ab und der entstehende Abrieb gibt häufig Veranlassung zu plötzlichen Störungen. Das macht sich besonders bei Gußeisen geltend, das wegen seiner Sprödigkeit sehr empfindlich gegen grobe Einwirkungen der Werkzeugstähle ist. Seine Oberfläche erhält kleine Risse und Löcher und wird wenig widerstandsfähig gegen die reibenden Kräfte. Aus diesem Grunde ist es auch erklärlich, daß man bei Dieselmotoren mit von innen geschliffenem Futter viel bessere Erfahrungen gemacht hat als mit irgendwie anders bearbeitetem Futter."

Ich habe die Lauffläche bei schwacher Vergrößerung (20fach) betrachtet und konnte die Hurstschen Beobachtungen bei den Proben 15 *D* und 16 *D* bestätigt finden. Der Abrieb ließ sich mit einer feinen Stahlnadel aus den kleinen Unebenheiten leicht entfernen. An den übrigen Proben habe ich das Glasigwerden nicht beobachtet; hier verhielten sie sich wie die Proben Gußeisen/Stahl, die Lauffläche war überall leicht aufgerauht.

Das Erscheinen des Glasigwerdens konnte ich auch am Gang der Maschine bemerken, die bei den anderen Proben während der Prüfzeit immer ein schürfendes Geräusch erzeugte, welches bei den glasigen Proben nicht eintrat.

Hurst führt an, daß die Art der Oberflächenbearbeitung von großem Einfluß auf die Abnutzung ist. Ich möchte nicht versäumen, zu bemerken, daß ich bei der Herstellung der Proben darauf die größte Sorgfalt gelegt habe, da meines Erachtens sich nur dann Vergleichswerte erzielen lassen, wenn diese Forderung erfüllt ist. Wie bei den schon angeführten Gußeisen/Stahl-Proben habe ich bei den Gußeisen/Gußeisenhart-Proben sowie bei den folgenden Gußeisen/Gußeisen-weich-Proben die Schleifrichtung immer in die Laufrichtung der Prüfscheibe gelegt.

Die chemischen Eigenschaften sind in Tabelle 6 in Abhängigkeit zur Abnutzung gebracht. Obgleich diese Untersuchung wenig Aussicht auf Erfolg hatte, glaubte ich den einmal beschrittenen Weg innehalten zu müssen, um eine Gegenüberstellung zu den Gußeisen-Stahl-Proben zu ermöglichen.

Hier zeigt sich viel stärker als bei den Gußeisen-Stahl-Proben die Unabhängigkeit der Abnutzung von der chemischen Zusammensetzung.

Tabelle 6.

Versuch Nr.	C %	Graphit %	Mn %	Si %	P %	S %	Abnutzung g	Brinell-Härte
15 D	2,96	2,81	0,44	2,45	0,88	0,18	0,43	113
16 D	2,96	2,81	0,44	2,45	0,88	0,18	0,41	117
30 D	2,91	2,61	0,65	2,78	0,55	0,15	1,40	125
29 D	2,93	2,62	0,65	2,78	0,55	0,15	3,33	127
33 D	2,83	2,56	0,70	0,65	0,16	0,10	0,83	128
18 D	3,01	2,50	0,43	2,63	0,78	0,24	0,33	129
19 D	2,94	2,89	0,44	2,57	0,72	0,20	0,20	141
21 D	2,84	2,60	0,44	2,57	0,97	0,22	0,29	142
17 D	3,00	2,49	0,44	2,64	0,78	0,24	0,29	152
20 D	2,94	2,89	0,45	2,57	0,72	0,20	0,31	154
28 D	2,74	1,96	1,04	0,86	0,41	0,28	0,16	163
24 D	2,95	2,55	0,44	2,37	0,92	0,13	0,14	164
27 D	2,74	1,97	1,04	0,86	0,41	0,28	0,15	165
23 D	2,95	2,55	0,44	2,37	0,92	0,13	0,16	169
22 D	2,84	2,60	0,44	2,57	0,96	0,23	0,23	175
26 D	2,90	2,28	0,44	2,50	0,95	0,17	0,16	185
25 D	2,90	2,28	0,44	2,50	0,95	0,17	0,18	191

Vergleicht man die Proben 28 D, 23 D und 26 D, die die gleiche Abnutzung haben, so zeigen die Analysenwerte starke Verschiedenheit. Umgekehrt zeigen Proben mit fast gleicher Zusammensetzung verschiedene Werte in der Abnutzung, wenngleich diese nicht so stark differieren.

Ich habe es unterlassen, bei diesen Versuchen von der Abnutzung Rückschlüsse auf die Bearbeitbarkeit im Sinne der Keßnerschen Versuche zu ziehen. Meines Wissens sind Bearbeitungen von Gußeisen durch Gußeisen noch nicht vorgenommen worden (Tabelle 7).

Tabelle 7.

Vergleichs-bild	Ferrit %	Perlit im Aufbau %	Graphit	Versuch Nr.	Abnutzung g
89	fast rein		dicke grobe Nadeln	15 D, 16 D	0,43, 0,41
90	etwa 95	etwa 3	viel feine Nadeln	30 D, 29 D, 33 D	1,40, 3,33, 0,83
	„ 75	„ 20	mittelgrobe Nadeln	17 D, 20 D, 18 D	0,29, 0,31, 0,33
	„ 60	„ 30	lange dünne Nadeln	19 D, 21 D, 22 D	0,20 0,29, 0,23
91	„ 50	„ 40	mittelstarke Nadeln	23 D, 24 D, 25 D	0,16, 0,14
	„ 25	„ 60	wenig mittelst. Nad.	25 D	0,18
	„ 10	„ 75	mittelstarke Nadeln	26 D	0,16
	„ 5	„ 90	mittelstarke Nadeln	27 D	0,15
92	„ 1	„ 95	mittelstarke Nadeln	28 D	0,16

Die Gefügeprüfung ergab einen ähnlichen Zusammenhang der Abnutzungsgröße mit den Gefügebestandteilen wie bei Gußeisen/Stahl. Wiederum ist der gefährliche Bestandteil der Ferrit, während mit steigendem Perlitgehalt der Verschleiß abnimmt. Ich habe nicht unterlassen, das Material der Prüfscheibe mikroskopisch zu untersuchen. Es bestand aus etwa 90% Perlit mit mittelstarken Graphitnadeln.

Abgesehen von den Proben 15 *D* und 16 *D* ergeben die gefundenen Werte keinen wesentlichen Unterschied von denen der Gußeisen/Stahl-Untersuchung, werden aber durch Beteiligung der Prüfscheibe an der Graphitschmierung stark gedrückt. Das verschleißfördernde Phosphideutektikum kommt dadurch wenig zur Wirkung. Bei den Proben 15 *D* und 16 *D* habe ich feststellen können, daß die Lücken, aus denen Körner herausgerissen waren, vollkommen mit Abrieb ausgefüllt waren, was das eingangs erwähnte Glasigwerden verursachte. Dieses Zusetzen habe ich an den übrigen Proben nur in ganz geringem Maße beobachten können. Zweifellos muß bei diesen Versuchen die Oberflächenbeschaffenheit der Prüfscheibe eine große Rolle gespielt haben.

c) **Das Verhalten von Gußeisen gegenüber weichem Gußeisen von 152 Brinell-Einheiten. Reihe *E*.**
1. Proben: Bremsklotzguß von 105 bis 188 Brinell-Einheiten.
2. Prüfscheibe: weicher Guß, 152 Brinell-Einheiten.
3. Anpreßdruck: 20 kg/2,5 cm².
4. Laufzeit: 2 Stunden.
5. Umdrehungen: $n = 400$ min.

Es erschien mir nicht unwichtig, die Frage des Verhaltens von Gußeisen zu weichem Gußeisen zu erörtern, nachdem ich die Versuche an hartem Guß ausgeführt hatte. Nach den vorherigen Ergebnissen müßte eine noch beträchtlichere Schmierung durch Graphit eintreten und der Verschleiß noch weiter sinken.

Ich habe die Proben unter gleichen Versuchsbedingungen laufen lassen und die Ergebnisse in Tabelle 8 und Abb. 94 zusammengesetellt, nach steigender Brinell-Härte geordnet.

Tabelle 8.

Versuch Nr.	Brinell-Härte	Gewichtsabnahme in Gramm		Summe
		nach 1 Std.	nach 2 Std.	
16 *E*	105	0,25	0,17	0,42
15 *E*	129	0,27	0,28	0,55
18 *E*	143	0,28	0,16	0,44
21 *E*	147	0,12	0,14	0,26
19 *E*	149	0,18	0,17	0,35
23 *E*	151	0,08	0,09	0,17
17 *E*	157	0,25	0,14	0,39
28 *E*	159	0,12	0,09	0,21
25 *E*	167	0,09	0,08	0,17
26 *E*	170	0,10	0,09	0,19
20 *E*	171	0,20	0,16	0,36
24 *E*	172	0,11	0,10	0,21
22 *E*	175	0,17	0,16	0,33
27 *E*	188	0,09	0,09	0,18

Bemerkenswert bei diesen Proben ist die Tatsache, daß der starke Verschleiß unter 130 Brinell-Einheiten wegfällt. Nimmt man das Mittel der Kurve (Abb. 94) mit 0,3 g Abnutzung an, so liegen die Werte für Proben unter 130 Brinell-Einheiten nur 0,1 bis 0,2 g höher. Der Verlauf der Kurve ist sonst ziemlich unregelmäßig. Ein Glasigwerden

der Proben, wie in der vorigen Versuchsreihe, konnte ich bei keinem
von diesen Versuchsstücken beobachten, ebenso blieb eine verstärkte
Graphitschmierung aus, was ich anfangs nicht vermutete. Das Prüf-
scheibenmaterial zeigte im Gefügebau etwa 40% Perlit und etwa
50% Ferrit (Abb. 91)

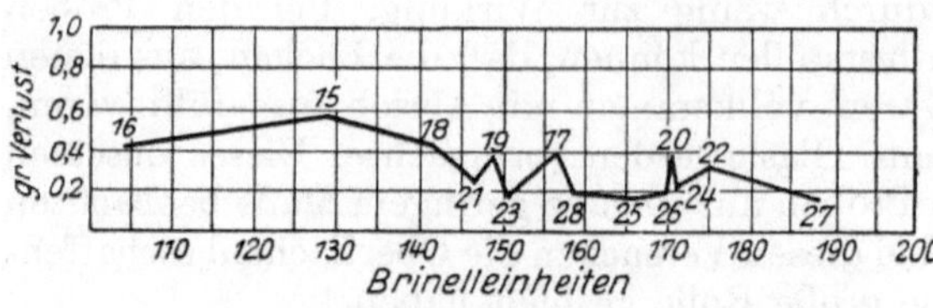

Abb. 94. Beziehungen zwischen Brinell-Härte und Abnutzung
für Reihe *E*.

mit mittelstarken
Graphitnadeln. Bei
der Betrachtung der
Lauffläche bei schwa-
cher Vergrößerung
fand ich, daß sie mehr
oder weniger aufge-
rauht war. Die Nach-
messung der Scheibe ergab eine Abnahme von 0,01 bis 0,03 mm vom
Durchmesser. Es war also auch ein Verschleiß der Prüfscheibe eingetreten. Meines Erachtens hat hier der Abrieb der Probe sowie der
Prüfscheibe fördernd auf den Verschleiß eingewirkt. Den härteren
Teilchen war infolge der geringen Härte der Scheibe Gelegenheit gegeben, in diese einzudringen, um bei der nächsten Berührung mit dem
Probeklötzchen als Schmirgel zu wirken. Trotz dieses die Abnutzung
nicht unerheblich verändernden Einflusses habe ich auch bei diesen
Proben die Abhängigkeit des Verschleißes von Gefügeaufbau festgestellt.

Die Tabelle 9 bringt die einzelnen Werte.

Tabelle 9.

Ver- gleichs- bild	Ferrit %	Perlit %	Graphit	Versuch Nr.	Abnutzung g
47	fast rein	—	dicke grobe Nadeln	15 *E*, 16 *E*	0,55, 0,42
48	etwa 95	etwa 3	viele feine Nadeln	17 *E*, 18 *E*	0,39, 0,44
—	,, 75	,, 20	mittelgrobe Nadeln	19 *E*, 20 *E*	0,35, 0,36
—	,, 60	,, 30	lange dünne Nadeln	21 *E*, 22 *E*	0,26, 0,33
49	,, 50	,, 40	mittelstarke Nadeln	24 *E*	0,21
—	,, 25	,, 60	wenig mittelst. Nadeln	26 *E*	0,19
—	,, 10	,, 75	mittelstarke Nadeln	25 *E*	0,17
—	,, 5	,, 90	mittelstarke Nadeln	23 *E*, 27 *E*	0,17, 0,18
50	,, 1	,, 95	mittelstarke Nadeln	—	—

Zusammenfassung der Versuchsergebnisse. Das Ergebnis der vorliegenden Arbeit kann wie folgt zusammengefaßt werden:

1. Das Verhalten von Gußeisen gegenüber S t a h l :

a) Es ist nachgewiesen worden, daß Kugeldruckhärte und Abnutzung
in keinem Verhältnis zueinander stehen.

b) Es ist die Feststellung gemacht worden, daß die chemische Zusammensetzung keinen Aufschluß über die Abnutzungsfestigkeit gibt.

c) Es ist festgestellt worden, daß die Bearbeitbarkeit im Sinne
der K e ß n e r schen Versuche der Abnutzung nicht gleichgestellt werden
kann.

d) Es ist nachgewiesen worden, daß die Graphitausbildung und
-menge keinen wesentlichen Einfluß auf den Abnutzungswiderstand hat.

e) Es wird der Nachweis erbracht, daß die Verschleißfestigkeit mit steigendem Perlitgehalt zunimmt, schädlich beeinflußt durch das Vorhandensein von Phosphideutektikum.

f) Es ist festgestellt worden, daß Grauguß mit rein perlitischem Gefüge die geringste Abnutzung hat.

2. Das Verhalten von Gußeisen gegenüber hartem Gußeisen.

a) Es ist nachgewiesen worden, daß Kugeldruckhärte und Abnutzung voneinander unabhängig sind.

b) Es ist der Nachweis erbracht worden, daß die chemische Zusammensetzung keinen Aufschluß über die Abnutzungsfestigkeit gibt.

c) Es ist festgestellt worden, daß reibender und geriebener Teil an der Graphitschmierung teilnehmen und daß diese verschleißhindernd wirkt.

d) Es ist nachgewiesen worden, daß die Verschleißfestigkeit mit steigendem Perlitgehalt zunimmt, ohne wesentlichen schädlichen Einfluß des Phosphideutetikums.

e) Es ist der Beweis erbracht, daß reibende Gußteile mit rein perlitischem Gefüge die geringste Abnutzung haben.

3. Das Verhalten von Gußeisen gegenüber weichem Gußeisen.

a) Es ist festgestellt worden, daß keine Beziehung zwischen Kugeldruckhärte und Abnutzung besteht.

b) Es ist die Feststellung gemacht worden, daß die Abnutzung unabhängig von der chemischen Zusammensetzung ist.

c) Es ist festgestellt worden, daß reibender und geriebener Teil in geringerem Umfange an der Graphitschmierung teilnehmen.

d) Es ist der Beweis erbracht, daß die Verschleißfestigkeit mit steigendem Perlitgehalt zunimmt, aber durch schmirgelnde Wirkung herausgerissener Teilchen der weicheren Prüfscheibe schädlich beeinflußt wird.

Alle zu dieser Arbeit erforderlichen Versuche wurden in der Mechanisch-technischen Versuchsanstalt des Eisenbahnzentralamtes Berlin der Deutschen Reichsbahngesellschaft ausgeführt. Ich bin dem Leiter dieser Anstalt, Herrn Reichsbahnrat Dr.-Ing. R. Kühnel, Regierungsbaurat a. D., für die Anregung zu dieser Arbeit und für die Unterstützung bei Ausführung der Versuche zu großem Dank verpflichtet.

Benutztes Schrifttum. Abhandlungen. Boynton, H. C.: Die Härte der Gefügebestandteile des Eisens. J. Iron Steel Inst. Bd. 2, S. 749. 1906; Brinell, I. A.: Ein neues Verfahren zur Feststellung des Abnutzungswiderstandes. Jernkontorets Annaler 1921, H. 9; Deutscher Verband für die Materialprüfungen der Technik. H. 74: Stand der Arbeiten des Ausschusses 21; Gregor, Mac und Stoughton: Der Verschleiß von Hartgußzahnrädern und -getrieben. Proc. Am. Soc. Testing Materials Bd. 11, S. 822. 1911; Hurst, I. E.: Die Abnutzung des Gußeisens und Verhalten gegen Reibung. Iron Coal Trades Rev. 1918, 15. November, S. 546; Keßner, A.: Die Prüfung der Bearbeitbarkeit der Metalle und Legierungen, unter besonderer Berücksichtigung des Bohrverfahrens. Diss. Königsberg 1915; Kühnel, R.: Die Abnutzung des Gußeisens. Gieß. 1924, H. 16; Kühnel, R.: Die Abnutzung des Gußeisens. Gieß. 1924, H. 33—36; Kühnel, R.: Die Abnutzung des Gußeisens. Gieß. 1925, H. 2; Kühnel, R.: Der Aufbau hochwertigen grauen Gußeisens in seiner Beziehung zur chemischen Zusammensetzung und zu den mechanischen Eigenschaften. Stahleisen Jg. 45, Nr. 35, S. 1461; Kühnel, R. und E. Nesemann: Das Gefüge hochwertigen grauen Gußeisens. Stahleisen

Jg. 44, Nr. 35, S. 1042; Leyde, O.: Die Prüfung des Gußeisens. Z. V. D. I. 1904, S. 169; Nusbaumer, E.: Die Abnutzung von Metallen. V. Kongreß des Internationalen Verbandes für die Materialprüfungen der Technik 1909; Reid, Ch. O.: Die Prüfung der Abnutzung. Testing 1924, H. 1, S. 93; Saniter, E. H.: Härteprüfung und Widerstand gegen mechanische Abnutzung. VI. Kongreß des Internationalen Verbandes für die Materialprüfungen der Technik, 1912; Stadeler, A.: Die Abhängigkeit der Abnutzung von dem Gefügeaufbau. Stahleisen Jg. 45, Nr. 28, S. 1195.

Bücher. Martens, A.: Materialienkunde für den Maschinenbau Bd. 1; Martens, A. und E. Heyn: Materialienkunde für den Maschinenbau Bd. 2; Oberhoffer, P.: Das technische Eisen; Hanemann, H.: Einführung in die Metallographie und Wärmebehandlung.

2. Das Wachsen des Gußeisens[1].

Von Karl Sipp und Franz Roll.

Literaturbericht. — Versuche über das Verhalten von Gußeisen: *A* bei überhitztem Dampf von 450 bis 500°: *B* beim Glühen bei einer Temperatur von 600 bis 1000°.

Unter Wachsen des Gußeisens versteht man die Volumenzunahme eines Gußstückes, nachdem es eine gewisse Zeit unter höherer Temperatur — Feuerungsgase, Heißdampf usw. — gestanden hat und wieder abgekühlt ist, im Gegensatz zu der Wärmedehnung, die bei Abkühlung wieder zurückgeht.

Das Wachsen stellt eine Gefügeumsetzung und Auflockerung dar, die selbstverständlich eine Festigkeitsminderung zur Folge hat. Um nur ein Beispiel zu nennen, hat man an gußeisernen Turbinengehäusen häufig die Beobachtung gemacht, daß das Eisen schon nach verhältnismäßig kurzer Betriebsdauer so weich und bröcklig wurde, daß man es mit dem Messer schneiden konnte.

Das Wachsen des Gußeisens hat also eine außerordentliche Bedeutung für die Technik, da hiervon die Lebensdauer der betroffenen Bauteile stark beeinflußt wird und durch die Zerstörung derselben nebenher großer Schaden entstehen kann. Es sind deshalb, im Schrifttum weit zurückgreifend, eine große Anzahl Arbeiten erschienen, die der Aufklärung der Frage dienen sollen. Die Behandlung des Problems gestaltete sich wegen des untersuchten Einflusses der zahlreichen Komponenten des Gußeisens auf das Wachstum ziemlich verwickelt.

In nachstehendem soll zunächst ein Überblick über die einschlägige Literatur gegeben und danach über die bei der Firma Heinrich Lanz, Aktiengesellschaft, Mannheim, von den Verfassern angestellten Untersuchungen und deren Ergebnisse berichtet werden. An den Untersuchungen war zu einem früheren Zeitpunkt auch Herr Dr.-Ing. W. Hahn (Köln) beteiligt, dem hiermit für seine Mitarbeit gedankt wird.

Der besseren Übersicht wegen sind in der Besprechung des Schrifttums die Stoffe C, Si, P, Mn und S der Reihe nach behandelt.

Die Frage, wie sich der Kohlenstoff in seiner Form als Fe_3C bzw. Graphit bezüglich des Wachsvorganges verhält, ist nach dem heutigen Stand des Schrifttums[2] noch nicht entschieden.

---

[1] Erschienen in: Gieß.-Zg. 1927, S. 229 u. 280. Mit Weglassung des im Original enthaltenen Abschnitts C: Untersuchung an Roststäben.

[2] Frühjahr 1927.

Die dilatometrischen Untersuchungen an Kohlenstoffstählen mit wenig Verunreinigungen, die von Dulong, Petit, Fizeau, Carpy, Driesen[1] und anderen angestellt wurden, lassen erkennen, daß in dem Bereich der Kohlenstoffprozente bis 3,9% mit den in Stählen üblichen Begleitelementen ein irreversibles Wachsen in größerem Maße nicht auftritt (s. auch Oberhoffer und Piwowarsky). Auch Rugan und Carpenter[2] fanden gemeinsam im Bereich von 0,15 bis 4% C bei geringem Prozentsatz von Begleitelementen und bei weißem Gefüge keine Volumenänderung. An grauen Legierungen mit etwas höherem Si-Gehalt ließ sich jedoch merkliches Wachstum erkennen. Es ist von diesen Forschern daraus der Schluß gezogen worden, daß der Graphit eine ausschlaggebende Rolle spielt. Aus den Arbeiten von Hull[3] geht aber hervor, daß nicht der Graphit in erster Linie das Wachsen veranlaßt. Daß die Stärke der mit dem Wachsen einhergehenden Korrosion von der Größe der Graphitblätter abhängig ist, ist von Campbell und Glasford[4] ausgesprochen worden, ohne das Verhalten dieser beiden Momente gegeneinander abzuwägen. Hier setzt später E. Schüz[5] ein, der versuchte, mit dem eutektischen Graphit ohne weitere Rücksichtnahme auf das Begleitelement Si die kleinsten Wachswerte zu erzielen. Auch Piwowarsky[6], Hurst[7] und Honegger[8] stellten fest, daß die Form des Graphits eine gewisse Rolle spielt, derart, daß er bei höheren Temperaturen Kanäle für das Eindringen der Feuergase in das Gefüge abgibt.

Ein Vortrag von Carpenter[9] und die darauf folgende Diskussion enthalten die Mitteilung, daß der Graphit sich nicht immer gleich verhält und daß kalt erblasenes Eisen die geringsten Wachserscheinungen mit sich bringt.

Beachtlich ist in diesem Zusammenhang die Temperatur, bei welcher der Graphit mit Sauerstoff gemäß der Gleichung $C + O_2 = CO_2$ oder $2\,C + O_2 = 2\,CO$ eine Reaktion eingeht, die von Stead[10] erst bei

---

[1] Le Chatelier: Comptes Rendus 1893, S. 129; Dulong und Petit: Ann. Chim. Phys. 1817, H. 7, S. 113; Fizeau: Comptes Rendus 1869, H. 68, S. 1125; Andrews: Poggend. Ann. 1869, H. 138, S. 26 und Proc. Roy. Soc. 1887/88, H. 43, S. 299; Zakrezewski: Krak. Anz. 1889, Jg. 19, Nr. 10; Svedelius: Phil. Mag. Vol. XCVI (1898); Charpy und Grenet: Comptes Rendus 1902, H. 134 und The Metallogr. 1903, H. 6; Dittenberger: Mitt. Forsch. Ing., H. 9, S. 60; Driesen: Fer. 1914, Jg. 11, H. 5, S. 129.

[2] Rugan, H. F. und H. C. H. Carpenter: J. Iron Steel Inst. 1909, II, H. 29, S. 143; Trans. of the Am. Inst. of Min. Eng. 1905, Vol. XXXV, H. 223, S. 44; Rugan, H. F.: J. Iron Steel Inst. 1912, 4. Oktober.

[3] Hull, Thos. E., J. A. N. Friend, J. H. Brown: Proc. of the Chem. Soc. 1911, H. 124, 15. Mai.

[4] Campbell u. Glasford: Mitt. d. Intern. Verb. f. Materialprüf. New York 1912.

[5] Schüz, E.: Stahleisen 1924, 28. VIII. u. Stahleisen 1925, 29. I.; Gieß.-Zg. 1926, S. 417.

[6] Piwowarsky, E.: Gieß. 1926, S. 481; Gieß.-Zg. 1926, Nr. 14 u. 15, S. 379 u. 414.

[7] Hurst, J. E.: Iron Coal Trades Rev. 1918, S. 415 u. Stahleisen 1919, S. 881.

[8] Honegger, E.: B. B. C.-Mitt. 1925, S. 202.

[9] Carpenter, H. C. H.: Proc. 1912, Vol. XXVIII; Stahleisen 1911, S. 866; J. Iron Steel Inst. 1911, S. 819 und Stahleisen 1913, H. 1280, Nr. 9.

[10] Stead: J. Iron Steel Inst. 1911, 9. Mai.

700⁰ C festgestellt wurde, wobei noch bei 900⁰ eine Umsetzung des graphitischen Kohlenstoffes mit dem FeO bzw. Fe_3O_4 stattfinden soll (s. Untersuchungen von R. Schenck[1]). Demgegenüber fällt auf, daß Piwowarsky[2] in seinen bei einer Dampftemperatur von 350⁰ C durchgeführten Versuchen eine Abnahme des Gesamtkohlenstoffes von 10 bis 15% gefunden hat. Andrew und Hymann[3] wieder stellten ein Ausbrennen des Graphits bei höheren Temperaturen fest, ebenso Rugan und Carpenter an den Randzonen ihrer Versuchsstücke bei 800 bis 950⁰ C.

Da bei rein zementischem Gefüge die Legierungen zunächst nur wenig wachsen, so ist versucht worden, weißes Eisen für hohe Temperaturen zu verwenden. Die Untersuchungen von Donaldson[4], von Rugan und Carpenter ergeben aber, daß zwar das Wachstum gering ist, solange das Gefüge weiß ist, daß aber periodische Temperaturschwankungen und konstante Feuereinwirkung die labile Verbindung Fe_3C in Temperkohle und Ferrit abbauen, die den endgültigen Wachswert stark erhöhen.

Als das am stärksten auf das Wachsen des Gußeisens wirkende Element ist schon seit langem das Silizium erkannt. Die Abhandlungen hierüber begreifen meistens die Korrosion ein, z. B. sprechen Rugan und Carpenter von einer Proportionalität zwischen Wachstum, Korrosion und Silizium (Abb. 95). Das hängt

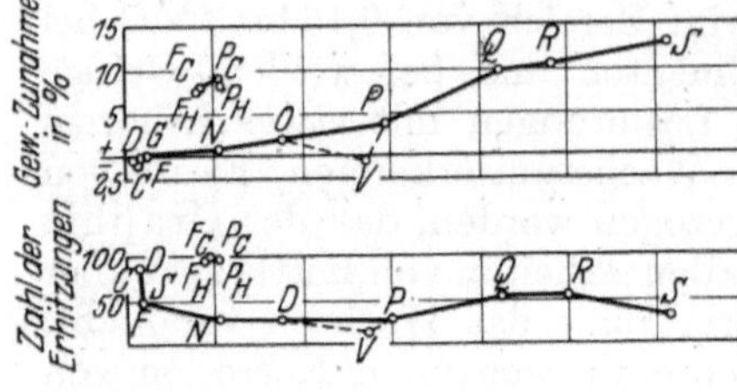

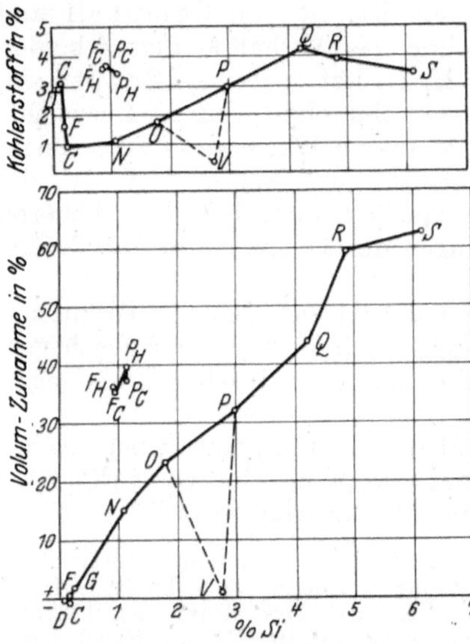

Abb. 95. Proportionalität zwischen Wachstum, Korrosion und Silizium bei Gußeisen. Kurve nach H. F. Rugan (angegebene Werte): „J. Iron Steel Inst." 4. Oktober 1912.

wohl damit zusammen, daß Si im Gußeisen gerade bezüglich seines Einflusses auf die Korrosion sich anders verhält wie andere Elemente, die im Zustande des Mischkristalls den geringsten oder keinen Korrosionsanreiz geben, während hier Si stets als Mischkristall auftritt und die Korrosion sich mit zunehmendem Si steigert. Rugan und Carpenter kommen bei ihren Temperaturversuchen mit Eisen von 1,07 bis 6,14% Si bei den Maximalwerten zur vollständigen Zertrümmerung des Materials (Abb. 96). Sie empfehlen als Fazit ihrer Arbeit 0,2 bis 0,3% Si-

[1] Schenck, R.: Stahleisen 1926, S. 1813. [2] Piwowarsky, E.: Gieß. 1926, S. 481.
[3] Andrew und Hymann: J. Iron Steel Inst. 1924, 10. Mai.
[4] Donaldson, J. W.: Foundry Trade Journ. 1925, 18. Juni.

haltige Legierungen, schlagen jedoch später[1] zwecks besserer Vergießbarkeit 0,58 % Si bei 2,60 % C vor. Ähnlich geht aus den Arbeiten von Hurst[2] und den Kurven von Kennedy und Oswald[3] und den Arbeiten von Carpenter der Einfluß des Si auf den Wachsvorgang hervor. Die gemeinsamen Arbeiten von Campbell und Glasford stellten den größten Korrosionswert bei 5,5% Si fest. French[4] bestätigt durch Versuche die Richtigkeit des Vorschlages von Carpenter, daß bei 0,2 bis 0,3% Si die Eigenschaft des Aufblähens fortfällt. Nach ihm (French) soll Eisen, das für höhere Betriebstemperaturen bestimmt ist, neben diesen geringen Gehalten an Si weißes Gefüge aufweisen. Auch aus den Versuchen von Richmann[5] geht der Einfluß des Siliziums auf das Wachstum deutlich hervor. Glasford und Campbell[6] erklären die Oxydation des Eisensilizids als primäre Wachstumsursache. Dieser Theorie, die sich auf die Gleichung $Si + O_2 = SiO_2$ und $2 Fe + O_2 = 2 FeO$ stützt, steht die Überlegung von Kikuta[7] gegenüber, welche die dilatometrischen Effekte von Ac_1 und Ar_1 bei gleichzeitiger irreversibler Auflockerung des Gefüges zur Grundlage hat.

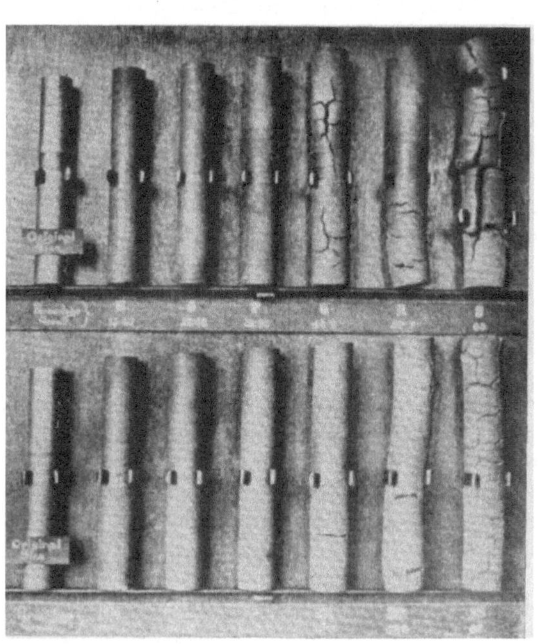

Abb. 96. Zertrümmerung von Gußeisen bei steigender Temperatur und steigendem Si-Gehalt. Aus H. F. Rugan und H. C. H. Carpenter: J. Iron Steel Inst. 1909, H. II, S. 96.

Letztere Untersuchung wird durch Arbeiten von Oberhoffer und Piwowarsky[8] zum Teil bestätigt. Honegger will im Silizium nicht den Hauptfaktor für das Wachsen sehen, wenn er ihm auch die indirekte Bedeutung als graphitbildendes, den Guß nur wenig plastisch machendes und Risse erzeugendes Element zuspricht. Er nimmt an, daß die Oxydation der Metalle selbst das Wachsen bedingt. Durch seine eigenen Versuchs-

[1] Rugan, H. F. u. H. C. H. Carpenter: J. Iron Steel Inst. 1909, Vol. II, S. 29
[2] Hurst, J. E.: Foundry Trade Journ. 1925, H. 49 und 52.
[3] Kennedy, R. R. und G. J. Oswald: The Met. Ind. 1926, S. 395.
[4] French: L'Usine 1926, H. 21, 11. Dezember.
[5] Richmann, A. J.: Foundry Trade Journ. 1925, 26. XI., S. 449; 3. XII, S. 471.
[6] Campbell u. Glasford: Mitt. d. Int. Verb. f. Materialprüf. New York 1912.
[7] Kikuta: Science Rep. Tohoku-Univ. 4, 1922, H. 1; Rev. Mét. 1922, Sonderheft, S. 579.
[8] Oberhoffer, P. und E. Piwowarsky: Stahleisen 1926, S. 1173.

ergebnisse scheint diese Annahme gestützt. Soweit er sich aber auf den
Ausnahmefall der Arbeit von Campbell und Glasford[1] bezieht, die bei
etwa 2% Si einen Knick in der Wachstumskurve erhielten, übersieht er,
daß in diesem Fall andere Faktoren mitspielten und daß diese beiden
Forscher doch allgemein die Proportionalität von Si und Wachstum
anerkannten. Auch die Arbeiten von Schütz, die Honegger anführt,
widerlegen die stärkere Oxydation höher silizierten Gußeisens, also den
Einfluß des Si, nicht. Widersprochen ist die Annahme Honeggers
auch durch Oberhoffer und Piwowarsky[2], die bei erhöhtem Si
erhöhtes Wachstum fanden.

In der Honeggerschen Richtung liegt auch die Auffassung von
Stead, der dem SiO_2 eine schützende Rolle gegen tiefergehende Oxydation zuspricht.

Über den Einfluß des Begleitelements Phosphor in seiner Form
als ternäres Eutektikum auf das Wachstum des Gußeisens gehen die
Meinungen in der Literatur sehr auseinander. Carpenter und Hull
schreiben dem Phosphor keine merkliche Wachseigenschaft zu. Carpenter äußert sogar die Ansicht, daß Phosphor schrumpfend wirke.

Auch auf die durch die Verflüssigung des Steadits zusätzlich auf-
tretende Volumenvergrößerung ist hingewiesen worden. Es ist aber
nicht ohne weiteres ersichtlich, weshalb der bei der Erstarrung freiwerdende Raum nicht für das Phosphideutektikum bei dessen aber-
maliger Verflüssigung ausreichen sollte (s. Untersuchungen von Wüst[3]),
insbesondere da die Verflüssigung des Phosphideutektikums bei einer
Temperatur stattfindet, bei welcher das Gußeisen schon so elastisch
geworden ist, daß es eine geringe diskontinuierliche Volumenvergrößerung des Steadits erlauben würde.

Über den Einfluß des Mangans hat Carpenter sehr eingehende
Versuche angestellt, deren Ergebnis ist, daß Mangan das Wachstum
des Gußeisens nicht fördert, ja, daß sogar bei einem tiefer als 0,7%
liegenden Si-Gehalt Mangan schrumpfend wirke. Versuche von
Andrew und Hymann besagen, daß durch höhere Gehalte an
Mangan das Wachsen des Gußeisens nicht verringert würde (s. auch
Smalley[4]).

Schwefel kann nach Carpenter ebenso wie Mangan und Phosphor
vernachlässigt werden. Schüz spricht dem Schwefel eine schädliche
Wirkung zu, Richmann bezeichnet einen Schwefelgehalt von 0,3%
noch als zulässig. Grigoriwitsch[5] und Strumper[6] sehen das Man-
gansulfid und das Eisensulfid als kathodische Korrosionselemente an,
während Speller[7] und Cobb[8] eingehender die Phosphide und Oxyde

[1] Campbell u. Glasford: Mitt. d. Int. Verb. f. Materialprüf. New York 1912.
[2] Oberhoffer, P. und E. Piwowarsky: Stahleisen 1926, S. 1173.
[3] Wüst: Untersuchungen über Schwindung von Gußeisen. Gieß.
[4] Smalley, O.: Foundry Trade Journ. 1926, H. 529 u. 531, S. 303 u. 343.
[5] Grigoriwitsch, K. P.: J. Iron Steel Inst. 1925, H. 93, S. 394.
[6] Strumper: Comptes Rendus 1923, Bd. 176, S. 1316.
[7] Speller, F. N.: Journ. Soc. Chem. Ind. 1912, H. 31, S. 263 und Eng. News
1908, H. 60, S. 497.
[8] Cobb, J. W.: J. Iron Steel Inst. 1911, H. 83, S. 170.

behandeln. In einer Untersuchung über die Diffusion des Schwefels und des Phosphors sind ähnliche schädliche Einflüsse durch den Schwefel auf das Gefüge von F. Roll[1] festgestellt worden.

Titan scheint das Wachstum zu hemmen, wie aus dem Zahlenmaterial von Kennedy und Oswald hervorgeht. Beide Forscher führen das in ihrer Arbeit auf desoxydierende Vorgänge durch Titan zurück. Auf dieser Linie liegen auch die Feststellungen von Piwowarsky[2], daß durch Anwendung von Titan eine erhöhte Dichte des Gußeisens geschaffen wird. Aus den Heißdampfversuchen von Piwowarsky geht hervor, daß Chrom in gleicher Weise eine verdichtende Wirkung ausübt. Über Nickel gehen die Meinungen (Piwowarsky, Glasford, Campbell, Kennedy und Oswald) dahin, daß es, ähnlich wie Si, das Wachstum fördert. Interessant ist in Verbindung hiermit die Feststellung von J. Young[3], daß durch chemische Agenzien bei zunehmender Kernzahl eine verstärkte Korrosion eintritt.

Mit dem Wachsen des Gußeisens geht, wie einleitend gesagt, eine Festigkeitsminderung durch Umwandlung und Auflockerung des Gefüges einher.

Outerbridge[4] ebenso Rugan und Carpenter haben 40% Verlust an Festigkeit ermittelt. Letztere berichten, daß das Material nach der Wärmebehandlung sich mit den Fingern zerbröckeln ließ. Dem Sinken der Festigkeit entspricht etwa die Volumenzunahme, die in den meisten Fällen 40% nicht überschritt, aber in einem Fall von Rugan und Carpenter mit 67% gemessen wurde. Outerbridge studierte besonders auch die Änderung des spezifischen Gewichts, das natürlich sinkt, da der erheblichen Volumenzunahme nur eine geringe Gewichtszunahme (bis zu 15%) gegenübersteht. Die Gewichtszunahme wird auf Oxydationseinflüsse zurückgeführt, dem mindernd das Ausbrennen des Graphits bei über 700° (Stead) gegenübersteht.

Erklärungen des Wachsens des Gußeisens sekundärer Art sind mehrfach und in verschiedener Richtung gegeben worden, worauf im vorhergehenden schon hingewiesen wurde. Die verschiedenen Theorien seien hierunter zusammengestellt.

Nach Outerbridge und nach Okochi und Sato[5] hat der Wachsvorgang den Druck der eingeschlossenen Gase zur Ursache. Rugan und Carpenter sehen dagegen die Wachsursache in Oxydationsvorgängen. In einem Sonderfall ziehen sie aber auch die Gasdrucktheorie heran. Nach Oberhoffer und Piwowarsky beträgt der Gasdruck, berechnet nach Gay-Lussac, bei 1000° etwa 3 bis 4 kg je Quadratzentimeter; dieser Druck müßte also bei 1000° zur Sprengung des Gefüges ausreichend sein und nicht die Möglichkeit haben, durch das Gra-

---

[1] Roll, F.: Gieß. 1927, H. 1.

[2] Piwowarsky, E.: Stahleisen 1923, S. 1491; Oberhoffer: Das technische Eisen 1925, S. 545.

[3] Young, J.: Foundry Trade Journ. 1926, 5. August, S. 117.

[4] Outerbridge: Trans. Am. Inst. Min. Met. Engs. 1905, H. 35, S. 223 und Stahleisen 1904, S. 407.

[5] Okochi, M. und N. Sato: Journ. Coll. Engg. Tokyo Imp. Univ. 1920, H. 10, S. 3.

phitnetz sich nach außen auszugleichen. Entgegen steht aber die oben
besprochene Erkenntnis, daß weißes Gußeisen zunächst schrumpft.
Mit der Gasdrucktheorie läßt sich auch nicht die Piwowarskysche
Feststellung erklären, daß das Wachsen im Heißdampf nur in einer
Richtung (Dicke) sich auswirke, während anderseits die Quasi-Isotropie
die Ausdehnung des Gußeisens nach drei Richtungen lehrt. Kikuta
widerspricht der Gasdrucktheorie; nach ihm sollen die dilatometrischen,
auseinander liegenden Effekte von $A c_1$ und $A r_1$ die irreversible Auflockerung (Haarrisse) des Gefüges hervorrufen. Hurst stimmt der Erklärung von Kikuta zu, kombiniert aber damit noch den Oxydations-
einfluß. Nach Hurst[1] entstehen durch die Ausdehnung von Graphitteilchen Rißbildungen, ferner wird ein Teil des Graphits durch die
Bildung von Hardenit absorbiert, so daß größere Räume entstehen,
als die Graphitteilchen ursprünglich einnahmen.

Entgegen der Theorie, daß die eingeschlossenen Gase das Material
aufblähen, sagt Honegger, daß von außen Gase längs der Graphitadern in das Innere dringen und Oxydation des Metalls verursachen.
Insbesondere sollen nach Honegger Temperaturschwankungen,
die Spannungen hervorrufen, von erheblicher Bedeutung sein.

In seiner Arbeit, anschließend an die Überlegungen, die aus dem
Spannungsabfall das Wachsen erklären wollen, greift Hurst zurück
auf Untersuchungen von Le Chatelier, Winkelmann und Schott,
Norton, Green und Dall, die eine ähnliche Erscheinung des Wachsens an feuerfesten Steinen gefunden haben. Norton hat daraus eine
Funktion zusammengestellt, die von Schott und Winkelmann
korrigiert wurde, und welche wie folgt lautet:

$$S = \frac{E}{\dfrac{T}{M} \cdot h^2}.$$

S bedeutet die Neigung zum Auswachsen, E den Ausdehnungskoeffi-
zienten, M den Elastizitätsmodul, T die Zugfestigkeit und h^2 den
Wärmedurchgang. Nach dieser Formel ließe sich also ohne Rücksicht
auf chemische Zusammensetzung und Gefügezustand die Größe des
Wachsens berechnen. Nach Hurst soll die Formel auf Gußeisen über-
tragbar sein.

Inwieweit die Wachswerte mit steigender Anzahl der Behandlungs-
perioden abnehmen, ist nicht mit Sicherheit bekannt, wohl aber beobachtet Andrew und Higgins und Carpenter, daß die Wachswerte
am größten bei den ersten Erhitzungen sind, was mit der Bildung von
Oxydationsschichten von Fe_3O_4 und FeO begründet wird. Nach Durand[2] ist die Volumenvergrößerung proportional der Erhitzungs-
geschwindigkeit. Über die Temperaturen, die die höchsten Wachswerte
ergeben, sind die Ansichten verschieden; Rugan und Carpenter
nennen 700 bis 850°, Hull 600 bzw. 820°.

Um die Versuche in einen etwas engeren Rahmen einzuschließen,

---

[1] Hurst, J. E.: Foundry Trade Journ. 1926, S. 137.
[2] Durand: Comptes Rendus Bd. 175, S. 522. 1922.

wurden nur die Stoffe C und Si in Betracht gezogen und ein Versuchs-
plan dahingehend aufgestellt, daß Gußeisen mit verschiedenen C- und
Si-Gehalten einem Glühprozeß bei verschiedenen Temperaturen unterworfen wurde. Um die früheren Forschungsergebnisse nachzuprüfen,
die den Nickelgehalt in gleichem Sinne werten wie den Si-Gehalt,
wurde auch noch bei einigen Stäben Nickel zugesetzt. Die Versuche
reichen bis zum Jahre 1924 zurück. Über die Resultate wurde von
K. Sipp auf der Hauptversammlung des Vereins Deutscher Gießereifachleute in Berlin am 5. Juni 1926 in kurzen Zügen berichtet.
Neuerdings wurden Gußstücke in ihrem Verhalten in Heißdampf und
auch in Feuerungen, die das Gußeisen bis zum Schmelzpunkt be-
anspruchen, untersucht, so daß sich die Gesamtstudie auf drei Temperaturstufen ausdehnt:

A. Beanspruchungen durch Heißdampf bei 400 bis 450° während
1000 Stunden.

B. Glühversuche bei 600 bis 1000°.

C. Feuereinwirkungen bis zum Schmelzpunkt[1].

Tabelle 1.

Versuchs-körper mit Schichten	Gesamt-C, unbe-handelt %	Gesamt-C, be-handelt %	Graphit, unbe-handelt %	Graphit, be-handelt %	Die übrigen Elemente			
					Si %	Mn %	P %	S %
1 I	2,84	2,81	—	2,02	0,83	1,10	0,11	0,070
II	—	2,80	—	2,02	—	—	—	—
III	—	2,84	—	2,01	—	—	—	—
2 I	2,93	2,97	2,14	2,17	1,08	1,16	0,08	0,056
II	—	2,98	—	2,19	—	—	—	—
III	—	2,92	—	2,19	—	—	—	—
3 I	2,68	2,65	1,79	1,84	1,39	1,18	0,09	0,070
II	—	2,67	—	1,82	—	—	—	—
III	—	2,65	—	2,06	—	—	—	—
4 I	3,20	3,10	2,30	2,31	1,59	1,02	0,20	0,064
5 I	3,10	3,09	2,29	2,27	1,90	1,02	0,19	0,066
6 I	3,20	3,14	2,68	2,62	2,30	0,48	0,81	0,082
II	—	3,10	—	2,65	—	—	—	—
III	—	3,12	—	2,58	—	—	—	—
7 I	2,37	2,32	1,49	1,54	2,50	1,18	0,06	0,054
8 I	1,96	1,95	1,20	1,22	2,38	1,10	0,04	0,052
II	—	1,93	—	1,23	—	—	—	—
III	—	1,92	—	1,19	—	—	—	—

Schicht I = erster ½ mm, II = ½ mm tiefer, III = ½ mm tiefer.

a) Heißdampfversuche. Es wurden acht Gußeisenproben, deren
Analysen aus Tabelle 1 zu entnehmen sind, dem Versuch unterworfen,
deren Gehalte schwankten:

C zwischen 1,96 bis 3,20
Si   „   0,83 „ 2,83
Mn   „   0,48 „ 1,18
P   „   0,04 „ 0,20 (nur der Stab 6 erhebt sich auf 0,81)
S   „   0,052 „ 0,082.

Das Gefüge sämtlicher Proben war grau.

---

[1] C. bei vorliegendem Abdruck fortgelassen.

Die größte Verschiedenheit zeigten die Stoffe C und Si, im kleineren Ausmaß Mn, während der P- und der S-Gehalt praktisch als konstant angenommen werden können.

Die Proben wurden als Rundstäbe von etwa 100 mm Länge und 15 mm Durchmesser hergerichtet, an den Köpfen zwecks genauer Messung

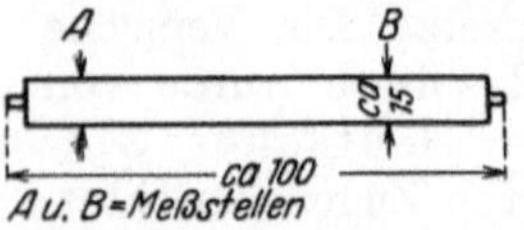

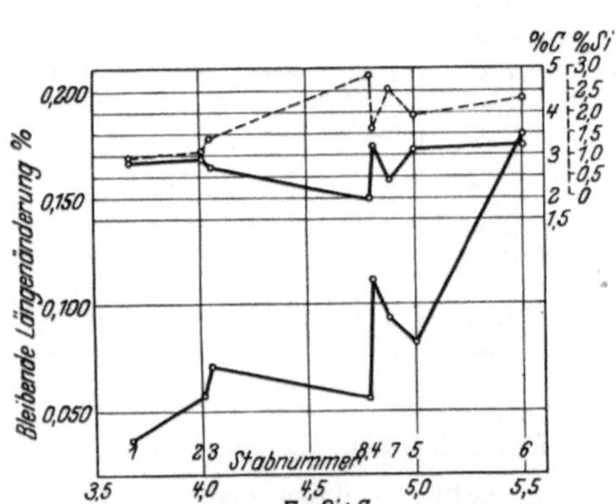

Abb. 97. Abmessung und Form der Gußeisenstäbe für die Heißdampfversuche.

mit eingestauchten Silberpfropfen versehen und in einer Dampfleitung strömendem Dampf von 400 bis 450° mit täglichen Unterbrechungen von 10 bis 12 Stunden ausgesetzt. Abb. 97 veranschaulicht die Form der Probestäbe. Im ganzen wurden die Stäbe während 1000 Stunden der Dampfwirkung ausgesetzt.

Für die Längenbestimmung der Stäbe vor und nach dem Glühen diente eine Meßmaschine der Firma Hommel-Werke in Mannheim, die gestattet, tausendstel Millimeter mit Sicherheit abzulesen und zehntausendstel abzuschätzen. Außer der Feststellung der Längenänderung wurden auch metallographische Untersuchungen des Gefüges im unbehandelten und behandelten Zustand vorgenommen. Dagegen wurde von einer Bestimmung der Dickenänderung abgesehen, da dahingehende Versuche keinen brauchbaren Weg zu einer eindeutigen, zuverlässigen Bestimmung erkennen ließen. Infolge Abblätterungen während des Versuchs innerhalb der Rohrleitung führten auch die Gewichtsuntersuchungen zu keinem einwandfreien Ergebnis.

In Abb. 98 sind die Längenänderungen in bezug auf C + Si, in Abb. 99 in bezug auf Si, in Abb. 100 auf C, in Abb. 101 auf Si, in Abb. 102

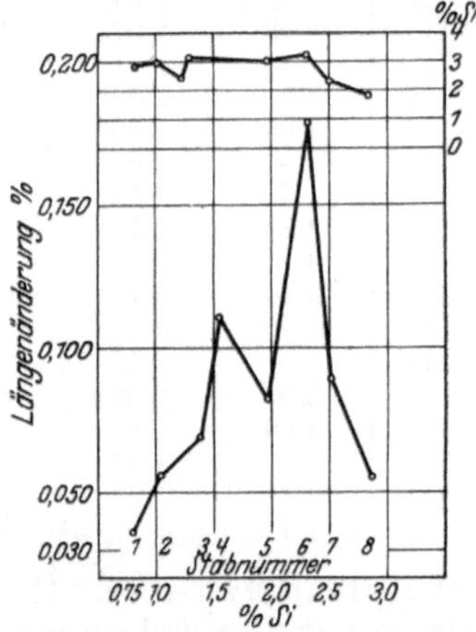

Abb. 98. Längenänderungen von Gußeisenstäben bei Heißdampfversuchen hinsichtlich ihres C + Si-Gehaltes.

Abb. 99. Längenänderungen von Gußeisenstäben bei Heißdampfversuchen hinsichtlich ihres Si-Gehaltes.

auf Mn und in Abb. 103 auf P gesetzt; in Abb. 98 oben sind die Einzelwerte von C auf Si eingetragen, während Abb. 99 oben die C-Gehalte und die Abb. 100, 101, 102, 103 oben die zugehörigen Si-Werte anzeigen, Abb. 104 stellt einen Versuch dar, das Abhängigkeitsverhältnis der Einflüsse der C- und Si-Gehalte auf die Längenänderung zu konstruieren.

Die Tabelle 1 enthält die Analysen der Proben im unbehandelten Zustand und nach erfolgter Wärmebeanspruchung.

Aus Abb. 98 ergibt sich:

Stab 1 mit 0,83% Si und 2,84% C hat den geringsten Wachswert.

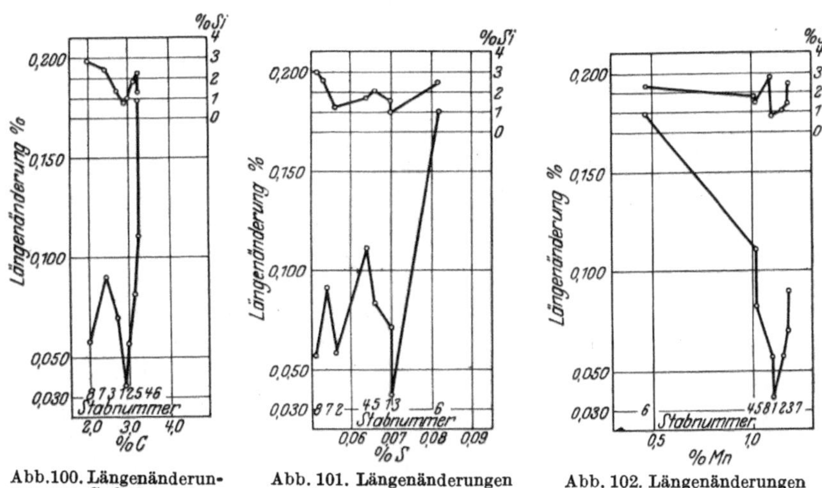

Abb.100. Längenänderungen von Gußeisenstäben bei Heißdampfversuchen hinsichtlich ihres C-Gehaltes.

Abb. 101. Längenänderungen von Gußeisenstäben bei Heißdampfversuchen hinsichtlich ihres S-Gehaltes.

Abb. 102. Längenänderungen von Gußeisenstäben bei Heißdampfversuchen hinsichtlich ihres Mn-Gehaltes.

Stab 2 mit einem C-Gehalt von 2,94%, etwa gleich mit Stab 1, und etwas höherem Si-Gehalt, 1,08%, hat nahezu den doppelten Wachswert. — Auf gleicher Wachshöhe liegt

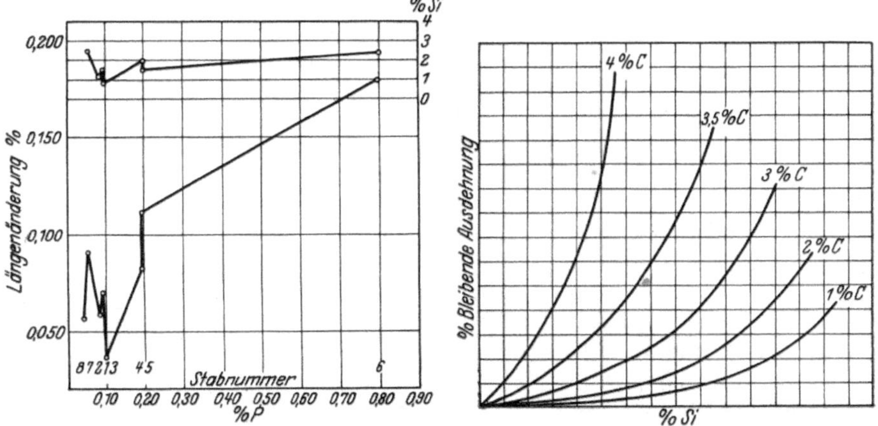

Abb. 103. Längenänderungen von Gußeisenstäben bei Heißdampfversuchen hinsichtlich ihres P-Gehaltes.

Abb. 104. Theoretische Kurve zur Darstellung des Abhängigkeitsverhältnisses der C- und Si-Gehalte auf die Längenänderung.

Stab 8, welcher den abnorm niedrigen C-Gehalt von 1,96% aufweist, dagegen 2,83% Si enthält.

Stab 3 mit 2,65% C und 1,39% Si zeigt trotz des sehr niedrigen C erhebliches Wachsen.

Stab 7 mit noch niedrigerem C (2,37%) und noch höherem Si (2,50%) wächst noch stärker. Ein Vergleich zwischen Stab 8 und Stab 7 läßt erkennen, daß durch Verschiebung in den Werten C und Si um gleiche Beträge der Wachswert von Stab 7 bedeutend nach oben schnellt, woraus zu schließen ist, daß der Einfluß des Si bedeutend größer als der des C ist.

Stab 5 mit 3,10% C und 1,90% Si fällt etwas aus der Regel heraus, wofür eine Erklärung nicht gefunden werden konnte.

Stab 4 mit 3,20% C und 1,59% Si folgt wieder der allgemeinen Regel, der sich auch der Stab 6 mit 3,20% C und 2,30% Si anschließt.

Abb. 99 entspricht der allgemeinen Feststellung, daß mit steigendem Si der Wachswert zunimmt. Wenn die Stäbe 7 und 8 trotz hohem Si-Gehalt (2,50 und 2,83%) geringeres Wachsen aufweisen, so liegt das an dem in beiden Stäben vorhandenen abnorm tiefen C-Gehalt (2,37 und 1,96%).

Während nach Abbildung 100 (C-Kurve) noch eine Gesetzmäßigkeit wenigstens bezüglich der normalen C-Gehalte der Stäbe 1, 2, 4, 5, 6 erkennbar ist, ist das für die Abb. 101 (S-Kurve), Abb. 102 (Mn-Kurve) und Abb. 103 (P-Kurve) nicht mehr der Fall.

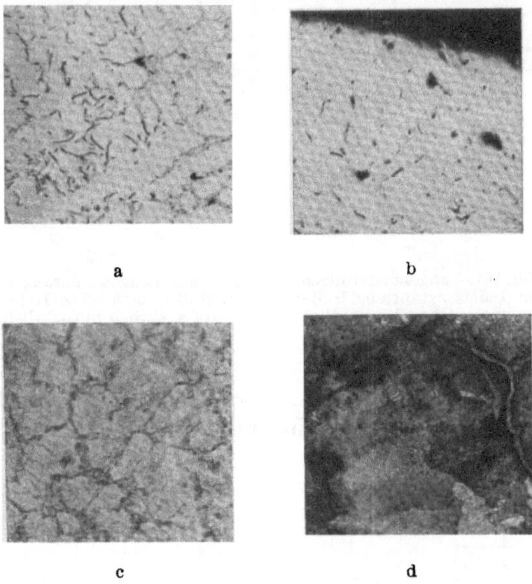

a   b

c   d

Abb. 105a bis d. Heißdampfversuch Stab Nr. 1.
a = unbehandelt, Rand 50 ×; b = behandelt, Rand 50 ×;
c = behandelt, Mitte 50 ×; d = behandelt, Rand 300 ×.

Die Gefügebilder[1] (Abb. 105 bis 106) wurden dem Versuchsmaterial vor und nach der Behandlung entnommen.

Stab 1 (Abb. 105) mit geringstem Wachswert (mäßiger C- und niedriger Si-Gehalt) läßt keine Gefügeveränderung erkennen. (Abb. 105 b nicht geätzt, alle anderen Graphitbilder schwach geätzt.)

Stab 2 mit fast doppeltem Wachswert (2,93% C und 1,08% Si) zeigt am Rand eine Auflockerung des Graphitgefüges und Anfänge von Korrosionen.

Stab 8 mit gleich hohem Wachswert wie Stab 2, jedoch sehr niedrigem C (1,96%) und hohem Si (2,83%) zeigt im Graphitgefüge ebenfalls

---

[1] Hier nur zum Teil wiedergegeben.

eine Auflockerung, insbesondere am Rand und in den eutektischen Nähten.

Stab 3 mit dem nächsthöheren Wachswert zeigt zunehmende

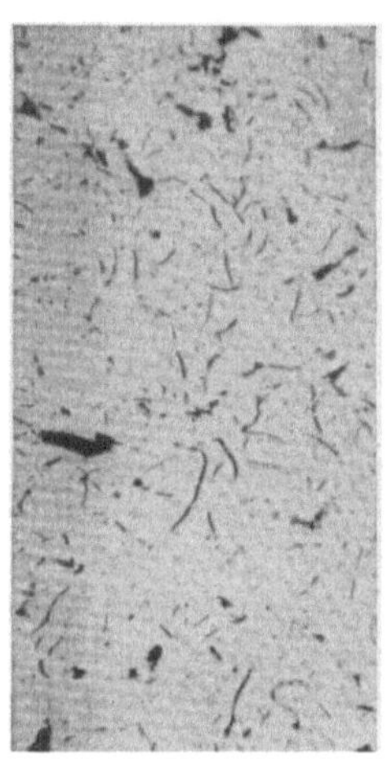

a

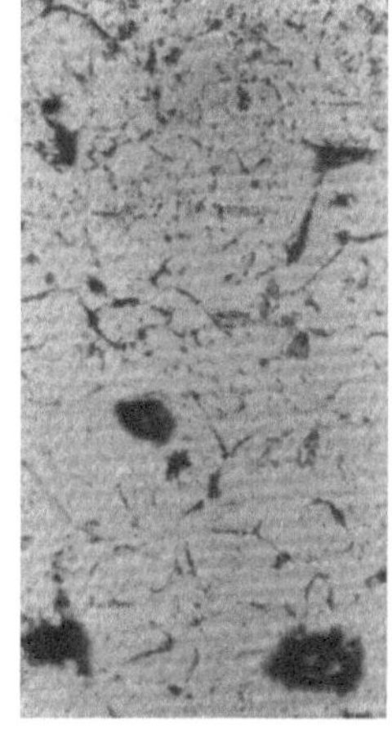

b

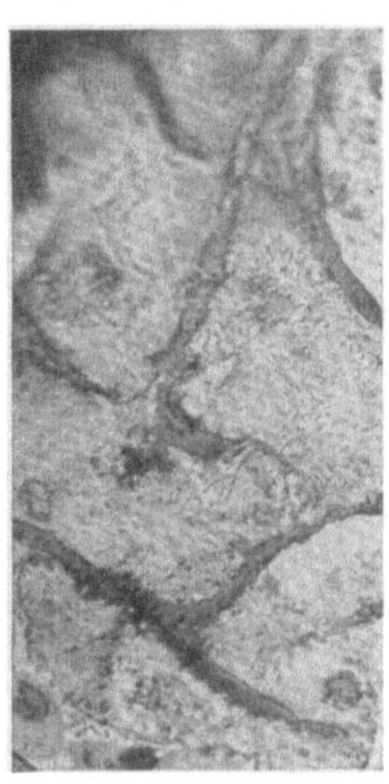

c

Graphitnetzveränderungen und Korrosionen.

Stab 7 mit dem doppelten Wachswert von Stab 8 (2,37% C, 2,50% Si) zeigt am Rand aufgetretene Graphitveränderung.

Stab 5. Wie oben bemerkt, fällt dieser Stab etwas aus der Regel, indem sein Wachswert trotz hohem C- und und Si-Gehalt nur tief liegt. Die Einwirkung auf das Gefüge ist nur von geringerer Tiefe.

Stab 4 mit hohem Wachswert zeigt starke Zerstörung am Rande.

Stab 6 (Abb. 106)

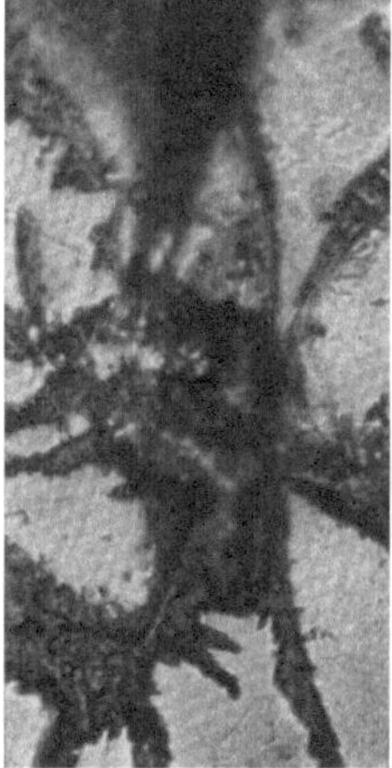

d

e

Abb. 106a bis e. Heißdampfversuch Stab Nr. 6.
a = unbehandelt, Rand 50 × ; b = behandelt, Rand 50 × ;
c = behandelt, Rand 300 × ; d = behandelt, Rand$_1$ 300 × ;
e = behandelt, Rand$_2$ 300 × .

mit höchstem Wachswert (3,20% C, 2,30% Si) zeigt die tiefstgehende Graphit- und Gefügeveränderung und Korrosion.

Wie die Analysen der Tab. 1 erkennen lassen, hat im Gegensatz

zu den Feststellungen von Piwowarsky eine Abnahme des C-Gehaltes
in keinem Falle stattgefunden. Wohl aber konnte eine Vergröberung
der Graphitadern festgestellt werden. Die Bildung von Temperkohle
war nicht nachzuweisen. Die in den Graphitadern bemerkbaren Ver-
ästelungen müssen als Oxydationsansätze des Metalls angesprochen
werden. Die Feststellung Bardenheuers, daß ein Karbidzerfall im
Heißdampf eintreten würde, konnte bei der in Betracht kommenden
Versuchsdauer weder analytisch noch metallographisch nachgewiesen
werden.

Die Ergebnisse decken sich im allgemeinen mit den Feststellungen
von Levi[1] und J. A. Friend[2].

b) Glühversuche. In ähnlicher Weise wie bei den Gußeisenproben
des Heißdampfversuchs wurden auch bei den nachstehenden Versuchsreihen die C- und Si-Gehalte stark verändert, während die übrigen
Stoffe nur geringere Unterschiede aufweisen. Ergänzend wurde bei
einigen Proben noch Nickel zugefügt, um dessen Wirkung im Zusammenhang mit C und Si festzustellen. Die Versuchsstäbe waren 100 mm lang
und 15 mm dick. Zum Schutze gegen Oxydation wurden bei diesen
Proben durch Gewinde befestigte Kappen an den Stabenden aufgesetzt.
Diese Maßnahme hat sich gut bewährt; es war keine Veränderung an
den Enden festzustellen.

Es wurden drei Versuchsreihen durchgeführt, davon die erste mit
sechs Proben, die in ihrem

Kohlenstoffgehalt zwischen	2,93	und	3,53%
im Siliziumgehalt „	0,44	„	2,79%
„ Mangangehalt „	0,08	„	1,20%
„ Phosphorgehalt „	0,03	„	1,15%
„ Schwefelgehalt „	0,014	„	0,154%

schwankten. Die Glühung, die bei den Temperaturen 600, 700, 800,
900 und 1000° auf je sechs Stunden und daran anschließend 4×4 Stunden bei 900° durchgeführt worden ist, wurde bei den Reihen I und II
in einem Heräus-Ofen unter freiem Luftzutritt vorgenommen.

Zum Glühversuch Reihe II wurde das gleiche Gußeisen wie bei den
fünf ersten Stäben der Reihe I verwendet, dazu kamen noch die Stäbe 6
und 7, die noch niedriger im C- und Si-Gehalt standen, während Stab 6
noch 1,07% Nickel enthielt.

Zum Glühversuch Reihe III wurden durchweg neue Proben eingesetzt, die

im Kohlenstoffgehalt von	2,67	bis	3,72%
„ Siliziumgehalt „	0,58	„	2,28%
„ Mangangehalt „	0,83	„	1,22%
„ Phosphorgehalt „	0,06	„	0,27%
„ Schwefelgehalt „	0,036	„	0,142%

schwankten. Stäbe 5 und 7 hatten außerdem noch einen Nickelzusatz.
Der Tab. 2 sind alle Analysen zu entnehmen. Das Gefüge sämtlicher
Proben war grau.

---

[1] Levi, A.: Gieß.-Zg. 1925, S. 582.

[2] Hull, Thos. E., J. A. N. Friend, J. H. Brown: Proc. of the Chem. Soc.
1911, 15. Mai, S. 124.

Tabelle 2. Analytische Ergebnisse der Glühproben.

Kurven Nr.	Analyse						
	C	Si	Mn	P	S	C + Si	Ni
	%	%	%	%	%	%	%
Glühversuch I.							
1 ×	3,28	2,79	0,56	1,19	0,084	6,07	—
2 ×	3,53	1,74	0,66	0,50	0,076	5,27	—
3 ×	3,20	1,11	0,79	0,40	0,154	4,31	—
4 ×	3,57	0,44	0,08	Spur	0,014	4,01	—
×	2,93	0,94	1,20	0,23	0,070	3,87	—
	3,12	0,62	0,94	0,22	0,070	3,74	1,0
Glühversuch II.							
1 ×	3,28	2,79	0,56	1,19	0,084	6,07	—
2 ×	3,53	1,74	0,66	0,50	0,076	5,27	—
3 ×	3,20	1,11	0,79	0,40	0,154	4,31	—
4 ×	3,57	0,44	0,08	Spur	0,014	4,01	—
5 ×	2,93	0,94	1,20	0,23	0,070	3,87	—
6	2,82	0,45	0,87	0,14	0,041	3,27	1,07
7	2,74	0,41	0,71	0,07	0,082	3,15	—
Glühversuch III.							
1	3,11	1,92	1,05	0,25	0,060	5,03	—
2	3,72	1,30	1,22	0,06	0,036	5,02	—
3	2,67	2,28	0,97	0,23	0,072	4,95	—
4	3,19	1,12	0,83	0,27	0,140	4,31	—
5	3,07	1,08	1,20	0,09	0,070	4,15	0,78
6	2,99	1,09	—	—	0,142	4,08	—
7	3,08	0,58	0,99	0,08	0,056	3,66	1,58

Die Glühprobe Reihe III wurde in einem gasgeheizten Muffelofen, und sämtliche Messungen, wie auch bei dem Heißdampfversuch, auf einer Meßmaschine vorgenommen. Die Messung mußte sich, da das Glühen starke Verzunderung brachte, auf Längenänderung beschränken.

Abb. 107 läßt das Wachsen sämtlicher Versuchsreihen erkennen. Man ersieht daraus, daß das Wachsen der Stäbe dem Si folgt; ebenso herrscht auch Gesetzmäßigkeit, wenn man die Summe von C und Si zugrunde legt. Von einer Tieflegung des C-Gehaltes auf 2% und darunter wurde bei diesen Versuchen abgesehen. Die Kurven lassen erkennen, daß bei hoch C- und Si-haltigem Material das Wachstum bei dieser Wärmebeanspruchung außerordentlich hoch ist (s. Abb. 107, Versuchsreihe I, wo der Wachswert von Stab 1 auf über 9% gestiegen ist). Der niedrigste Wachswert der Versuchsreihe I wurde mit Stab 6 erreicht, der 3,12% C und 0,62% Si aufweist, wobei aber 1% Nickel zugefügt war. Als nächster Stab folgt Nr. 5, der erst bei 900° Stab 4 überschneidet. Stab 4 hat zwischen den Temperaturpunkten 700 und 900° eine höhere Lage als Stab 5, bleibt dann aber bei 1000° niedriger in seinem Wachswert. Dieser Stab hat den höchsten C-Gehalt, aber den niedrigsten Si-Gehalt, wobei Mn 0,08% betrug. Ebenso liegt bei diesem Stab neben dem Mn-Gehalt der Phosphor sehr tief. Gemäß Summe C + Si muß der Stab in seinem Wachswert über Stab 5 liegen, dagegen müßten die niedrigen Mn- und P-Gehalte erhöhtes Wachsen bringen. In Wirk-

lichkeit folgt der Stab der Summe C + Si und läßt die wachstum-
erhöhende Wirkung des fehlenden Mn und P nicht erkennen. Alsdann
folgt Stab 3 mit höherem Si-Gehalt und mäßigem C-Gehalt, Stab 2
mit hohem C- und ebenfalls höherem Si-Gehalt und endlich der Stab 1
mit mäßigem C- und hohem Si-Gehalt.

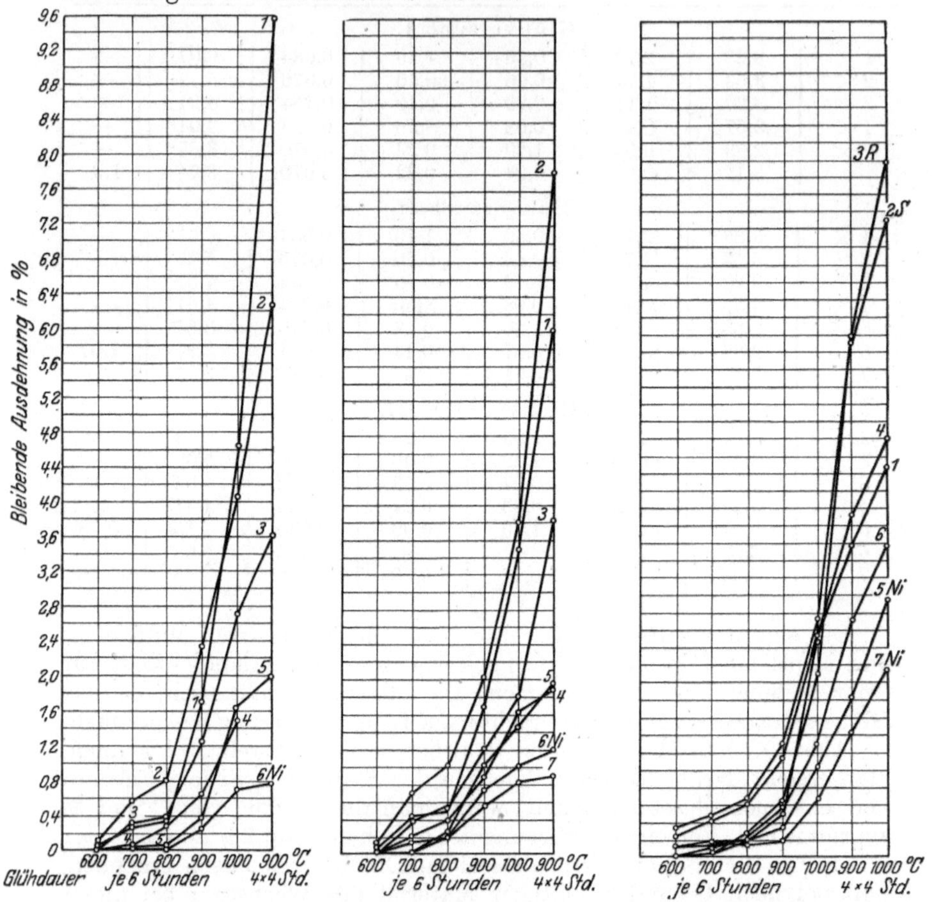

Abb. 107. Das Wachsen von Gußeisen bei Glühversuchen.

Ähnliches ist beim Kurvenbild der Reihe II festzustellen. Auch
hier folgen die Wachswerte sowohl der Si-Kurve als auch der Summe
C + Si, und weiter ist zu ersehen, daß der Ni-Gehalt von 1,07 % bei
Stab 6 bei niedrigem Si-Gehalt keine wesentliche zusätzliche Beeinflussung im Wachsen gegenüber dem nächsten Stab mit ebenfalls
niedrigem Si-Gehalt bringt. Zwischen den Stäben 1 und 2 beider Reihen
I und II ist ein beträchtlicher Unterschied im Phosphor vorhanden. Stab 1
hat 1,15 % und Stab 2 = 0,50 % P. Es müßte sich demgemäß eine Wirkung im Wachswert zeigen, was die Ergebnisse jedoch nicht erweisen.

Versuchsreihe III läßt erkennen, daß die Wachswerte näher beieinander liegen, was als Einfluß des Glühvorganges im gasgeheizten
Ofen angesprochen werden könnte. Eine Ausnahmestellung nehmen die
Stäbe mit der Zusatzbezeichnung $2\,S$ und $3\,R$ mit C + Si = 4,95%
bzw. 5,02% ein. Sie unterscheiden sich jedoch im Si- und C-Verhältnis

sehr stark. Beide Stäbe liegen verhältnismäßig hoch
in ihrem Wachswert. Sie
folgen damit ziemlich der
Summenkurve, aber nicht
den Werten der Einzelkomponenten. Dies wird besonders durch die Abb. 108 veranschaulicht, die sämtliche
Werte der drei Versuchsreihen nebeneinander enthält, einmal in ihrer Beziehung: bleibende Ausdehnung zum Si-Gehalt, zum
anderen: bleibende Ausdehnung zum C-Gehalt und
endlich in der Beziehung:
bleibende Ausdehnung zur
Summe C + Si. Die Wachswerte der ersten (Si) Kurve
folgen mit Ausnahme der
Stäbe II 2, III 1, II 1 und
III 3 dem Si-Gehalt. Stab R
mit dem hohen Si-Gehalt
(2,2%) und einem erniedrigten C-Gehalt (2,67%)
steht gleich dem Stab II 1
und 2,79% Si und 3,28% C.
Beide Stäbe zeigen damit
eine starke Unregelmäßigkeit, worauf später noch zurückgekommen wird. Das
gleiche ist der Fall mit
Stab III 1. Stab III 2 mit
mäßigem Si- und hohem
C-Gehalt folgt wieder bes

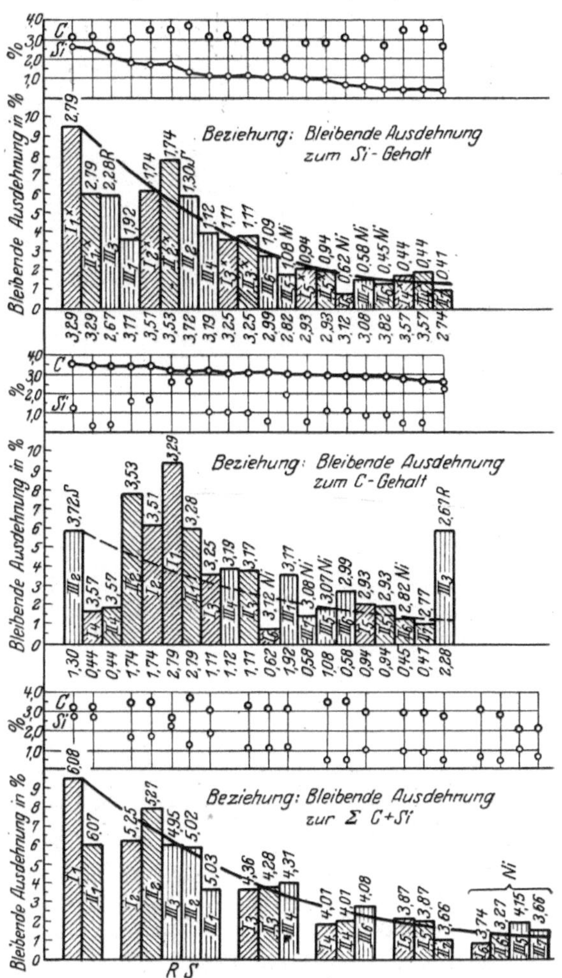

Abb. 108. Das Wachsen von Gußeisen bei Glühversuchen.

ser der Kurve. Die Stäbe mit Nickelgehalt lassen durchweg keine nennenswerte Einwirkung des Ni auf das Wachsen erkennen, was der allgemeinen Auffassung der fördernden Einwirkung des Nickels auf das
Wachsen entgegensteht.

Die mittlere Kurve der Abb. 108, die in Beziehung zum C-Gehalt
entwickelt ist, läßt keinerlei Gesetzmäßigkeit erkennen. Besonders
ist noch auf die Einordnung der Stäbe R und S hinzuweisen. Dem

C-Gehalt nach steht der *R*-Stab an letzter Stelle, hat aber gleichen Wachswert wie der *S*-Stab mit um 1% höherem C-Gehalt. Diese Tatsache steht also mit der durch die Heißdampfversuche erwiesenen Feststellung, daß der Si-Gehalt die überragende Rolle beim Wachsen spielt, in Übereinstimmung.

Bei der dritten (C + S) Kurve, bleibende Ausdehnung zur Summe von C + Si, läßt sich wieder eine bessere Gesetzmäßigkeit feststellen. In dieser Kurve stehen die Stäbe *R* und *S* nebeneinander, womit veranschaulicht wird, daß sehr niedriger C-Gehalt und hoher Si-Gehalt

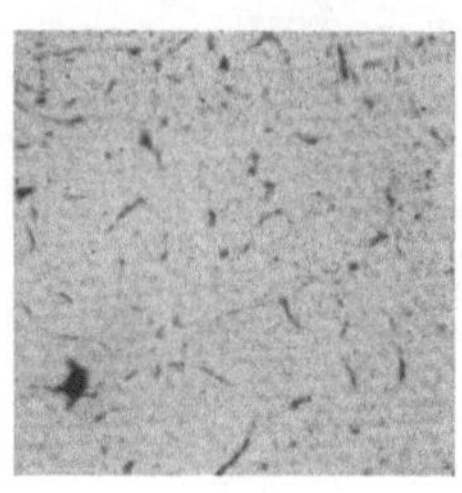 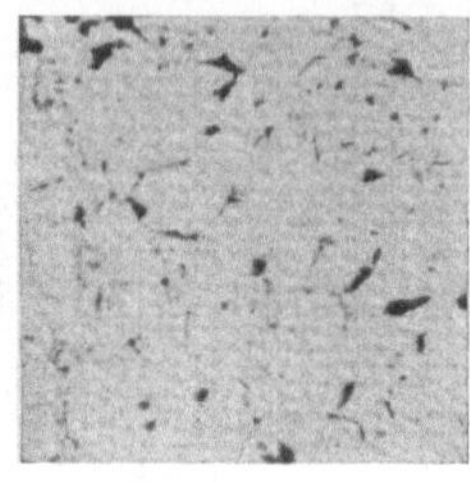 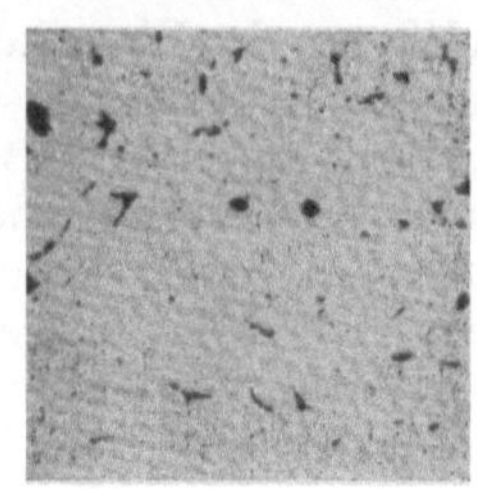

a   b   c

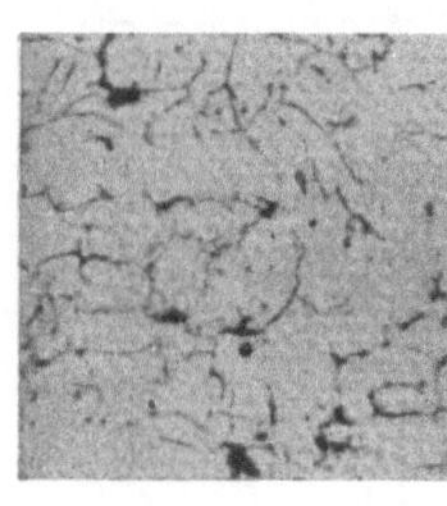 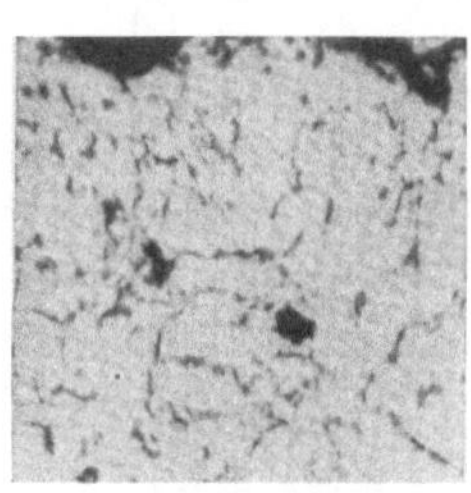

d   e

Abb. 109a bis e. Glühversuch Stab Nr. III₃.
a = 6 St. 600° Rand + Mitte 50×; b = 6 St. 700° Rand 50×; c = 6 St. 700°, Mitte 50×; d = 6 St. 1000°, Mitte 50×; e = 4 × St. 900°, Rand 50×.

denselben Wachswert hervorbringen wie mäßiger Si- und normaler C-Gehalt. Für die beim Stab III 1 hervortretende Unstimmigkeit in der Kurve ist keine Erklärung gefunden worden.

Die Gefügeuntersuchung erstreckte sich auf alle Stäbe, doch soll nur das Gefüge des Stabes III 3 mit hohem Si-Gehalt bei niedrigem C veranschaulicht werden, in Abb. 109a—e und 110a—k in seinen verschiedenen Wärmestufen dargestellt.

Abb. 109a—e (Stab III 3).

a bei 600° zeigt noch am Rand und in der Mitte Übereinstimmung ohne sichtbare Veränderungen gegenüber dem Ursprungszustand.

b bei 700°. Der Rand ist schon vergröbert, während

c (Mitte) kürzere, aber dickere Graphitform aufweist.

d stellt das Gefüge nach 1000° Erhitzung in der Mitte dar; es läßt sich eine ziemliche Vergröberung erkennen.

e ist in der letzten Stufe 4 × 4 Stunden bei 900° am Rand entnommen und zeigt noch stärkeren Graphit.

Abb. 110a bis k (Stab III 3) in 400facher Vergrößerung, geätzt.

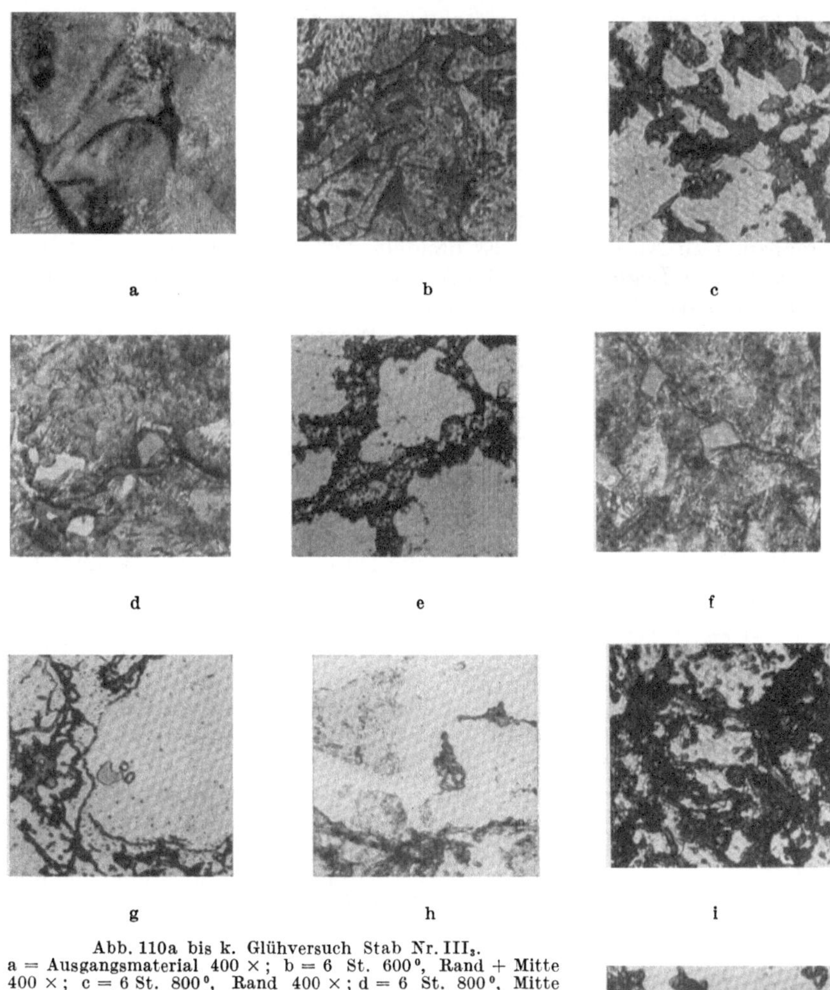

Abb. 110a bis k. Glühversuch Stab Nr. III₃.
a = Ausgangsmaterial 400 × ; b = 6 St. 600°, Rand + Mitte
400 × ; c = 6 St. 800°, Rand 400 × ; d = 6 St. 800°, Mitte
400 × ; e = 6 St. 900°, Rand 400 × ; f = 6 St. 900°, Mitte 400 × ;
g = 6 St. 1000°, Rand 400 × ; h = 6 St. 1000°, Mitte 400 × ;
i = 4 × 4 St. 900°, Rand 400 × ; k = 4 × 4 St. 900°, Mitte 400 × .

a ist Ausgangsmaterial.

b bei 600°. Rand und Mitte. Es ist eine Auflockerung erkennbar.

c bei 800°. Am Rand tritt Ferrit auf, der sich beim nächsten Bild.

d bis zur Mitte in einzelnen Kristallkörnern verfolgen läßt.

e bei 900°. Der Rand läßt eine Verstärkung des Ferrits und starke Korrosionsbildungen erkennen.

f Mitte ist noch frei von Korrosionen.

g bei 1000⁰. Am Rand ist der Ferrit noch grobflächiger geworden, und es tritt eine Graphitumsetzung durch Oxydation zutage.

h bei 1000⁰. Die Mitte ist noch wesentlich weniger berührt von diesen Vorgängen. Es ist noch Perlit neben Ferrit vorhanden.

i nach 4 × 4 Stunden bei 900⁰. Am Rand stark oxydiert. Das Ferritgefüge ist in der Zerstörung begriffen.

k nach 4 × 4 Stunden bei 900⁰. In der Mitte ist noch grobflächiger Ferrit vorhanden bei starker Veränderung des Graphits.

Die nachstehenden Betriebsversuche an Härtekasten bilden eine Ergänzung zu Abschnitt B. Es handelt sich um Härtekasten mittlerer Größe in vier Legierungen. Die Analyse in C und Si sowie die Summe beider sind der Tab. 3 zu entnehmen.

Tabelle 3.

Bezeich- nung	C %	Si %	= C + Si %
A	3,29	2,38	5,67
B	3,43	1,48	4,91
C	3,31	1,26	4,57
D	3,26	1,19	4,45

Während bei den Kasten A die Glühdauer rund 100 Stunden betrug, wurde sie bei den übrigen Kasten B, C und D auf 137 Stunden ausgedehnt. Abb. 111 läßt das Wachsen der Kasten in Länge, Breite und Höhe erkennen. Daneben sind gekreuzt schraffiert die Durchschnittswerte gesetzt. Die eingezeichnete Kurve schmiegt sich dem Si und auch der Summe C + Si an und steht somit in Übereinstimmung mit den Feststellungen der Versuchsabschnitte A und B. Die Zerstörung ist in der bekannten Weise erfolgt, daß sich bei jeder Glühperiode eine Zunderschicht bildete, die nach dem Erkalten abblätterte.

Zusammenfassung und Schlußfolgerungen aus den Versuchsabschnitten A) und B). Es ist festgestellt, daß bei der Beanspruchung des Gußeisens im Heißdampf von 450⁰ und bei Glühtemperaturen bis 1000⁰ Si den größeren und C einen geringeren Einfluß auf das Wachstum ausüben. Es entsteht nun die Frage, welche Möglichkeiten bestehen, um in der Praxis den einen oder den anderen oder beide Stoffe auf ein solches Maß einzustellen, daß die größtmögliche Gefügebeständigkeit erzielt wird. Den Kohlenstoff bis 2% und darunter wie bei Stab 8 zu erniedrigen, darf bei dem heutigen Stand der

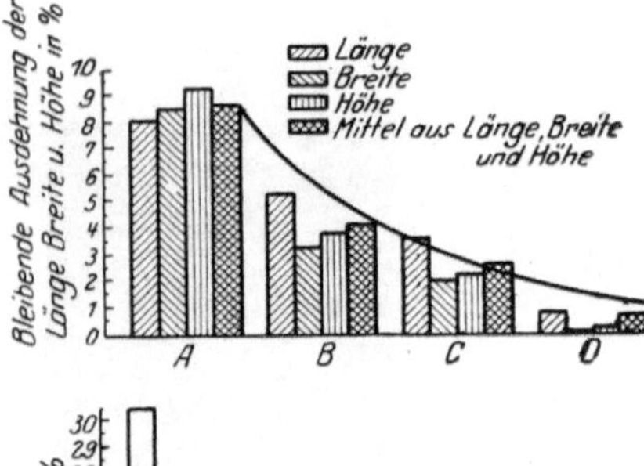

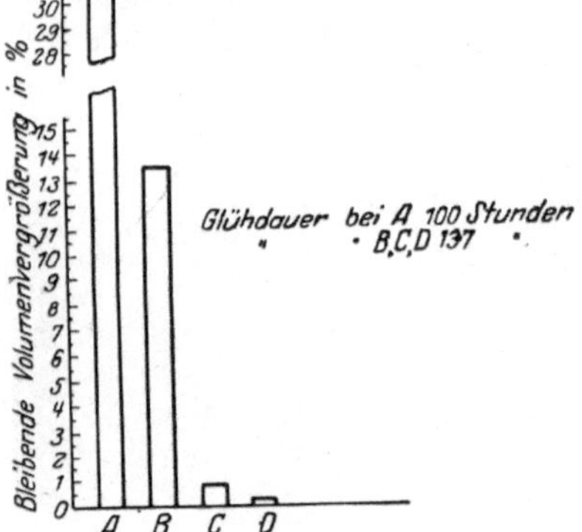

Abb. 111. Glühversuche an Härtekasten.

Gießereitechnik als nicht gangbar bezeichnet werden. Anders verhält es sich mit dem Si. Es ist heute durchaus möglich, bei mäßigem C-Gehalt den Si-Gehalt unter 1% zu senken und dadurch ein Gußeisen zu erhalten, das größte Unempfindlichkeit gegen Wachsen zeigt und ohne Schwierigkeit aus dem Kupolofen oder anderen Ofenarten erschmolzen werden kann.

3. Der Einfluß von Kohlenstoff, Mangan und Silizium auf das Wachsen des Gußeisens[1].

Von O. Bauer und K. Sipp.

a) Einleitung. Unsere gesamten technischen Eisen-Kohlenstofflegierungen sind in dem Zustand, in dem sie ihre wertvollsten Eigenschaften entfalten, eigentlich instabil. Sie streben alle dem stabilen Gleichgewicht Ferrit-Graphit zu; nur ist der Grad der Instabilität je nach der Art des Eisens sehr verschieden.

Bereits gewisse hochgekohlte Stahlsorten neigen dazu, unter dem Einfluß höherer Temperaturen Temperkohle bzw. Graphit auszuscheiden; viel größer ist diese Neigung bei unseren technischen Gußeisensorten, da hier die Vorbedingungen für eine Aufspaltung des Zementits bzw. für eine Ausscheidung elementaren Kohlenstoffs aus der festen Lösung erheblich günstiger liegen; zunächst ist der Gesamtkohlenstoff höher; dann hat Gußeisen stets einen beträchtlichen Siliziumgehalt — daß Silizium das wirksamste Mittel zur Förderung der Graphitausscheidung ist, ist seit langer Zeit bekannt —, und schließlich sind in grauem Gußeisen bereits Graphitblätter vorhanden, die wie Keime wirken.

Die Aufspaltung des freien oder im Perlit enthaltenen Zementits, sowie die Ausscheidung der Temperkohle aus der festen Lösung geht unter Volumenzunahme vor sich; das Gußeisen „wächst", wie die Praxis sagt.

Man hat diesem „Wachsen des Gußeisens", das man ja bereits seit langer Zeit vom Temperprozeß her kannte, praktisch keine besondere Aufmerksamkeit geschenkt, da es sich beim Tempern während des Herstellungsprozesses abspielt und das fertige Konstruktionsstück dadurch nicht weiter in Mitleidenschaft gezogen wird.

Erst als die Anforderungen an das Gußeisen bezüglich seiner Temperaturbeständigkeit, namentlich im Dampfturbinenbau immer größer wurden und die fertigen Gehäuse im Betriebe lange Zeit Temperaturen bis zu 400° und höher ausgesetzt werden mußten, machte es sich störend bemerkbar und führte bereits vielfach zu großen wirtschaftlichen Schädigungen.

Die Forschung hat sich mit der Erscheinung der Volumenzunahme des Gußeisens bereits eingehend beschäftigt[2], ohne daß es jedoch ge-

---

[1] Aus Gieß. 1928, S. 1018 u. 1047 (mit Weglassung einiger Tabellen und der Schliffbilder).

[2] In der Arbeit: Das Wachsen des Gußeisens von K. Sipp und F. Roll (S. 112ff.) findet sich eine sehr vollständige Zusammenstellung und kurze Besprechung der Arbeiten (bis 1926), die sich mit obigen Fragen beschäftigen; wir

lungen wäre, alle Umstände, die auf das „Wachsen" von Einfluß sind, restlos zu erfassen und in ihrer gegenseitigen Auswirkung aufeinander eindeutig zu bestimmen.

Soweit sich zur Zeit übersehen läßt, handelt es sich beim „Wachsen des Gußeisens" im wesentlichen um zwei, an sich völlig verschiedene Vorgänge, die jedoch in der Praxis meist nebeneinander hergehen und in der einschlägigen Literatur vielfach miteinander verwechselt werden.

Der primäre Vorgang ist der Zerfall des Karbids in seine beiden Komponenten Graphit und Ferrit bzw. die Ausscheidung des Graphits oder der Temperkohle aus der festen Lösung (Austenit). Die dadurch bedingte Volumenzunahme ist nicht sehr erheblich; sie beträgt für ein Gußeisen mit 0,9% gebundenem Kohlenstoff im Höchstfalle etwa 0,98%[1]. Die Ausscheidung des Graphits, der sich meist an die bereits vorhandenen Graphitblätter anlagert, verursacht jedoch eine Auflockerung des Gefüges, die wieder die Vorbedingung für den sekundären Vorgang des Wachsens infolge Oxydation und Korrosion des Eisens und der im Eisen enthaltenen Fremdstoffe (Silizium usw.) ist[2]. Dieses sekundäre Wachsen kann unter Umständen erheblich größere Ausmaße (bis zu mehreren Prozenten) annehmen als das primäre. Für das sekundäre Wachsen sind in erster Linie die Betriebsverhältnisse ausschlaggebend, die naturgemäß je nach der Art des Betriebes starken Schwankungen unterworfen sind und bei Versuchen im kleinen Maßstab kaum jemals den Verhältnissen im großen angepaßt werden können. Für die

konnten daher davon absehen, hier nochmals diese bereits veröffentlichten Arbeiten aufzuzählen.

Einige neuere Arbeiten mögen hier noch erwähnt werden.

Kennedy, R. R. und G. J. Oswald: Verzögerung des Wachsens von Gußeisen durch P und Ti. Rev. Fond. Mod. 21, 1927, 25. Okt., S. 415. — Der Einfluß verschiedener Legierungselemente auf das Wachsen von Gußeisen bei wiederholtem Erhitzen. Trans. Am. Found. Assoc. Bd. 34, S. 871, 1927; siehe auch Stahleisen 1927, S. 140.

Benedicks, C. und H. Löfqist: Das Wachsen von Gußeisen. Iron Steel Inst. Bd. 115, S. 603, 1927; siehe auch Stahleisen 1927, S. 1408; Jernk Ann. Bd. 111, Nr. 7, S. 353, 1927.

Higgins, R. R.: Die Längenänderung von Gußeisen bei wiederholtem Erwärmen und Abkühlen zwischen 15 und 600°. Carn. Schol. Mem. Bd. 15, S. 217, 1926.

Wüst, F. und O. Leihener: Beitrag zur Frage des Wachsens von Gußeisen. Forschungsarbeiten V. d. I. 1927, Nr. 259, S. 92.

Schwinning, W. und H. Flößner: Über das Wachsen von Gußeisen. Stahleisen 1927, S. 1075; Ber. Werkst. Ausschuß Nr. 103, 1927, V. Eisenhüttenl.

Donaldson, J. W.: Wärmebehandlung und Wachsen von Gußeisen. Foundry Trade Journ. Bd. 35, Nr. 548, S. 143, 1927 und Nr. 549, S. 167.

Andrew, J. H.: Wachsen des Gußeisens bei wiederholter Erhitzung. Foundry, 15. Dezember 1927, S. 959/61 und 975. — Vortrag Amer. Foundrymen's Association, 1927 (Sonderheft), 6. Juni.

Turner, T. H.: Hitzebeständige Legierungen. Metal Ind. v. 17. II. 1928, S. 10.

[1] Diese Zahl errechnet sich nach Wüst und Leihener unter Zugrundelegung des spez. Gewichts des α-Eisens = 7,86, des Zementits = 7,82 und des Graphits bzw. der Temperkohle = 1,8.

[2] Von verschiedenen Seiten ist schließlich noch darauf hingewiesen worden, daß vielleicht auch der Druck der im Gußeisen eingeschlossenen Gase eine Volumenzunahme bedingen könnte. Ein einwandfreier, durch das Experiment nachgewiesener Beweis für diese Hypothese ist bisher jedoch noch nicht erbracht. Literaturangaben hierzu finden sich ebenfalls in der Arbeit von Sipp und Roll.

Praxis bleibt nach obigen Ausführungen zunächst das wichtigste Ziel, ein Gußeisen zu finden, das gegenüber dem primären Vorgang der Aufspaltung des Karbids bzw. der Ausscheidung von Temperkohle aus der festen Lösung möglichst unempfindlich ist.

In der Sitzung des Unterausschusses für Gußeisen am Mittwoch, dem 25. August 1926 in Berlin legten wir einen sich in obiger Richtung bewegenden Arbeitsplan vor; derselbe wurde vom Unterausschuß gebilligt und gelangte mit einigen sich im Laufe der Arbeit als notwendig herausgestellten Abänderungen zur Durchführung.

b) Arbeitsplan. „Nach dem heutigen Stande unserer Erkenntnis beeinflussen in erster Linie Kohlenstoff, Silizium und Mangan das Wachsen des Gußeisens.

Je höher das Siliziumgehalt ist, um so mehr neigt das Karbid dazu, aufzuspalten. Hoher Mangangehalt soll diese Neigung abmindern. Das Verhältnis zwischen Silizium und Mangan wird daher bei gleich hohem Kohlenstoffgehalt von maßgebendem Einfluß auf das Verhalten des Gußeisens bei hohen Temperaturen sein. Unzweifelhaft werden auch Phosphor und Schwefel, unter Umständen auch andere Stoffe (z. B. Nickel), das Verhalten beeinflussen. Um jedoch den Arbeitsplan nicht ins Uferlose auszudehnen, ist zunächst beabsichtigt, lediglich den Einfluß von Kohlenstoff, Mangan und Silizium zu studieren.

Folgende Gehalte an Kohlenstoff, Mangan und Silizium sollten angestrebt werden:

$$\text{Kohlenstoff} \begin{cases} 2{,}5 \\ 3{,}0 \\ 3{,}5 \end{cases}\%\qquad \text{Mangan} \begin{cases} 0{,}5 \\ 1{,}0 \\ 1{,}5 \end{cases}\%\qquad \text{Silizium} \begin{cases} 0{,}5 \\ 1{,}0 \\ 1{,}5 \\ 2{,}0 \\ 3{,}0 \end{cases}\%$$

Diese Gehalte untereinander variiert ergeben die in nachfolgender Tabelle 1 (S. 134), Spalte 1 bis 3 aufgeführten 45 verschiedenen Schmelzen.

Der Phosphor- und Schwefelgehalt soll bei allen Schmelzen möglichst gleich und möglichst niedrig sein.

Zum Vergleich wurde noch eine weitere Schmelze mit möglichst hohem Mangangehalt (etwa 4% Mn) hergestellt, die die Nr. 46 erhielt. Von jeder Gattierung ist eine Probeplatte zu gießen, aus der die Stäbe für die Glühversuche herausgearbeitet werden.

Die Stäbe sind bei verschiedenen Temperaturen und verschiedenen Zeiten im Muffelofen zu glühen und die dabei auftretenden Längenänderungen nach dem Abkühlen auf Zimmerwärme zu messen. Das Kleingefüge ist vor und nach der Glühung festzustellen."

c) Durchführung der Versuche. 1. Das Schmelzen der Legierungen und das Vergießen der Probeplatten. Die Schmelzung wurde im Tiegelofen mit Koksfeuerung vorgenommen. Als Einsatzstoffe standen Hämatitroheisen, Silbereisen und Stahl zur Verfügung, die entsprechend der jeweiligen Soll-Analyse gattiert wurden. Als Zusatz wurde Ferro-Mangan (75%) und Ferro-Silizium (40 bis 50%) verwandt. Der Tiegelinhalt war so bemessen, daß er zum Vergießen aller fünf Gattie-

Tabelle 1. Chemische Zusammensetzung der erschmolzenen Platten.

1	2	3			4					5		6
Reihe	Nr. der Schmelze	Soll-zusammensetzung			Analytisch gefundene Zusammensetzung					Gegossen wurden Platten nach		Vorwärmung der Form a vor dem Guß auf
		C %	Si %	Mn %	C %	Si %	Mn %	P %	S %	Abb. 112	Abb. 113	
I	1	2,5	0,5	0,5	erstarrte völlig „weiß"					wurde f. d. Versuche nicht verwendet		
	2	2,5	1,0	0,5	2,35	1,25	0,46	—	—	Form a	—	etwa 70 ⁰
	3	2,5	1,5	0,5	—	1,76	—	—	—	,,	—	—
	4	2,5	2,0	0,5	2,23	2,37	0,45	—	—	,,	—	—
	5	2,5	3,0	0,5	2,13	2,89	0,44	0,19	0,026	,,	zerbrochen	—
II	6	2,5	0,5	1,0	2,61	0,79	0,89	0,22	0,032	weiß erstarrt	zerbrochen	etwa 200 ⁰
	7	2,5	1,0	1,0	2,58	1,38	0,70	—	—	Form a	—	—
	8	2,5	1,5	1,0	2,55	1,87	0,60	—	—	,,	—	—
	9	2,5	2,0	1,0	2,50	2,35	0,51	—	—	,,	—	—
	10	2,5	3,0	1,0	2,44	2,80	0,82	0,17	0,026	,,	Form b	—
III	11	2,5	0,5	1,5	2,99	0,69	1,40	0,13	0,028	weiß erstarrt	zerbrochen	etwa 210 ⁰
	12	2,5	1,0	1,5	2,90	1,02	1,38	—	—	Form a	Form b	—
	13	2,5	1,5	1,5	2,80	1,44	1,36	—	—	,,	—	—
	14	2,5	2,0	1,5	2,75	1,78	1,34	—	—	,,	—	—
	15	2,5	3,0	1,5	2,71	2,26	1,32	0,16	0,026	,,	Form b	—
IV	16	3,0	0,5	0,5	3,24	0,56	0,42	0,27	0,030	Form a	Form b	etwa 300 ⁰
	17	3,0	1,0	0,5	3,10	0,95	0,40	—	—	,,	—	—
	18	3,0	1,5	0,5	3,05	1,56	0,38	—	—	,,	—	—
	19	3,0	2,0	0,5	2,99	1,99	0,34	0,25	0,022	,,	—	—
	20	3,0	3,0	0,5	3,15	3,13	0,58	0,23	0,030	,,	Form b	—
V	21	3,0	0,5	1,0	3,30	0,64	0,87	0,19	0,036	Form a	verloren	etwa 300 ⁰
	22	3,0	1,0	1,0	3,20	1,03	0,87	—	—	,,	—	—
	23	3,0	1,5	1,0	3,15	1,45	0,85	—	—	,,	—	—
	24	3,0	2,0	1,0	3,08	1,79	0,84	—	—	,,	—	—
	25	3,0	3,0	1,0	2,91	2,41	0,83	0,18	0,030	,,	zerbrochen	—
VI	26	3,0	0,5	1,5	3,34	0,65	1,77	0,18	0,032	Form a	zerbrochen	etwa 300 ⁰
	27	3,0	1,0	1,5	3,28	1,09	1,73	—	—	,,	—	—
	28	3,0	1,5	1,5	3,27	1,52	1,70	—	—	,,	—	—
	29	3,0	2,0	1,5	3,19	1,98	1,66	—	—	,,	—	—
	30	3,0	3,0	1,5	3,16	2,84	1,63	0,19	0,028	,,	Form b	—
VII	31	3,5	0,5	0,5	3,44	0,47	0,46	0,18	0,028	Form a	—	etwa 270 ⁰
	32	3,5	1,0	0,5	3,25	1,05	0,43	—	—	,,	Form b	—
	33	3,5	1,5	0,5	3,08	1,58	0,40	—	—	,,	—	—
	34	3,5	2,0	0,5	3,30	2,04	0,47	—	—	,,	—	—
	35	3,5	3,0	0,5	3,52	2,54	0,54	—	—	,,	Form b	—
VIII	36	3,5	0,5	1,0	3,32	0,55	0,97	0,21	0,028	—	zerbrochen	etwa 310 ⁰
	37	3,5	1,0	1,0	3,28	1,01	—	—	—	Form a	—	—
	38	3,5	1,5	1,0	3,26	1,25	0,97	—	—	,,	—	—
	39	3,5	2,0	1,0	3,18	2,01	—	—	—	,,	—	—
	40	3,5	3,0	1,0	3,50	2,70	0,97	—	—	,,	zerbrochen	—
IX	41	3,5	0,5	1,5	3,57	0,65	1,45	0,11	0,020	—	Form b	etwa 290 ⁰
	42	3,5	1,0	1,5	3,49	1,14	1,40	—	—	Form a	—	—
	43	3,5	1,5	1,5	3,40	1,56	1,35	—	—	,,	—	—
	44	3,5	2,0	1,5	3,31	2,00	1,32	—	—	,,	—	—
	45	3,5	3,0	1,5	3,22	2,68	1,25	0,10	0,020	,,	Form b	—
—	46	—	—	—	3,10	1,80	4,05	0,10	0,025	Form a	Form b	—

rungen jeder Reihe (siehe Tabelle 1) ausreichte; dabei wurde so verfahren, daß zunächst die jeweilige Grundschmelze (mit dem niedrigsten Siliziumgehalt) bei etwa 1400° vergossen wurde, darauf wurden die zur Steigerung des Siliziumgehaltes erforderlichen Zusätze gemacht, der Tiegel wieder eingesetzt, auf etwa 1400° erwärmt und vergossen, und so fort, bis die letzte Schmelze der Reihe mit dem höchsten Siliziumgehalt vergossen war.

Von jeder Schmelze wurde zunächst je eine Platte von 250 × 220 × 30 mm (Abb. 112, Form a) in getrockneter kalter Form normaler Art vergossen.

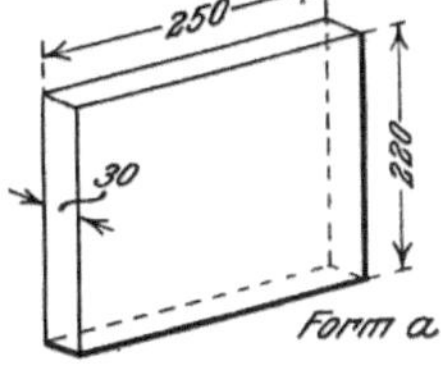

Abb. 112. Platten.

Bei solchen Gattierungen, bei denen dabei weißes oder meliertes Gefüge zu erwarten war, wurde, um graues Gefüge zu erhalten, die Form entsprechend vorgewärmt.

Um ferner einen Anhalt für den Einfluß der Gefügeausbildung auf das „Wachsen" des Gußeisens zu gewinnen, wurde noch ohne Rücksicht darauf, ob das Gefüge grau oder weiß ausfällt, aus der ersten und letzten Gattierung jeder der neun Versuchsreihen je eine gekerbte Platte nach Abb. 113 (Form b) in getrockneter kalter Form gegossen. Platte (Form a) und gekerbte Platte (Form b) wurden jeweils unmittelbar hintereinander abgegossen. Die vergossenen Stücke erkalteten in der Form und wurden danach herausgenommen und oberflächlich gereinigt.

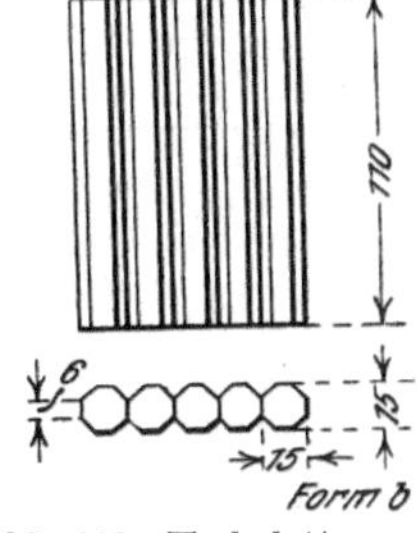

Abb. 113. Kerbplatten.

2. Chemische Zusammensetzung der erschmolzenen Platten. Zur Feststellung, ob die Soll-Gehalte bezüglich der Kohlenstoff-, Silizium- und Mangangehalte eingehalten waren, wurde jede Platte auf ihre Zusammensetzung hin untersucht. Die Analysenergebnisse sind in Tabelle 1 zusammengestellt. Zum Vergleich sind die Soll-Gehalte daneben gestellt. In Spalte 5 der Tabelle 1 finden sich Angaben darüber, welche Platten (Form a, Abb. 112 und Form b, Abb. 113) von jeder Legierung gegossen bzw. für die später zu beschreibenden „Wachsversuche" verwendet wurden. Die Spalte 6 gibt an, auf welche Temperaturen die Formen für das Gießen einzelner Platten (nach Form a) vorgewärmt waren.

In Abb. 114 sind die Analysenergebnisse graphisch aufgetragen. Die Analysen zeigen gegenüber den Soll-Gehalten zwar einige unvermeidliche Schwankungen; im allgemeinen entsprechen sie jedoch den geforderten Bedingungen. Die gegossenen Probeplatten wurden daher für die nachfolgend beschriebenen Versuche verwandt.

3. Vorbereitung der Proben für die Glühversuche und Messung der Längenänderung. Aus den Platten (Abb. 112, Form a) wurden Rundstäbe von 100 mm Länge und 15 mm Durchmesser herausgearbeitet. Um den Einfluß der schnelleren Abkühlung der Oberfläche auszuschalten, wurden die Stäbe stets aus dem mittleren Teil der Platten entnommen.

Die gekerbten Platten nach Form b (Abb. 113) wurden an den Kerben durchgebrochen. An den auf diese Weise erhaltenen Sechskantstäben blieb die Gußhaut an den vier restlichen Flächen erhalten.

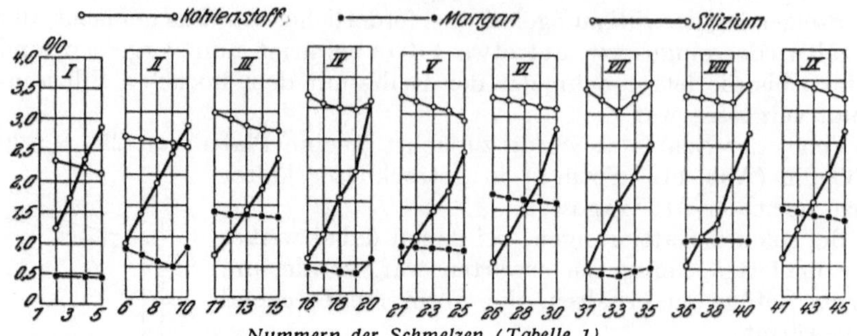

Abb. 114. Chemische Zusammensetzung der erschmolzenen Platten.

Die Herrichtung der Stäbe für die Längenmessungen vor und nach den Glühungen geht aus Abb. 115 hervor. Die Stäbe wurden in der Längsachse eingebohrt; in die Bohrung (1,75 mm $\varnothing$) wurden zunächst Silber-

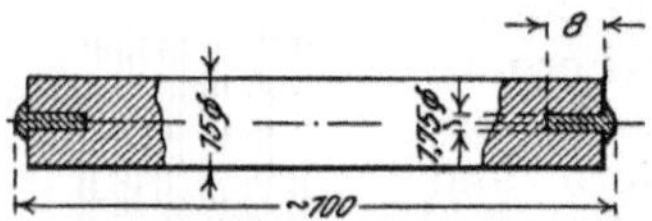

Abb. 115. Rundstab, für den Glühversuch vorbereitet.

pfropfen eingestaucht. Vorversuche ergaben jedoch, daß sich Silberpfropfen nicht bewährten, da sie beim Glühen aus der Bohrung herausquollen; wir gingen daher zu Nickelpfropfen über, die sich sehr gut bewährten[1].

Bei einigen Kerbstäben, die weiß erstarrt waren und sich nicht bohren ließen, halfen wir uns dadurch, daß wir die Endflächen möglichst planparallel schliffen und die Enden zur Verringerung der Oxydation in Asbest einpackten.

Für die Glühungen waren drei Temperaturstufen (450, 650 und 850°, Näheres darüber siehe Abschnitt d) — vorgesehen.

Die Längenmessungen der Stäbe wurden für die Glühstufe 450° mit einer Hommel-Meßmaschine vorgenommen, die Meßgenauigkeit betrug $^1/_{1000}$ mm. Für die Stufen 650 und 850° verwandten wir ein Mikrometerkaliber mit $^1/_{100}$ mm Meßgenauigkeit.

4. Durchführung der Glühungen. I. Glühstufe bei 450°. Das Glühen erfolgte in einem elektrisch geheizten Ofen, der so gebaut war, daß die Proben über ihre ganze Länge gleichmäßig erwärmt werden konnten. Die Temperaturunterschiede im benutzten Ofenraum betrugen im Höchstfall $\pm$ 5°. Die Proben wurden kalt eingesetzt; nach etwa 1 st war die Ofentemperatur von 450° erreicht, sie wurde mit Schwankungen, die sich um etwa $\pm$ 15 bis 20° erstreckten, 4 $\times$ 40 st aufrechterhalten.

Die Temperaturen wurden mittels eines geeichten Thermoelementes gemessen, dessen Lötstelle in der Mitte der um sie herumliegenden Proben lag.

---

[1] Das verschiedene Verhalten findet darin seine Erklärung, daß sich Silber und Eisen nicht legieren, während Nickel und Eisen leicht ineinander diffundieren und somit eine sichere Verbindung gewährleisten.

Die Abkühlung nach jeder Glühung auf Zimmerwärme dauerte im allgemeinen 5 bis 7 st. 5 weitere st lagerten alsdann die Proben in einem Raum mit möglichst geringen Temperaturschwankungen, worauf die Ausmessung vorgenommen wurde.

II. Glühstufe bei 650⁰. Die Glühungen erfolgten in einem gasgeheizten Muffelofen. Die Glühzeiten betrugen hier 4×10 st. Die Temperaturunterschiede innerhalb des Ofenraumes betrugen höchstens $\pm 10^\circ$. Im übrigen erfolgte die Abkühlung und Ausmessung (nach 10 st Glühdauer) wie bei I.

III. Glühstufe bei 850⁰. Die Glühungen wurden in der gleichen Weise wie bei II. durchgeführt. Die Glühdauer betrug wieder 4×10 st. Die Temperaturunterschiede innerhalb des Ofenraumes waren hier jedoch etwas größer; sie betrugen etwa $\pm 20^\circ$. Nach 10 st Glühdauer wurden die Proben wiederum ausgemessen.

Für die Glühstufe II bei 650⁰ waren außerdem noch Vakuum-Glühversuche vorgesehen. Die Probestäbe wurden hierbei in Bombenrohre aus Jenaer Glas eingeschmolzen, die vorher mittels einer Gaede-Pumpe evakuiert waren. Das Vakuum betrug anfangs 0,10 bis 0,15 mm Quecksilbersäule. Die Glühdauer betrug wieder 4×10 st. Beim Aufbrechen der Rohre zeigte es sich, daß das Vakuum im allgemeinen auf 10 mm Quecksilbersäule zurückgegangen war; es hatte also eine Gasabgabe aus den Gußeisenproben stattgefunden. Die Rohre mit den Probennummern 5, 15 und 20 (siehe Tabelle 1) waren nach der letzten 10stündigen Glühung gerissen; trotzdem zeigte keines der Probestäbchen Oxydation.

d) Ergebnisse der Glühversuche. In den Tabellen[1] sind nur die Werte aufgenommen, die als einwandfrei angesehen werden konnten. Lücken deuten auf die mannigfachen zu Anfang zu überwindenden Schwierigkeiten hin[2]. Erst als diese überwunden waren, gelang es, zu einwandfreien Ergebnissen zu kommen. In den Abb. 116 bis 118 sind die Längenänderungen der Rundstäbe nach dem Glühen bei den verschiedenen Glühstufen graphisch aufgetragen. Der Maßstab für die Glühstufe I (450⁰) ist dabei doppelt so groß gewählt wie für die beiden höheren Glühstufen (II und III). Da die Glühungen mit den Sechskantstäben in genau der gleichen Weise durchgeführt wurden wie mit den Rundstäben, so sind sie mit den erstgenannten Versuchen unmittelbar vergleichbar. Die Ergebnisse sind daher ebenfalls in die Abb. 116 bis 118, jedoch nicht durch Punkte, sondern durch Kreuze (+) gekennzeichnet, eingetragen; sie bilden eine wertvolle Ergänzung zu den Versuchen mit Rundstäben. Die Vakuumversuche sind in Abb. 119 gesondert aufgetragen.

Aus den graphischen Aufzeichnungen der Versuchsergebnisse (Abb. 116 bis 118) geht folgendes hervor:

Die Versuche bei 450⁰ (Glühstufe I) geben noch kein klares Bild über den Einfluß der chemischen Zusammensetzung auf die Aufspaltung

---

[1] Die in der Originalarbeit in extenso abgedruckten Tabellen wurden nicht aufgenommen; ihre Ergebnisse sind in Abb. 116 bis 119 graphisch dargestellt.

[2] Auf die Ersetzung der anfangs verwendeten Silberpfropfen durch Nickelpfropfen wurde bereits hingewiesen.

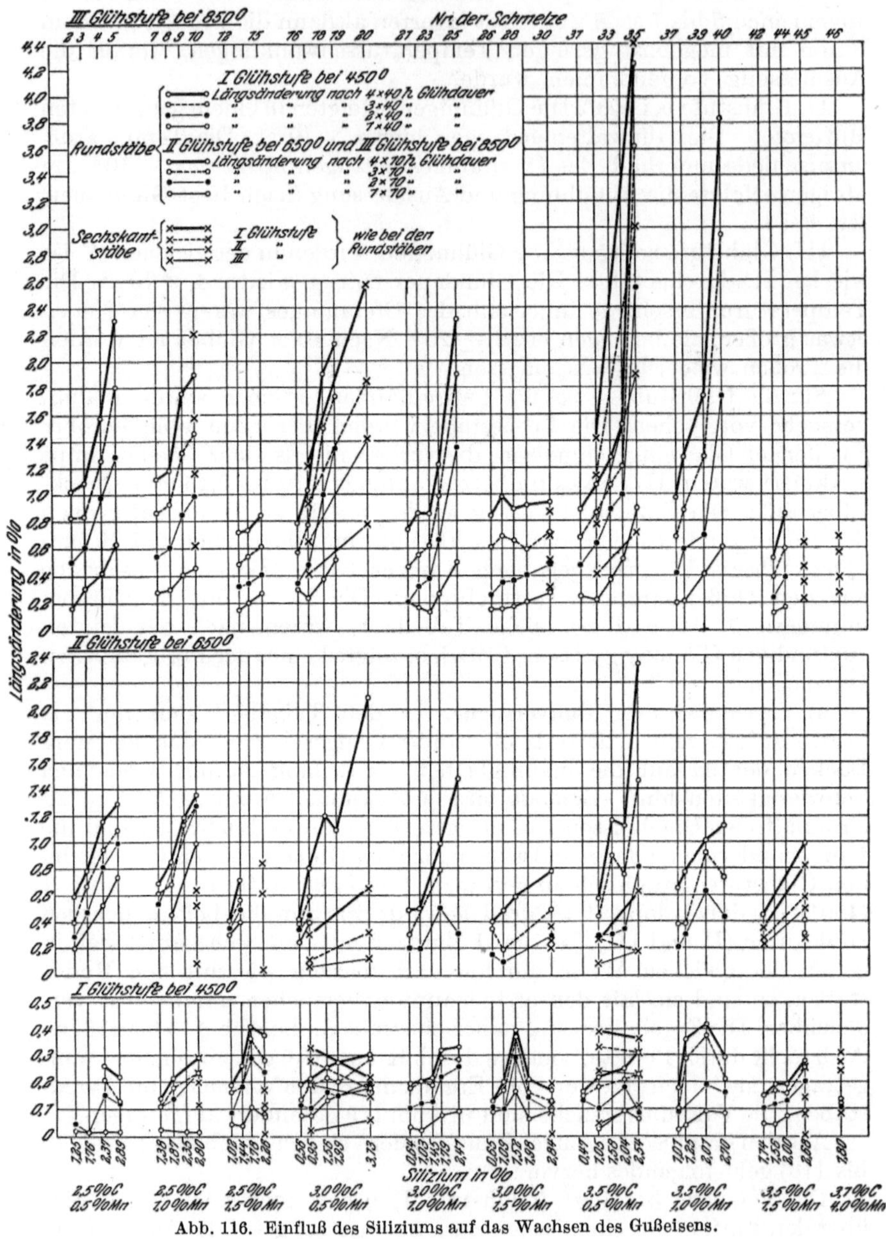

Abb. 116. Einfluß des Siliziums auf das Wachsen des Gußeisens.

des Zementits. Da die Aufspaltung nicht nur eine Funktion der Temperatur, sondern auch der Zeit ist, so dürfte die Zeit von 4 × 40 st zu kurz gewesen sein, um bei der an und für sich bei 450° noch unerheblichen Beweglichkeit der Moleküle zu einwandfreien Ergebnissen zu kommen[1].

Viel deutlicher schält sich bereits ein Einfluß der Zusammensetzung nach dem Glühen bei 650° (II. Glühstufe) und am deutlichsten und einwandfreiesten nach dem Glühen bei 850° (III. Glühstufe) heraus, obgleich die Glühzeiten bei diesen beiden Stufen im Höchstfalle nur 4×10 st betrugen.

Die Glühstufe bei 650° liegt unterhalb der Perlitumwandlung, während die Temperatur von 850° hoch darüber liegt. Ein grundsätzlicher Unterschied scheint nach unseren Versuchen zwischen der Volumenzunahme, die durch Aufspaltung des Zementits bedingt ist, und der durch Ausscheidung von Kohlenstoff aus der festen Lösung bedingten, nicht zu bestehen; quantitativ ist der Unterschied jedoch sehr erheblich.

In Abb. 116 sind die Proben in der gleichen Reihenfolge angeordnet wie in Tabelle 1 und Abb. 114, also in Reihen von je 5, bzw. je 4 Schmelzen mit steigenden Siliziumgehalten bei annähernd gleichem Kohlenstoff- und Mangangehalt.

In Abb. 117 ist die Einordnung nach steigenden Mangangehalten und in Abb. 118 nach steigenden Kohlenstoffgehalten getroffen. Die jeweiligen Längenänderungen sind in Prozenten aufgetragen. Zunächst ist zu bemerken, daß die Längenzunahmen der Probestäbe bei den höheren Glühstufen (650 und 850°) namentlich bei den Stäben mit höheren Siliziumgehalten den theoretisch errechenbaren Wert für das Wachsen infolge Aufspaltung des Zementits (etwa 1%) überschreiten. Es hat also hier trotz der kurzen Glühzeiten bereits ein sekundäres Wachsen infolge Oxydation oder anderer zur Zeit noch nicht klar zu übersehender Ursachen eingesetzt: die Beantwortung der grundsätzlichen Frage, „ob

Tabelle 2. II. Glühstufe bei 650° im Vakuum (Abb. 119).

Reihe	Nr. der Schmelze	l_0 ursprüngliche Länge in mm	l_1 Länge nach 40 Stunden Glühung in mm	Δ_1 l_1-l_0 in mm	in %
I	2	105,65	105,80	0,15	0,14
	5	103,75	104,70	0,95	0,92
III	12	104,82	105,22	0,40	0,38
	15	104,29	105,00	0,71	0,68
IV	17	104,51	104,80	0,29	0,28
	20	104,66	105,60	0,94	0,90
VI	27	104,30	104,60	0,30	0,29
	30	104,11	104,50	0,39	0,37
VII	32	103,90	104,10	0,20	0,19
	35	104,68	105,30	0,62	0,59
IX	42	104,87	105,08	0,21	0,20
	45	104,80	105,40	0,60	0,57

[1] Hierzu ist zu bemerken, daß die Versuche im Betriebe neben den laufenden Betriebsaufgaben durchgeführt werden mußten, wodurch die Freiheit auf die zur Verfügung stehende Zeit nicht immer gegeben war.

die chemische Zusammensetzung des Gußeisens von Einfluß auf das
Wachsen des Gußeisens" ist, wird dadurch jedoch nicht berührt.

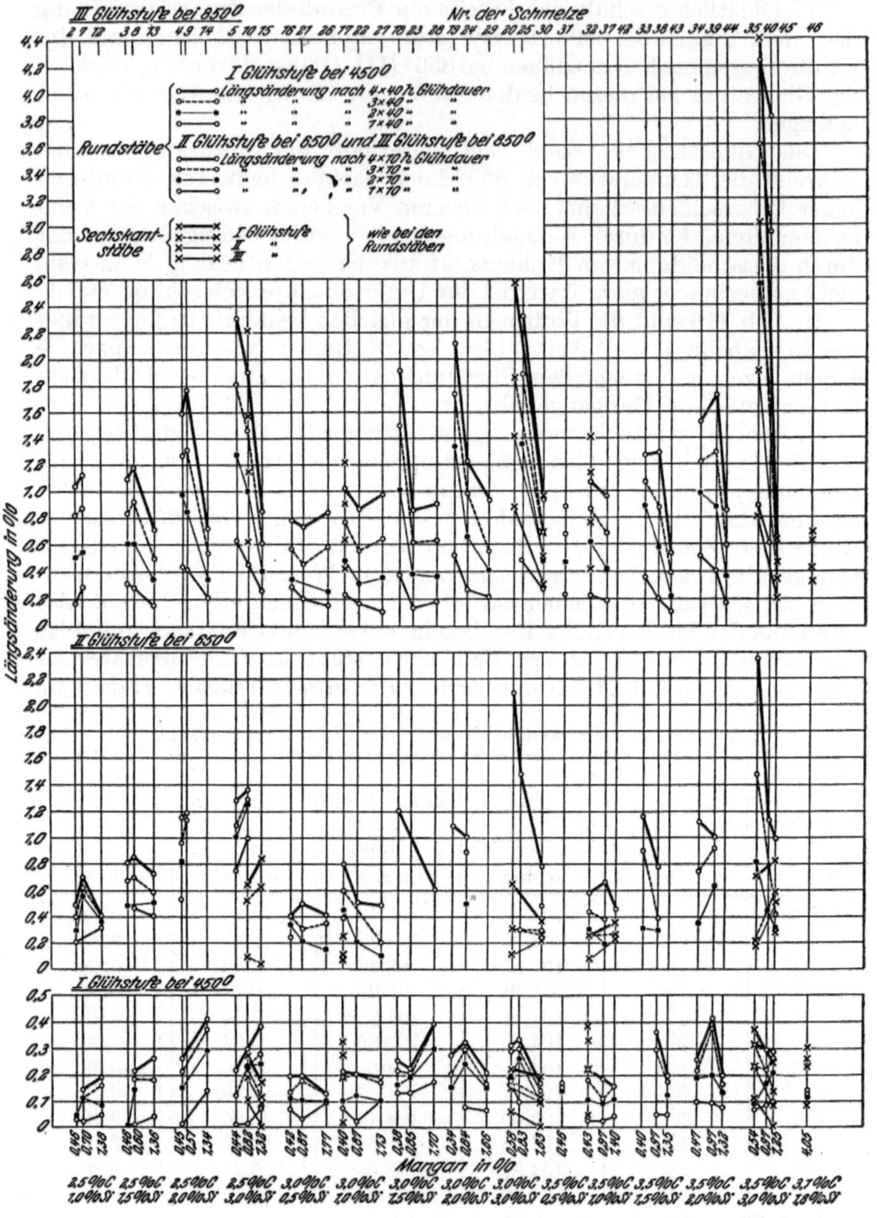

Abb. 117. Einfluß des Mangans auf das Wachsen des Gußeisens.

Am augenfälligsten tritt der Einfluß eines steigenden Siliziumgehaltes auf das „Wachsen" des Gußeisens hervor (siehe Abb. 116).

Während die Probestäbe mit niedrigen Siliziumgehalten selbst bei
850 ⁰ Glühtemperatur nur unerheblich gewachsen waren, stieg mit steigen-

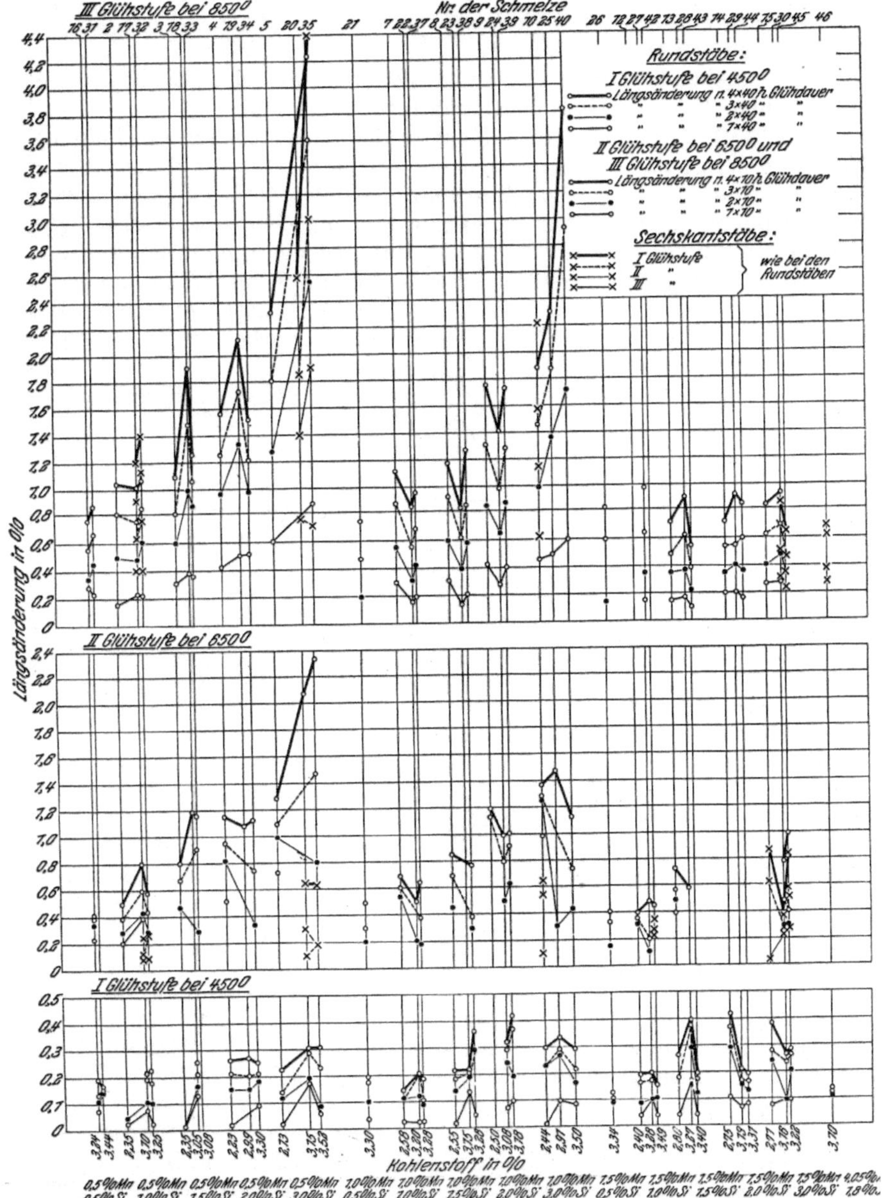

Abb. 118.   Einfluß des Kohlenstoffs auf das Wachsen des Gußeisens.

dem Siliziumgehalt die Längenzunahme in fast allen Reihen ganz regelmäßig an (siehe Abb. 116).

Bei hohem Silizium- und gleichzeitig hohem Kohlenstoffgehalt war die prozentuale Längenzunahme auffallend groß (Schmelze 35).

Mangan wirkt dem das Wachsen begünstigenden Einfluß des Siliziums stark entgegen. Die Probestäbe weisen durchgehend mit steigendem Mangangehalt einen unverkennbaren Abfall der Längsausdehnung auf (siehe Abb. 117). Die Längenausdehnung der Schmelze Nr. 46 mit sehr hohem Mangangehalt ist ebenfalls nur unerheblich.

Der Einfluß des Kohlenstoffs tritt nicht so deutlich in Erscheinung, wie der von Silizium und Mangan (siehe Abb. 118[1]). Ist der Mangangehalt hoch, so kommt ein etwaiger Einfluß des Kohlenstoffs selbst bei gleichzeitig hohem Siliziumgehalt nicht zur Geltung (Schmelzen 12, 13, 14, 15, 27, 28, 29, 30 und 42, 43, 44, 45, 46); bei niedrigem Mangan- und hohem Siliziumgehalt verstärkt er jedoch deutlich die Wirkung des Siliziums. Bei den Versuchen im Vakuum (Abb. 119) tritt lediglich der das Wachsen begünstigende Einfluß des Siliziums deutlich in Erscheinung,

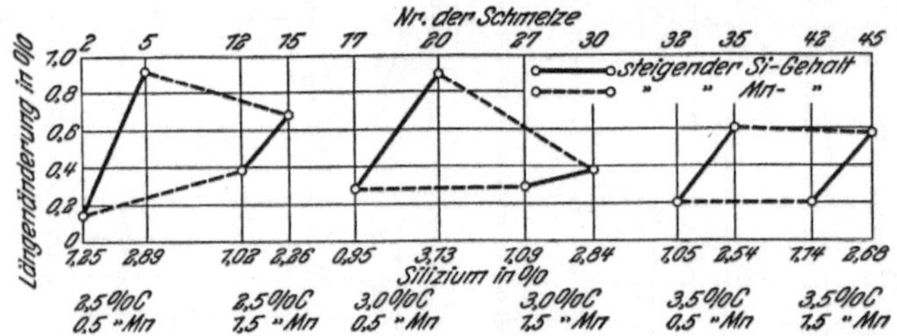

Abb. 119. III. Glühstufe bei 650° im Vakuum.

weniger deutlich der das Wachsen behindernde Einfluß des Mangans. Der an und für sich nicht erhebliche Einfluß des Kohlenstoffs ist bei diesen Versuchen nicht zu erkennen.

e) Gefügeuntersuchung. Sämtliche Schmelzen wurden metallographisch untersucht. Hierzu wurden gesonderte Abschnitte verwendet, von denen zugleich mit den Glühversuchen Belegstücke in den Ofen eingesetzt wurden. Glühzeiten und Glühtemperaturen waren also die gleichen, wie bei den zu den Längenmessungen verwandten Probestäben. Gefügeaufnahmen wurden nur von einigen besonders kennzeichnenden Proben gemacht. Die aufgenommenen Gefügebilder der Ausgangsstoffe entsprechen dem Durchschnittsgefüge. Von den Glühproben zeigten im allgemeinen die bei 450° geglühten gleichen Gefügeaufbau über den ganzen Querschnitt; bei den bei 650° geglühten war vielfach am äußeren Umfang (Rand) eine erheblich stärkere Aufspaltung des Zementits eingetreten als mehr nach der Mitte zu; die bei 850° geglühten Proben ließen zum Teil auffallende Zonenbildungen erkennen. In Abb. 120 ist für eine Anzahl der bei 850° geglühten Proben rein schematisch die Anordnung der verschiedenen Zonen zeichnerisch wiedergegeben; im einzelnen wird auf diese Zonen bei Besprechung der verschiedenen Schmelzen noch zurückgekommen.

---

[1] In Abb. 118 sind die Zahlenangaben der Versuche mit Sechskantstäben bei der Glühstufe I (450°) nicht aufgetragen.

In Tabelle 3 sind die Ergebnisse der Gefügeuntersuchung über-
sichtlich zusammengestellt[1]. Aus der Zusammenstellung und aus den
aufgenommenen Gefügebildern ergibt sich folgendes:

1. Die Ausgangsstoffe mit niedrigen Si-Gehalten weisen vorwiegend feinlamellaren bzw. feinkörnigen Perlit mit feinen Graphitblättern auf. Mit zunehmendem Si-Gehalt werden die Graphitblätter
vielfach gröber; zugleich tritt im Gefüge freier Ferrit auf. In den Proben
mit hohen Mn-Gehalten ist der Graphit vielfach kurzblätterig und eutektisch angeordnet. Die chemische Zusammensetzung beeinflußt
hiernach den Gefügeaufbau der Ausgangsstoffe in kenn-
zeichnender Weise.

2. Durch das Glühen bei 450° I. Glühstufe (4 × 40 st) ist bei den
Proben mit niedrigen Si-Gehalten im allgemeinen noch keine deutlich
erkennbare Gefügeänderung eingetreten. Damit stehen auch die „Wachsversuche" in Überein-
stimmung, bei denen bei
diesen Proben ebenfalls
noch keine irgendwie er-
heblichen Längenände-
rungen zu beobachten
waren (Abb. 116). Die
Zeitdauer der Glühung
dürfte für Gußeisen mit
niedrigem Si-Gehalt zu
kurz gewesen sein, um
ein Aufspalten des Ze-
mentits in die Wege zu

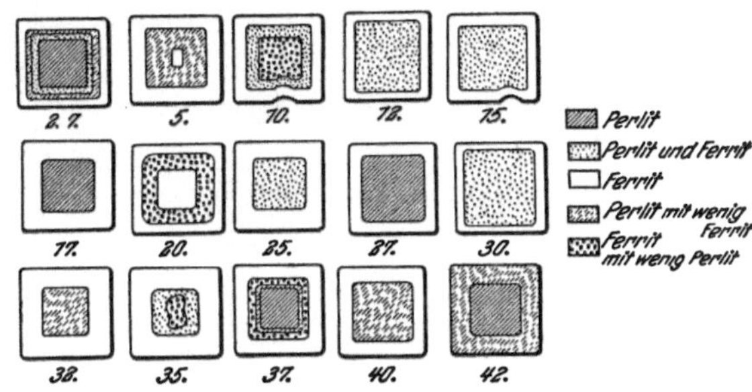

Abb. 120. Zonenbildungen in den bei 850° geglühten Proben.

leiten. Bei den Proben mit hohen Si-Gehalten war vielfach bereits ein
schwaches Anwachsen der Ferritmenge nachweisbar. Der Einfluß des
Mangans und des Kohlenstoffs wird anscheinend durch den Einfluß des
Siliziums überdeckt; jedenfalls kommt er weder im Gefüge noch bei
den Wachsversuchen (Abb. 117 und 118) klar zum Ausdruck.

3. Die Glühung bei 650° (II. Glühstufe) hat trotz der erheblich kürze-
ren Glühzeit (4 × 10 st) in den meisten Fällen den Gefügeaufbau weitgehend beeinflußt. Bei den Proben mit niedrigen Si-Gehalten war der
vorher lamellare Perlit vielfach in körnigen Perlit übergegangen; die
vorher feinen Graphitblätter waren infolge Anlagerung von Kohlenstoff
zum Teil erheblich dicker und breiter geworden. Bei den Proben mit
hohen Si-Gehalten, die vielfach bereits im Ausgangsstoff freien Ferrit
enthielten, war ein starkes Anwachsen der Ferritmenge, namentlich am
Rand der Proben zu beobachten. Der Einfluß des Mangans kommt im
Gefüge hier ebenfalls deutlich zum Ausdruck; er wirkt sich, in Übereinstimmung mit den „Wachsversuchen" (Abb. 117) selbst bei hohen Si-
Gehalten in einer deutlichen Behinderung der Aufspaltung des Zementits
aus. So zeigte z. B. Probe 5 mit 2,89% Si und wenig Mangan (0,44% Mn)
im Gefüge vorwiegend Ferrit. Probe 10 mit 2,80% Si und 0,82% Mn ließ

---

[1] Der Originalarbeit sind 60 hier fortgelassene Gefügebilder beigegeben.

Tabelle 3. Zusammenstellung der Ergebnisse der Gefüge-Untersuchung.

Reihe	Nr. der Schmelze	Chemische Zusammensetzung			Kleingefüge				
		C %	Si %	Mn %	Ausgangsstoff	I. Glühstufe bei 450°	II. Glühstufe bei 650°	III. Glühstufe bei 850°	Vakuumversuche bei 650°
I	2	2,35	1,25	0,46	Feinlamellarer Perlit mit dünnen Graphitblättern.	Keine wesentliche Gefügeänderung.	Perlit mehr körnig ausgebildet.	Ausgeprägte Zonenbildung (Abb.120); Randzone fast ausschließl. Ferrit und Graphit, erste Übergangszone: Perlit mit wenig Ferrit; zweite Übergangszone: Perlit und Ferrit; mittlere Zone: Perlit.	—
	5	2,13	2,89	0,44	Perlit und reichliche Mengen Ferrit mit feinen Graphitblättern.	Deutliches Anwachsen der Ferritmenge.	Vorwiegend Ferrit mit wenig Perlit.	Ausgeprägte Zonenbildung (Abb.120); Randzone: vorwiegend Ferrit; Zwischenzone:Perlit mit wenig Ferrit; Kernzone: fast reiner Ferrit.	Vorwiegend Ferrit mit groben Graphitblättern
II	7	2,58	1,38	0,70	Perlit mit feinen Graphitblättern	Keine wesentliche Gefügeänderung.	Körniger Perlit.	Ausgeprägte Zonenbildung wie bei Probe Nr.2; s. auch Abb.120.	—
	10	2,44	2,80	0,82	Perlit und Ferrit mit feinen, zum Teil eutektisch angeordneten Graphitblättern.	Deutliches Anwachsen der Ferritmenge.	Am äußeren Umfang vorwiegend Ferrit, mehr nach der Mitte zu wenig Perlit.	Ausgeprägte Zonenbildung (Abb.120); äußere Randzone: vorwiegend Ferrit; Zwischenzone: Ferrit und Perlit etwa zu gleichen Flächenanteilen; Kernzone: Ferrit mit sehr wenig Perlit.	—

Tabelle 3 (Fortsetzung).

| Reihe | Nr. der Schmelze | Chemische Zusammensetzung | | | Kleingefüge | | | | |
		C %	Si %	Mn %	Ausgangsstoff	I. Glühstufe bei 450°	II. Glühstufe bei 650°	III. Glühstufe bei 850°	Vakuumversuche bei 650°
III	12	2,90	1,02	1,38	Sehr feinkörniger Perlit m. dünn., z. T. eutektisch angeordn. Graphitblättern.	Keine wesentliche Gefügeänderung.	Körniger Perlit. Am Rand der Probe Spuren von Ferrit.	Ausgeprägte Zonenbildung (Abb. 120). Randzone: vorwiegend Ferrit; Kernzone: Ferrit und Perlit.	—
	15	2,71	2,26	1,32	Feinkörnig. Perlit u. Ferrit mit z. T. eutektisch angeordnet. Graphit.	Schwaches Anwachsen der Ferritmenge.	Deutliches Anwachsen der Ferritmenge. Der Perlit ist sorbitisch ausgebildet.	Ausgepr. Zonenbildung (Abb. 120); Randzone: vorwieg. Ferrit; Kernzone: Perlit und Ferrit.	—
IV	17	3,10	0,95	0,40	Sehr feinlamellar. Perlit m. teils feinen, teils gröb. Graphitblättern.	Keine wesentliche Gefügeänderung.	Teils lamellarer, teils körniger Perlit mit groben Graphitblättern.	Ausgepr. Zonenbildung (Abb. 120); Randzone: vorwieg. Ferrit; Kernzone: körniger Perlit.	—
	20	3,15	3,13	0,58	Perlit mit groben Graphitblättern.	Keine wesentliche Gefügeänderung.	Am Rand der Probe vorwiegend Ferrit, mehr nach der Mitte zu Ferrit und Perlit.	Ausgeprägte Zonenbildung (Abb. 120); am Rand vorwieg. Ferrit; Zwischenzone: Ferrit mit wenig Perlit; Kernzone: vorwieg. Ferrit.	Körniger Perlit mit groben Graphitblättern.
V	22	3,20	1,03	0,87	Feinkörniger Perlit mit dünnen Graphitblättern.	Keine wesentliche Gefügeänderung.	Körniger Perlit mit groben Graphitblättern.	—	—
	25	2,91	2,41	0,83	Perlit und Ferrit mit feinen Graphitblättern.	Keine wesentliche Gefügeänderung.	Am Rand der Probe vorwiegend Ferrit mit groben Graphitblättern. In der Umgebung der Graphitblätter ist der Ferrit durch Ätzmittel stark aufgerauht. Nach der Mitte der Probe zu Perlit und Ferrit.	Ausgeprägte Zonenbildung (Abb. 120); Randzone: vorwiegend Ferrit; Kernzone: Perlit und Ferrit.	—

Tabelle 3 (Fortsetzung).

Reihe	Nr. der Schmelze	Chemische Zusammensetzung			Kleingefüge				
		C %	Si %	Mn %	Ausgangsstoff	I. Glühstufe bei 450°	II. Glühstufe bei 650°	III. Glühstufe bei 850°	Vakuumversuche bei 650°
VI	27	3,28	1,09	1,73	Feinkörniger Perlit mit feinen, langen Graphitblättern.	Keine wesentliche Gefügeänderung.	Keine wesentliche Gefügeänderung.	Ausgeprägte Zonenbildung (Abb.120) Randzone: vorwiegend Ferrit; Kernzone: Perlit.	Gegenüber dem Ausgangsmaterial keinewesentliche Gefügeänderung.
	30	3,16	2,84	1,63	Perlit mit feinen Graphitblättern neben größeren Ferritmengen, in denen der Graphit eutektisch angeordnet ist.	Schwaches Anwachsen der Ferritmenge.	Deutliches Anwachsen der Ferritmenge.	Ausgeprägte Zonenbildung (Abb.120) Randzone: vorwiegend Ferrit mit nesterförmig angeordnetem Graphit; Kernzone: Perlit und Ferrit.	Ähnlicher Gefügeaufbau wie bei der II. Glühstufe bei 650°.
VII	32	3,25	1,05	0,43	Feinlamellarer Perlit mit dünnen Graphitblättern.	Keine wesentliche Gefügeänderung.	Perlit zum Teil körnig ausgebildet. Graphitblätter grobblätterig.	Ausgeprägte Zonenbildung (Abb.120); Randzone: vorwiegend Ferrit; Kernzone: Ferrit und Perlit.	Ähnlicher Gefügeaufbau wie bei der II. Glühstufe bei 650°.
	35	3,52	2,54	0,54	Perlit mit wenig Ferrit, feine, lange Graphitblätter.	Ähnlich wie Ausgangsmaterial, etwas mehr Ferrit.	Am Rand der Probe vorwiegend Ferrit, mehr nach der Mitte zu lamellarer Perlit mit langen und zum Teil groben Ferritblättern.	Ausgeprägte Zonenbildung (Abb.120); Randzone: vorwiegend Ferrit; Übergangszone: Perlit und Ferrit;Kernzone unregelmäßig begrenzt: Ferrit mit wenig Perlit.	—

Tabelle 3 (Fortsetzung).

Reihe	Nr. der Schmelze	Chemische Zusammensetzung			Kleingefüge				
		C %	Si %	Mn %	Ausgangsstoff	I. Glühstufe bei 450°	II. Glühstufe bei 650°	III. Glühstufe bei 850°	Vakuumversuche bei 650°
VIII	37	3,28	1,01	0,97	Perlit mit feinen Graphitblättern, wenig Ferrit.	Graphitblätter vielleicht etwas gröber erscheinend.	Grobe, kurze Graphitblätter. Teils lamellarer, teils körniger Perlit.	Ausgeprägte Zonenbildung (Abb.120); Randzone: vorwiegend Ferrit; erste Zwischenzone: Ferrit mit wenig Perlit; zweite Zwischenzone: Perlit mit wenig Ferrit; Kernzone: Perlit.	—
	40	3,50	2,70	0,97	Perlit mit wenig Ferrit, lange Graphitblätter.	Ähnlich wie im Ausgangsmaterial, vielleicht etwas mehr Ferrit.	Am Rand der Probe vorwiegend Ferrit mit groben Graphitblättern; mehr nach der Mitte zu Perlit.	Ausgeprägte Zonenbildung (Abb.120); Randzone: vorwiegend Ferrit mit groben Graphitblättern. In der Umgebung der Graphitblätter ist der Ferrit durch das Ätzmittel stark aufgerauht; Kernzone: Perlit mit wenig Ferrit.	—
IX	42	3,49	1,14	1,40	Feinkörniger Perlit mit feinen Graphitblättern	Keine wesentliche Gefügeänderung.	Grobkörniger Perlit; Graphitblätter gröber als im Ausgangsmaterial.	Ausgeprägte Zonenbildung (Abb. 120); Randzone: Perlit mit wenig Ferrit; Kernzone: Perlit.	—
	45	3,22	2,68	1,25	Perlit mit reichlichen Mengen von Ferrit; im Ferrit ist der Graphit meist eutektisch angeordnet.	Ähnlich wie das Ausgangsmaterial; die größten Ferritmengen finden sich (wie auch im Ausgangsmaterial) in der Mitte der Probe.	Am Rand der Probe nahezu reiner Ferrit.	—	Viel Ferrit. Perlit teils undeutlich lamellar, teils körnig ausgebildet.

10*

am Rand ebenfalls vorwiegend Ferrit erkennen, mehr nach der Mitte
zu war jedoch noch Perlit vorhanden; Probe 15 mit 2,26% Si und
1,32% Mn zeigte schon am Rande Perlit neben Ferrit. Noch deutlicher
tritt der die Aufspaltung behindernde Einfluß des Mangans bei niedrigen
Si-Gehalten zutage. Probe 32 mit 1,05% Si und nur 0,43% Mn zeigt
körnigen Perlit und grobe Graphitblätter, jedoch keinen Ferrit; Probe 22
mit 1,03% Si und 0,87% Mn zeigt ähnliches Gefüge wie Probe 32;
Probe 37 mit 1,01% Si und 1,01% Mn läßt bereits erheblich feinere
Graphitblätter, die im Perlit liegen, erkennen und Probe 12 mit 1,02% Si
und 1,38% Mn weist nur noch sehr feine im Perlit liegende Graphitblätter auf. Der Einfluß des Kohlenstoffgehaltes tritt gegenüber dem
überwiegenden Einfluß von Silizium und Mangan etwas zurück; nur bei
gleichzeitig hohem Si-Gehalt scheint er (in Übereinstimmung mit den
„Wachsversuchen") die Aufspaltung zu begünstigen. Die Vakuumversuche bei 650⁰ haben im großen und ganzen dasselbe ergeben wie
die Versuche bei Luftzutritt, etwas Besonderes ist hier nicht zu sagen.

4. Die bei 850⁰ (III. Glühstufe) 4×10 st geglühten Proben zeigten
als auffallendstes Unterscheidungsmerkmal gegenüber den bei 450 und
650⁰ geglühten durchgängig ausgeprägte, scharf abgegrenzte Zonenbildungen (siehe die schematische Abb. 120). Da die Temperatur von
850⁰ weit über dem Perlitpunkt liegt, so kommt unter Berücksichtigung
des Gefüges der Ausgangsproben bei diesen Proben eine Aufspaltung
von freiem oder im Perlit vorhandenem Zementit nicht in Frage, sondern
eine Ausscheidung von Kohlenstoff aus der festen Lösung. Während sich
beim üblichen Temperprozeß, bei dem von weißem, freien Zementit ent-
haltendem Roheisen ausgegangen wird, die von der Aufspaltung des Zementits herrührende Temperkohle in der Regel in Gestalt mehr oder
weniger rundlicher Flocken ausscheidet, war hier eine Flockenbildung
nicht zu beobachten. Der ausgeschiedene Kohlenstoff hatte sich vielmehr
teils an die bereits vorhandenen Graphitblätter angelagert, so daß sie
an Dicke erheblich zugenommen hatten; teils war auch in den Randzonen
deutliche Entkohlung (Verbrennung des Kohlenstoffs) eingetreten.

Bezüglich des Einflusses von Silizium, Mangan und Kohlenstoff auf
die Gefügebildung gelten, wenn von der Zonenbildung abgesehen wird,
im großen und ganzen die gleichen Gesetzmäßigkeiten, wie sie bei Besprechung der II. Glühstufe (650⁰) bereits eingehend erläutert wurden.

Zu der Zonenbildung ist folgendes zu bemerken:

Die Zonen folgen der äußeren Form der Probestücke (siehe Probe 10
und 15 in Abb. 120). Die Einwirkung geht also allem Anschein nach vorwiegend von außen nach innen vor sich. Dem entspricht auch bei den
meisten Proben der Gefügeaufbau, nach dem in der äußersten Randzone
die Kohlenstoffausscheidung bzw. die Ferritbildung stets am stärksten
war und mehr nach der Mitte zu abnahm (Probe 12, 15, 17, 25, 27, 30, 32,
37, 40 und 42 in Abb. 120). Bei einigen Proben traten jedoch eigenartige
Abweichungen auf. So zeigten z. B. die Proben 2 und 7 (Abb. 120) schmale
Zwischenzonen mit perlitreichem Gefüge, während die mehr nach der
Mitte zu liegende Zone wieder perlitärmer war. Bei den Proben 5, 10, 20
und 35 (Abb. 120) war die Kernzone ausgesprochen ferritreicher als die

Zwischenzone. Die Kohlenstoffausscheidung aus der festen Lösung hat also bei diesen Proben gleichzeitig mit der Ausscheidung vom Rande her auch in der Mitte eingesetzt. Zu beachten ist, daß es sich bei diesen Proben stets um die besonders Si-reichen, mit weniger dichtem Gefüge handelte. Die von Wüst und Leihener[1] gemachte Beobachtung, daß „das Material aus der Mitte eines Gußblockes stärker wächst, als das aus der Randzone", deutet auf die gleiche Erscheinung hin.

Wenn man davon ausgeht, daß die Aufspaltung des Zementits bzw. die Kohlenstoffausscheidung aus der festen Lösung eine Volumenzunahme bedingt, so muß dichtes Gefüge, weil stärkeren Widerstand bietend, der Aufspaltung entgegenwirken, weniger dichtes sie begünstigen[2].

Erfahrungsgemäß ist die Dichtigkeit eines Gußstückes, namentlich bei hohem Si-Gehalt und dementsprechend grober Graphitbildung in der Mitte geringer als mehr nach der äußeren Oberfläche zu.

Die Aufspaltung des Zementits bzw. die Ausscheidung von Graphit aus der festen Lösung wird nun zunächst an den Stellen des geringsten Widerstandes einsetzen, also vorwiegend am äußeren Umfang und bei weniger dichtem Kerngefüge gleichzeitig auch im Kern des Gußstückes. Hierdurch wird auf die Zwischenzonen ein von außen und innen gleichzeitig wirkender, mit steigender Aufspaltung zunehmender Druck ausgeübt, der unter Umständen so hoch werden kann, daß er dem Bestreben des Eisens, den stabilen Endzustand (Ferrit-Graphit) zu erreichen, das Gleichgewicht hält. Hierin dürfte vermutlich die Erklärung für die auffallenden Zonenbildungen in einzelnen Schmelzen zu suchen sein.

f) Zusammenfassung der Ergebnisse. 1. Das in der Praxis so gefürchtete „Wachsen" des Gußeisens (Volumenzunahme unter dem Einfluß der Temperatur) beruht primär, bei Temperaturen unterhalb des Perlitpunktes (unterhalb etwa 700°) auf der Aufspaltung des freien bzw. des im Perlit enthaltenen Zementits, bei Temperaturen oberhalb 700° auf der Ausscheidung von Kohlenstoff aus der festen Lösung.

2. Theoretisch strebt jede Eisen-Kohlenstofflegierung dem stabilen Endzustand (Ferrit-Graphit) zu. Nächst der Temperatur spielt hierbei jedoch auch die Zeitdauer der Erhitzung eine maßgebende Rolle. Je höher die Temperatur, um so kürzer ist die erforderliche Zeit; je tiefer die Temperatur, um so längere Zeitdauern sind erforderlich, um den Prozeß einzuleiten bzw. zu Ende zu führen.

Bei gewöhnlicher Temperatur (etwa 20°) ist das Gußeisen scheinbar stabil, da hier der Faktor Zeit bereits eine so große Rolle spielt, daß er mit menschlichen Zeitmessern nicht mehr zu erfassen ist.

3. Die Aufstellung einer eindeutigen, für alle Gußeisensorten geltenden Zeit-Temperaturkurve ist jedoch selbst für höhere Temperaturen, bei denen der primäre Vorgang der Aufspaltung des Karbids bzw. der Ausscheidung von Kohlenstoff verhältnismäßig schnell vor sich geht, unmöglich, da neben der Zeit und Temperatur noch die chemische

---

[1] a. a. O.

[2] Unter „dichtem Gefüge" ist allgemein Gefüge von höherem spezifischem Gewicht, also nicht poröses Gefüge, verstanden.

Zusammensetzung des Gußeisens, sowie der durch die Zusammensetzung und durch die Erstarrungsverhältnisse bedingte Gefügeaufbau der Ausgangsstoffe eine wesentliche Rolle spielen.

4. Bezüglich des Einflusses der untersuchten wichtigsten Bestandteile des Gußeisens, des Siliziums, Mangans und Kohlenstoffs auf den primären Wachstumsvorgang ist folgendes zu sagen:

a) Silizium begünstigt in hohem Maße das „Wachsen".

b) Mangan wirkt dem das „Wachsen" begünstigenden Einfluß des Siliziums stark entgegen.

c) Der Einfluß des Kohlenstoffs tritt gegenüber dem Einfluß des Siliziums und Mangans zurück. Bei hohem Silizium- und niedrigem Mangangehalt scheint er zwar die Wirkung des Siliziums zu verstärken; ist jedoch der Mangangehalt hoch, so kommt er selbst bei hohem Siliziumgehalt nicht deutlich zur Geltung.

5. Bezüglich des Einflusses des Gefügeaufbaues der Ausgangsproben ist folgendes zu bemerken:

a) Besteht die Grundmasse vorwiegend aus Perlit, so tritt bei Temperaturen unterhalb des Perlitpunktes zunächst meist eine Zusammenballung des Perlits ein; er wird körnig, und erst dann setzt die Zerlegung des Karbids ein.

b) Ist bereits freier Ferrit vorhanden, so kristallisiert der durch die Zerlegung des Karbids freiwerdende Ferrit an den bereits vorhandenen an, während sich die ausscheidende Kohle an die bereits vorhandenen Graphitblätter anlagert, sie dadurch dicker und voluminöser machend.

Ferrit und Graphit wirken demnach wie Keime. Die Bildung neuer Graphitblätter oder rundlicher Ausscheidungen von Temperkohle wie sie z. B. beim Glühen von weißem Roheisen beobachtet werden, konnte nicht festgestellt werden.

c) Beim Glühen oberhalb des Perlitpunktes (oberhalb 700°) wird das Gefüge der Grundmasse völlig verändert; der Perlit geht in die feste Lösung (Austenit) über; die Anordnung des Graphitnetzes wird jedoch zunächst dadurch nicht in Mitleidenschaft gezogen. Beim Einsetzen der Kohlenstoffausscheidung aus der festen Lösung setzt sich jedoch auch hier der ausscheidende Kohlenstoff vorwiegend an die bereits vorhandenen Graphitblätter an, ohne zu neuen Graphit- oder Temperkohleausscheidungen zu führen.

d) Maßgebend ist ferner die Dichtigkeit des Gusses. Das Wachsen (Zerlegung des Karbids bzw. Ausscheidung des Kohlenstoffs aus der festen Lösung) geht stets von den Stellen des geringsten Widerstandes aus, also in erster Linie vom äußeren Umfang der Proben. Ist das Kerngefüge weniger dicht, so kann der Vorgang gleichzeitig im Kern einsetzen; er führt dann zu eigenartigen Zonenbildungen und verschieden schnellem „Wachsen" innerhalb des Querschnittes des Gußstückes.

6. Die durch dieses primäre Wachsen bedingte Volumenzunahme ist, wie schon eingangs erwähnt wurde, nicht sehr erheblich; sie bedingt aber eine wesentliche Auflockerung des Gefüges und öffnet dadurch dem sekundären Wachsen durch von außen einwirkende korrodierende und oxydierende Einflüsse den Weg.

7. Die Praxis wird daher in erster Linie bestrebt sein müssen, ein Gußeisen zu erzeugen, das gegenüber der primären Aufspaltung des Zementits bzw. der Ausscheidung des Kohlenstoffs aus der festen Lösung
möglichst widerstandsfähig ist. Der Siliziumgehalt soll demnach so niedrig und der Mangangehalt so hoch wie möglich gehalten werden. Der
Gesamtkohlenstoffgehalt ist zweckmäßig ebenfalls möglichst niedrig
zu halten, da die Graphitblätter bei der Erstarrung in der Regel um so
gröber ausfallen, je höher der Gesamtkohlenstoffgehalt ist. Auf den
primären Vorgang der Karbidzerlegung ist der Gesamtkohlenstoffgehalt,
bei gleichzeitig hohem Mangan- und niedrigem Siliziumgehalt zwar
ohne wesentliche Bedeutung, grobe Graphitblätter begünstigen jedoch
das sekundäre Wachsen infolge von Oxydation, Korrosion usw. Je
weniger porös schließlich der Guß ist, um so weniger Angriffsflächen
wird er sowohl für das primäre wie auch für das sekundäre Wachsen
bieten.

Zum Schluß ist es uns ein Bedürfnis, allen denen zu danken, die uns
bei der Durchführung der Arbeit in selbstloser Weise tatkräftig unterstützt haben.

In erster Linie gebührt unser Dank der Leitung der Firma „Heinrich
Lanz A.-G., Mannheim“, in deren Gießerei die Versuche durchgeführt
wurden; ferner danken wir den „Hommelwerken G. m. b. H., Mannheim“, die die Glühungen der Proben der I. Glühstufe durch Bereitstellung von Öfen ermöglichten und schließlich Herrn Dr. F. Roll, der
sich bei der Durchführung des ganzen Arbeitprogramms in weitgehender
Weise verdient gemacht hat; hängt doch die Möglichkeit der theoretischen Auswertung solcher Versuche von der gewissenhaften Ausführung
und dem Verantwortungsgefühl des die praktische Arbeit Leistenden in
erster Linie ab.

4. Bemerkung zum „Wachsen des Gußeisens“.

Das Verhalten des Gußeisens bei höheren Temperaturen, ein ebenso
wichtiges wie viel umstrittenes Gebiet, ist Gegenstand zahlreicher
Untersuchungen gewesen[1]. Das Bestreben, die nach sehr verschiedenen
Seiten gehenden Lösungsversuche zusammenzufassen und eine endgültige Klärung herbeizuführen, war für den deutschen „Hauptausschuß
für Gießereiwesen“ Veranlassung, sich mehrfach mit dem Gegenstand
zu beschäftigen[2], und für den Verein deutscher Eisenhüttenleute, sowie
für den Verein deutscher Eisengießereien, dafür besondere Ausschüsse
einzusetzen. Während der Ausschuß des ersterwähnten Vereins, der
sich die Untersuchung des Verhaltens während längerer Zeiträume zum
Ziel setzte, seine Ergebnisse noch nicht mitgeteilt hat, liegt vom Ausschusse des Vereins deutscher Eisengießereien ein erster Bericht in
Form der auf S. 131 ff. wiedergegebenen Bauer-Sippschen Arbeit vor.

Wie aus dem „Arbeitsplan“ (S. 133) hervorgeht, war dort zunächst

---

[1] Vgl. die Besprechung der Literatur auf S. 112 ff. und die Ergänzung der
Literaturangaben auf S. 132.

[2] Vgl. Gieß.-Zg. 1926, S. 549; 1927, S. 460.

die Aufgabe gestellt, die Einwirkung der verschiedenen in Betracht kommenden Stoffe auf das Wachsen planmäßig zu untersuchen, während andere in Betracht kommende Faktoren in zweite Reihe gestellt wurden. Auch für die Stoffe wurde eine Auswahl getroffen, indem zunächst nur C, Mn und Si herangezogen wurden, während andere Stoffe (P, S, Ni usw.) späterer Behandlung vorbehalten blieben.

Das Ergebnis (vgl. „Zusammenfassung“ auf S. 149) steht in guter Übereinstimmung mit den Schlußfolgerungen, zu denen J. W. Donaldson in seiner Arbeit: „The heat treatment and growth of cast iron“[1] kommt. Donaldson stellt ebenso wie Bauer und Sipp die wichtige Rolle des Siliziumgehalts für das Wachsen fest. Besondere Bedeutung mißt er auch dem Vorhandensein des Perlitgefüges bei und empfiehlt als vorteilhaftest in bezug auf Wachsen ein Gußeisen mit durchgängigem Perlitgefüge und höchstens 1% Si.

Darüber, daß der Karbidzerfall allein die Erscheinungen des Wachsens nicht erklären kann, stimmen Bauer und Sipp mit Donaldson überein. Sie unterscheiden ebenso wie Wüst und Leihener (in der Arbeit „Beitrag zur Frage des Wachsens von Gußeisen“[2]) einen primären Vorgang (Karbidzerfall) und einen sekundären, der den vorausgegangenen primären Karbidzerfall zur Voraussetzung hat. Der sekundäre Vorgang wird vor allem für die nach außen hervortretende Wirkung verantwortlich gemacht. Als Ursache der Erscheinungen in der sekundären Periode vermuten Bauer und Sipp in erster Linie Oxydation und Korrosion des Eisens und der im Metall enthaltenen fremden Stoffe. Wüst und Leihener halten dafür Heranziehung weiterer bisher unbekannter Vorgänge für notwendig.

Den Einfluß der chemischen Zusammensetzung bestreiten auch Wüst und Leihener nicht; sie sind aber der Ansicht, daß er von anderen Faktoren überdeckt wird, vor allem von der Ausbildung und Anordnung des Graphits. Nach Bauer und Sipp tritt dagegen der Einfluß des Kohlenstoffs gegenüber dem des Siliziums und des Mangans zurück.

Die Beobachtung Wüst und Leiheners, daß die Mitte des Gußblockes stärker wächst als die Randzone, wird von Bauer und Sipp nur teilweise bestätigt. Für die Fälle, wo sie zutrifft, gibt wohl Heranziehung der Dichteverschiedenheit des Gusses (S. 149) ausreichende Erklärung.

Der zur Verfügung stehende Raum gestattet nicht, auf weitere Einzelheiten zur Sonderfrage des „Wachsens“ einzugehen, ebensowenig wie auf verschiedene interessante Arbeiten anderer Verfasser dazu[3]. In einer Ende 1928 erschienenen zusammenfassenden Arbeit von Piwowarsky und Esser[4] ist darüber Näheres zu finden, ebenso auch

---

[1] Foundry Trade Jg. 35, S. 143 u. 167. 1927.

[2] Forsch.-Arb. VDI. H. 295, S. 92.

[3] Z. B. Schwinning u. Flößner in Stahleisen 1927, S. 1075; ferner die dem Unterausschuß für Gußeisen d. VDE am 18. 1. 1928 vorgelegten Berichte von Pardun und Bardenheuer, sowie die verschiedenen Arbeiten Piwowarskys (verzeichnet in der unter [4] angeführten Arbeit).

[4] Gieß.-Zg. 1928, S. 1265. Die Bauer- und Sippsche Arbeit ist dort noch nicht berücksichtigt.

einiges über andere für das „Wachsen" herangezogene Ursachen (Wirkung der eingeschlossenen Gase, auflockernde Einflüsse mechanischer Art, z. B. Maschinenschwingungen und elastische Hysteresis). Die Arbeit empfiehlt abschließend, niedrigen C-, besonders aber niedrigen Si-Gehalt anzustreben bei gleichzeitig möglichst weitgehender Verfeinerung des Graphits (Schmelzüberhitzung) und Erhöhung der spez. Dichte, d. h. möglichst gasarmer Herstellung.

Meyersberg.

5. Warmfestigkeit hochwertigen Gußeisens[1].

Von Dr. H. Jungbluth.

Interessant ist das Verhalten der Sonderlegierungen und des Lanz-Perlits in der Wärme. In Abb. 121 sind die Ergebnisse von Warmzerreißversuchen zusammengestellt, wie sie sich in den Arbeiten von Kleiber und J. W. Donaldson vorfinden. Während das von Kleiber angeführte und das von Donaldson 200 st lang bei 550° vorgeglühte Zylindereisen mit steigender Temperatur sehr schnell die Festigkeit bei Raumtemperatur einbüßen, behalten das Sterneisen und das Lanz-Perliteisen bei 400 bis 500° noch beachtliche Festigkeiten, selbst dann noch, wenn sie einer Vorglühung bei 500° während 200 st ausgesetzt waren. Die hohe Warmfestigkeit des Donaldsonschen Zylindereisens im Anlieferungszustande ist allerdings nicht ganz verständlich; es steht dem Lanz-Perliteisen im Anlieferungszustande nur um ein geringes und dem 200 st bei 550° vorgeglühten praktisch gar nicht nach. Immerhin sieht man aber die bedeutende Überlegenheit des Lanz-Perlitgusses auch diesem Material gegenüber, wenn man den Festigkeitsunterschied zwischen geglühtem und ungeglühtem Material ins Auge faßt. Während der Lanz-Perlitguß auch nach der Glühung von 200 st bei 550° noch beträchtliche Festigkeiten bis 500° aufweist und selbst bei 600° noch der Gußeisenqualität Ge 18.91 entspricht, sinkt die Festigkeit des geglühten Zylindereisens rasch ab.

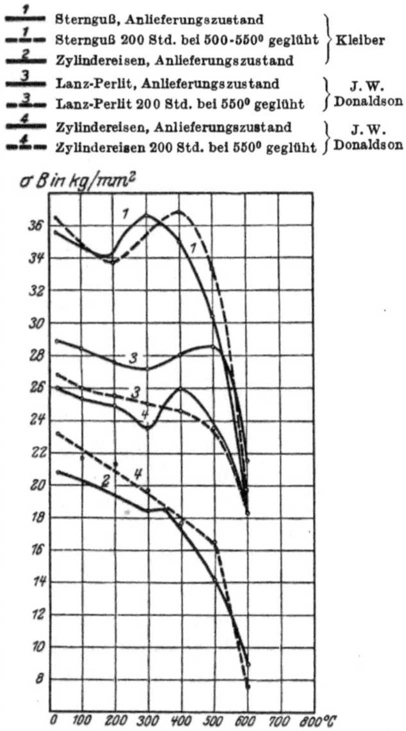

Abb. 121.

[1] Aus Gieß. 1928, S. 465; vgl. auch Kruppsche Monatshefte, Mai 1928.

6. Die Dichte von Grauguß und Lanz-Perlitguß, gemessen mit der Farbstoffdruckprüfung[1].

Von Dr. Franz Roll.

Hat ein Guß undichtes, von Hohlräumen durchsetztes Gefüge, so nennt man ihn porös. Die Porosität liegt auf einer Linie mit der Erscheinung der Lunker. Beide haben eine Ursache: die beim Übergang von dem flüssigen in den festen Zustand entstehende diskontinuierliche Abnahme des Volumens. Diese kann sich bei großen Querschnitten im Gußstück in einem Lunker zeigen oder sich in einer Unzahl feiner, die Kristalliten durchsetzende Hohlkanäle auflösen. Die Summe dieser sehr feinen Kanäle entspricht ungefähr dem Hohlraum, der durch einen Lunker entstanden ist. K. Sipp hat in seinen Arbeiten auf diese Gleichheit der Metallhohlräume hingewiesen.

Es war mir besonders bei der Biegeprobe aufgefallen, daß gewisse Stäbe starke Streuwerte ergaben, und ich versuchte für diese eine Erklärung zu geben. In diesem Sinne hatte ich mein Augenmerk auf die Porosität des Graugusses gelenkt; unabhängig von G. Tammann und H. Bredemaier hatte ich 1924 ein Verfahren entwickelt, das im gleichen Sinne verläuft wie das von Tammann[2] angegebene.

Da mir die Porositätsbestimmung besonders wichtig erschien, habe ich Grauguß von verschiedener Festigkeit und hochwertiges Gußeisen (Lanz-Perliteisen) untersucht.

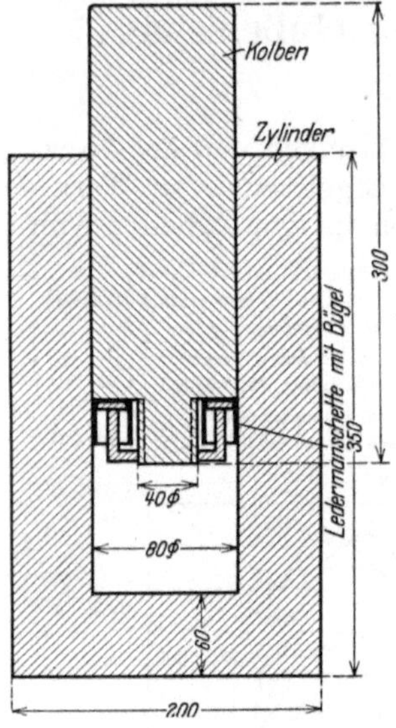

Abb. 122. Apparat zur Farbstoff-druck-Prüfung.

Vorerst soll die nötige Apparatur und ihre Handhabung beschrieben werden. Die Abb. 122 zeigt einen Stahlzylinder mit dazugehörigem tadellos eingeschliffenem Kolben, dessen gute Führung durch die Höhe der Zylinderwandung gewährleistet wird, so daß ein Ausbiegen nach der Seite bei hohen Drücken nicht möglich ist. Am Kolben war zwecks guter Dichtung eine Ledermanschette, so wie sie das Bild zeigt, angebracht; sie hat im allgemeinen gute Dichtung ergeben. In den Zylinder wurden 60 ccm Farblösung und die zu untersuchenden Schliffe gebracht. Als Farbstoff wurde Methylenblau, Fuchsin und Eosin, ausnahmsweise Kristallviolett, verwendet. Fuchsin und Eosin haben sich am besten bewährt; beim Methylenblau dagegen waren Umsetzungen mit dem Schwefel im Eisen zu befürchten. Es wurde je nach Zweck und Material eine Lösung von Verbindungen = n/100 bis n/500 verwendet. Zur Vorprüfung dienten 40 mm lange Zylinder von 30 mm Durchmesser,

---

[1] Erschienen in Gieß.-Zg. 1927, S. 576.
[2] Tamman, G. und H. Bredemaier: Z. anorg. Chem. Bd. 142, S. 54/60. 1925.

welche aus Probestäben stammten. Die Gußhaut wurde an den Stücken entfernt. Es ist auch hier das Verdienst von G. Tammann, die Feststellung gemacht zu haben, daß durch die Bearbeitung die Poren im Material nicht geschlossen werden und daß bei den in Frage kommenden Drücken die Gase, welche in den Hohlräumen sitzen, mit dem Wasser in Lösung gehen. Die Drücke wurden je nach dem Material in den Grenzen von 200 at bis 2000 at variiert. Für sehr undichten Guß genügten schon Drücke von 200 bis 800 at, die während einer Zeitdauer von einer halben Stunde auf den Farbstoff ausgeübt wurden.

Die Druckprüfung gestaltete sich wie folgt: Die Gußproben wurden, von Fett säuberlich befreit, in den Zylinder gebracht. Nun wurde so viel Normalfarbstofflösung zugegeben, daß die Versuchsstücke mindestens noch zu $^2/_3$ mit Farblösung bedeckt waren. Nachdem der Kolben eingesetzt war und die Luft durch eine Druckschraube Auslaß gefunden hatte, wurde der Zylinder dem Druck einer hydraulischen Presse unterworfen. Zeit und Höhe der Pressung richteten sich nach der Materialdichte. Nach ca. 10 bis 30 Minuten wurden die Stücke herausgenommen und sorgfältig mit Wasser und Watte gewaschen. Zum Vergleich wurden nur Proben verwendet, für die gleiche Verhältnisse von Druck und Zeit bestanden. Die getrockneten Versuchsstücke wurden auf der Drehbank abgedreht. Die Späne, welche sorgfältig gesammelt (Becherglas) wurden, sind am besten zu gebrauchen, wenn sie sehr dünn sind, noch besser, wenn sie Pulverform besitzen. Die Drehspäne der verschiedenen Schichten (1, 2, 3 mm usw. Abdrehung) wurden für sich gesammelt. Es versteht sich, daß beim Abdrehen weder Seifenlösung noch Öl zur Verwendung gelangen darf. Nach Auswägung der Späne wurden sie in ein Kolorimeter gebracht und mit Hilfe einer Vergleichslösung auf Farbtiefe abgeglichen. Die Verhältniszahlen zwischen Vergleichslösung und untersuchter Probe lassen einen Schluß auf die Größe des Porenvolumens zu. Für Gußeisen ergaben sich auf diese Weise interessante Rückschlüsse auf die Beziehung zwischen Festigkeit, Dichte, Härte usw., die gelegentlich eine Veröffentlichung erfahren sollen.

Da bekanntlich auch im Graphitskelett ein gewisser Zusammenhang besteht, so ist es wahrscheinlich, daß auch die Graphitadern der Flüssigkeit unter den angegebenen Drücken bis zu einem gewissen Maße Eintritt in das innere Metallgefüge verschaffen und so auch Hohlräume erschließen, welche nicht unmittelbar mit der Oberfläche im Zusammenhang stehen. Die Frage der Hohlräume ist besonders für die Gußeisenveredelung von allergrößter Bedeutung. Sie ist für die bei den heutigen Bestrebungen der Technik so wichtige Dichte des Materials allein maßgebend. Daß enge Zusammenhänge zwischen Graphitadern, Kristallitenhohlräumen und der Ausbildung des Grundgefüges usw. bestehen, zeigt auch die Tatsache, daß Gußzylinder, die mit komprimierten Gasen gefüllt sind, selbst dann, wenn Diffusionsströme ausgeschlossen sind, langsam an Innendruck verlieren. Auch die Verhältnisse beim Evakuieren von Gießereieisen weisen darauf hin, daß solche Zusammenhänge bestehen.

Im folgenden sind die Resultate wiedergegeben, die sich mit der vorgenannten Farbstoffdruckprüfung erzielen lassen.

1. aus 30- und 60-mm-Klötzen von Grauguß bzw. Lanz-Perlitguß der in Tab. 1 angegebenen Analyse wurden Würfel herausgeschnitten, wie sie in Abb. 123 mit A und B bezeichnet sind. Würfel A von 10 mm Kantenlänge ist aus dem Rand-

Tabelle 1.
Zusammensetzung der Gußklötze.

	C	Si	Mn	P	S
G 85	3,38	1.75	0,38	0,39	0,06
P 85	3,28	1,35	0,70	0,45	0,08

Tabelle 2.

	30 mm-Klotz		60 mm-Klotz	
	Würfel A	Würfel B	Würfel A	Würfel B
G 85	0,92	1,02	0.98	1,32
P 85	0,41	0,61	0,50	0,65

Die Zahlen sind gemessen in % Porengehalt.

Tabelle 3.

	C	Si	Mn	P	S
G 18	3,30	1,65	0,85	0,40	0,08
P 18	3,21	1,15	0,87	0,36	0,06

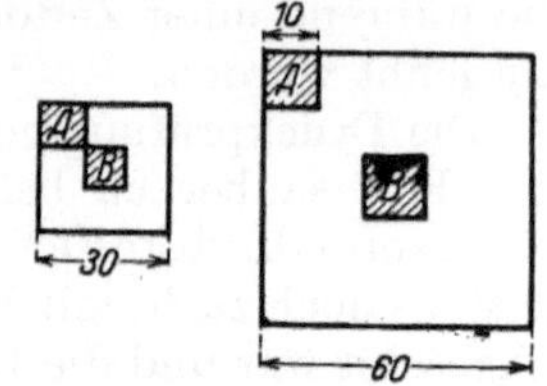

Abb.123. Gußwürfel aus Grau- und Lanz-Perlitguß.

wie sie in Abb. 123 mit A und B bezeichnet sind. Würfel A von 10 mm Kantenlänge ist aus dem Randgefüge, Würfel B von gleicher Länge aus der Mitte des Würfels geschnitten. Die Würfel wurden nochmals geviertelt und einzeln der Prüfung unterworfen.

Die Resultate, d. h. die Vergleichszahlen des Porengehaltes, sind für den einzelnen Würfel als Mittelwert der vier Unterteile aus Tab. 2 ersichtlich. Aus diesen Zahlen ist zu entnehmen, daß beim 30-mm-Block und noch viel mehr beim 60-mm-Block die Unterschiede in der

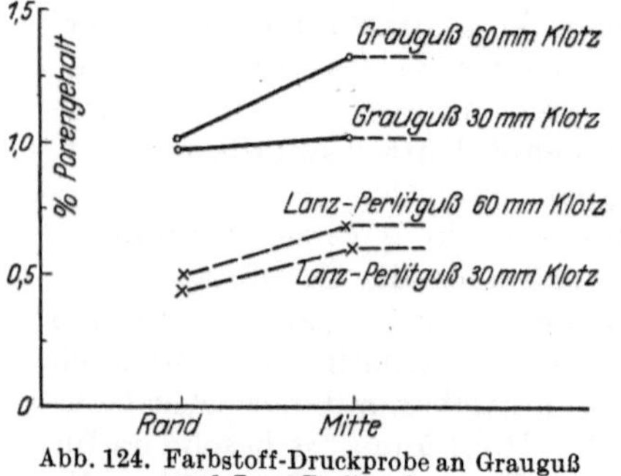

Abb. 124. Farbstoff-Druckprobe an Grauguß und Lanz-Perlitguß.

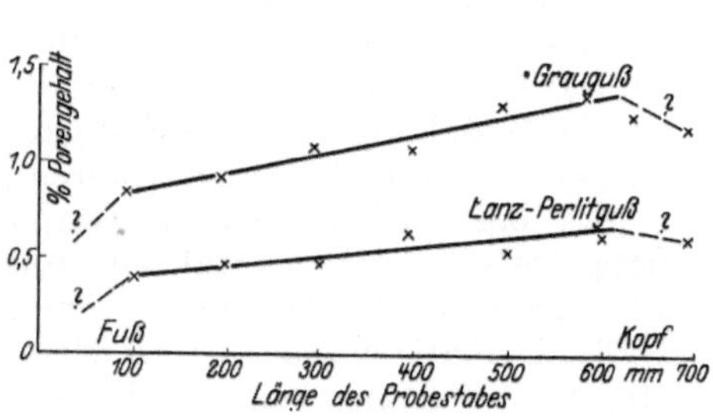

Abb. 125. Porengehalt von Grau- und Lanz-Perlitguß längs eines Stabes.

Porengröße zwischen Grauguß und Perlitguß erheblich sind, was auf die geringe Lunkerneigung des hochwertigen Gußmaterials zurückzuführen ist. In der graphischen Aufzeichnung Abb. 124 sind diese Zahlen übersichtlicher geordnet.

II. Die Überlegenheit des hochwertigen Gusses zeigt sich auch bei Anwendung des Verfahrens auf die Streuwerte der Biegeprobestäbe. Tab. 3 gibt die chemischen Analysen von Material, das zu eingehender

Untersuchung gedient hat, Abb. 125 die Aufzeichnung der Porengehalte. Aus den Biegeprobestäben wurden Stücke von 20 mm Stärke ausgeschnitten und auf 30 mm Durchmesser abgedreht. Die Stücke waren aus der ganzen Länge des Probestabes entnommen. Im ganzen waren es 12 Probestücke. Die Farbstoffdruckprüfung ergab mehr oder minder große Unterscheide im Porengehalt zwischen Fuß und Kopf. Beim Grauguß sind jedoch die Unterschiede viel größer als bei dem Lanz-Perlitguß, woraus sich auch der immer sehr große Unterschied der Güte beider Gußeisensorten mit dartun läßt. Fußstück bzw. Kopfstück der Probestäbe (gestrichelte Linie) sind nicht ganz sicher festgelegt. Daß die Linie der Farbstoffprobe gegen den Kopf hin aufsteigt, ist zum Teil mitbegründet durch den ferrostatischen Druck der Eisensäule.

Die Prüfung der Farbstoffdruckprobe gestattet also beim Guß, den Porengehalt zu bestimmen und weist eine bedeutende Überlegenheit des Perlitgusses gegenüber dem gewöhnlichen Grauguß nach.

7. Die elektrische Leitfähigkeit von Grauguß [1].

Von Bergrat Hans Pinsl.

Das Schrifttum über die magnetischen, besonders aber über die elektrischen Eigenschaften des Gußeisens ist, wie aus einem Referat von Piwowarsky [2] zu entnehmen ist, spärlich. Im allgemeinen hat, wie der genannte Forscher angibt, Gußeisen einen sehr hohen spezifischen Widerstand, d. h. eine geringe Leitfähigkeit, und eignet sich hierdurch vorzüglich für Widerstandskörper, welche hohe Stromstärken aufzunehmen haben. Es gibt aber auch Fälle, wo von diesem Werkstoff das Gegenteil, nämlich eine möglichst gute Leitfähigkeit, verlangt wird. Beispielsweise wurden lange Zeit die schweren eisernen Bodenplatten (bis zu 5 t Gewicht) für die Schmelzkessel bei der Aluminiumherstellung aus Grauguß gegossen, wobei bei der Bestellung ein möglichst geringer spezifischer Widerstand verlangt und die Einhaltung einer bestimmten Höchstgrenze vorgeschrieben wurde. Die Messungen hatten an aus Normalbiegestäben (650 mm lang, 30 mm Durchmesser) herausgearbeiteten Probekörpern zu erfolgen, und der spezifische Widerstand sollte 55 Mikroohm je Kubikzentimeter nicht überschreiten; der Guß mußte außerdem gut bearbeitbar sein. Zur Zeit werden derartige Platten meist aus Stahlguß hergestellt. Anläßlich der Lieferung solcher Graugußplatten wurden im Laboratorium der Luitpoldhütte eingehendere Untersuchungen über die elektrische Leitfähigkeit von Grauguß vorgenommen. Als Endergebnis der umfangreichen Untersuchungen ergab sich folgende

Zusammenfassung. 1. Von den Begleitelementen des Graugusses üben Silizium und Graphit den ausschlaggebenden Einfluß auf die elektrische Leitfähigkeit aus. Man kann je Prozent Silizium eine Widerstandssteigerung von 12 bis 14 Mikroohm je Kubikzentimeter annehmen, während beim Graphit je nach dessen Ausbildung stärkere Schwankungen, etwa 10 bis 20 Mikroohm je Prozent, auftreten.

---

[1] Auszug aus Gieß.-Zg. 1928, S. 73.   [2] Stahleisen 1926, S. 112.

2. Mit zunehmender Graphit- und Kornverfeinerung sinkt bei sonst gleicher chemischer Analyse der Widerstand und erreicht anscheinend bei feineutektischer Ausbildung des Graphits und zementitfreier Grundmasse das Minimum, bei möglichst vollständiger Abscheidung der Kohle als grobblättriger Graphit das Maximum für die betreffende Zusammensetzung.

3. Der gebundene Kohlenstoff wirkt um so mehr im Sinne einer Widerstandssteigerung, je mehr sich der Perlit der sorbitischen Ausbildung nähert; freier Zementit oder Ledeburit erniedrigt ebenfalls die Leitfähigkeit, aber um verhältnismäßig geringe Beträge.

4. Der Phosphor erhöht den Widerstand des Graugusses nicht in dem gleichen Maße wie im Stahl, weil er nicht als Mischkristall, sondern als Steadit auftritt und außerdem bei höheren Gehalten eine für die Leitfähigkeit günstige Anordnung des Graphits zur Folge hat.

5. Ein erkennbarer direkter Einfluß des Mangans und Schwefels in den Gehaltsgrenzen, wie diese Elemente im Grauguß vorhanden sind, ließ sich nicht feststellen; eine indirekte ist mit Rücksicht auf die gebundene Kohle anzunehmen.

6. Beim Ausglühen von Grauguß erniedrigt sich in allen Fällen, in denen die gebundene Kohle ganz oder teilweise zu Ferrit und Temperkohle abgebaut wird, der elektrische Widerstand, am stärksten da, wo sie vorher in sorbitischer Ausbildung vorhanden war.

8. Zur Dauerschlagprüfung[1].

Von Reichsbahnrat Dr.-Ing. R. Kühnel.

Bei den Bauerschen Versuchen mit Perlitgußeisen[2] fällt auf, wie stark hier gerade die Dauerschlagprobe eine Überlegenheit des Perlitgusses erweist. Hiernach müßte die Zähigkeit des hochwertigen Gußeisens, die durch die Dauerschlagprüfung festgestellt wird, sehr viel stärker zunehmen mit der Steigerung der Wertigkeit des Gußeisens als die übrigen Eigenschaften: Zugfestigkeit, Biegefestigkeit und Härte. Anderseits ist bekannt, daß die Dauerschlagprüfung auch bei Stahl stark streuende Ergebnisse liefert. Da bei den Versuchen von Bauer nur eine verhältnismäßig niedrige Schlagzahl vorlag, so war die Möglichkeit gegeben, daß es sich hier um Zufallergebnisse handelte. Es erschien daher angemessen, die Schlagzahl zu erhöhen. Das Fallgewicht wurde zu diesem Zwecke wesentlich leichter gemacht, und zwar bis auf 2,63 kg[3], die Fallhöhe von 3 cm auf 1 cm herabgesetzt.

Das Versuchsstück war eine gewöhnliche Platte in den Abmessungen 35 : 22 : 3 cm. Der Kerb der Dauerschlagprobe hatte ebenso wie die Zugfestigkeitsprobe einen Durchmesser von 13 mm. Man nahm also mehr als die Hälfte der Wandstärke des Gußstückes herunter und prüfte nur das Innere. Dies ist zu berücksichtigen bei Bewertung der Ergebnisse. Es läßt sich annehmen, daß bei dünnwandigerem Guß, wie

---

[1] Auszug aus: „Untersuchungen an hochwertigem Guß". Gieß. 1925, S. 857.
[2] S. 32.   [3] Bei Bauer 3,1 kg.

er in der Mehrzahl in der Praxis wohl vorkommt, noch günstigere Ergebnisse erreicht werden könnten. Alle hochwertigen Gußeisenplatten wurden in der Versuchsanstalt des Eisenbahn-Zentralamts zerlegt und die Proben hier hergestellt und geprüft. Bei nicht hochwertigen Gußeisensorten lieferten die Werke teilweise die bearbeiteten Proben an.

Ergebnis der Prüfung:

Güteklasse	Zugfestigkeit σ_B kg/mm³	Dauerschlag[1] n_E	Verhältnis $\sigma_B : n_E$	Bemerkungen
Unter Ge 14 {	10	500	50	—
	12	1 200	100	Mittelwerte v. 2 Platten
Ge 14	16	3 000	200	Mittelwerte v. 2 Platten
Hoch-	23	12 000	500	} Sehr gleichmäßig
wertiger {	29	16 000	500	
Guß	27	27 000	1000	} Schwankungen bis
	29	29 000	1000	zu 50%

Somit ist erwiesen, daß die Untersuchungen Bauers keine Zufallsergebnisse hatten und daß die Dauerschlagprüfung besonders gut geeignet ist, die Steigerung der Zähigkeit hochwertiger Gußeisensorten darzustellen.

---

[1] Mittelwerte aus 8 Proben von derselben Platte.

Anhang.

1. Zusammenstellung erteilter Patente über Edelguß mit Beifügung der Hauptansprüche.

1. DRP. Nr. 301913, Ph. Aug. Diefenthäler in Heidelberg: Verfahren zur Erzielung von Grauguß mit hoher Widerstandsfähigkeit gegen gleitende Beanspruchung. (Patentiert im Deutschen Reiche vom 10. Mai 1916 ab.)

Patentanspruch: Verfahren zur Erzielung von Grauguß mit hoher Widerstandsfähigkeit gegen gleitende Beanspruchung, dadurch gekennzeichnet, daß durch geeignete Gattierung und der Gattierung entsprechende Abkühlung dafür gesorgt wird, daß der Gefügezustand des fertigen Gußstückes unter Ausschluß von Ferrit vornehmlich durch lamellaren Perlit gekennzeichnet ist.

2. DRP. Nr. 325250, Ph. Aug. Diefenthäler in Heidelberg: Gußform zur Ausführung des Gießverfahrens zur Erzielung von Grauguß,

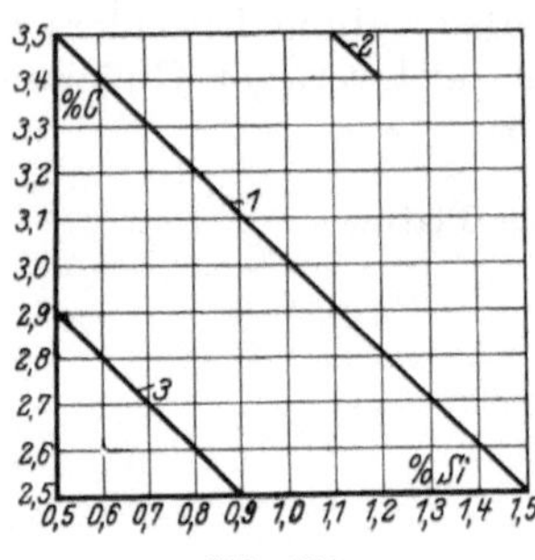

Abb. 126.

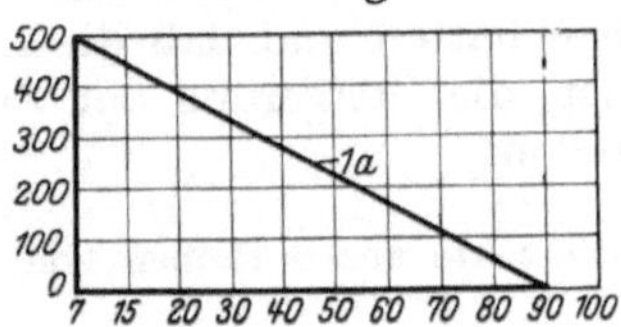

Abb. 127.

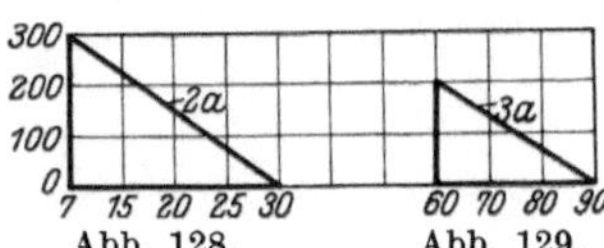

Abb. 128. Abb. 129.

Abb. 126 bis 129 zu DRP. Nr. 417689. In Abb. 127 bis 129 bedeuten die Abszissen Wandstärken in mm, die Ordinaten die Vorwärmetemperaturen der Form in °C. Die Kurven *1*, *2* und *3* in Abb. 126 geben den C- und Si-Gehalt zu *1a*, *2a* und *3a* in Abb. 127 bis 129 an.

dessen Gefügezustand vornehmlich durch lamellaren Perlit gekennzeichnet ist. (Zusatz zum DRP. Nr. 301913. Patentiert im Deutschen Reiche vom 16. Oktober 1918 ab.)

Patentanspruch: Gußform zur Ausführung des Verfahrens nach Patent 301913, dadurch gekennzeichnet, daß die mit dem flüssigen Eisen in Berührung kommenden Formwände in dünnen Querschnitten hergestellt werden und von einem wärmeisolierenden Hohlraum oder einer ebensolchen Vollschicht umgeben sind, um eine die rasche Erstarrung verhindernde Vorwärmung der Formwände herbeizuführen, indem das Eisen mit entsprechend höherer Temperatur vergossen wird.

3. DRP. Nr. 417689, Firma Heinrich Lanz in Mannheim[1]: Verfahren zur Herstellung von Grauguß. (Patentiert im Deutschen Reiche vom 23. Januar 1923 ab.)

Patentansprüche: 1. Verfahren zur Herstellung von Grauguß großer Festigkeit bei mittlerer Brinellhärte (etwa 165—175), dadurch gekennzeichnet, daß bei einem konstanten C + Si-Gehalt von etwa 4% die Gußformen vor dem Einguß

---

[1] Von dem Patentsucher ist als Erfinder angegeben worden: Karl Sipp in Mannheim.

nach dem Gesetz einer geraden Linie, die nach abnehmender Wandstärke des Gußstückes von 90 mm auf 7 mm von 0° auf 500° ansteigt, vorgewärmt werden.

2. Verfahren nach Anspruch 1, dadurch gekennzeichnet, daß für die Herstellung kleiner Wandstärken eine weichere Gattierung [(C + Si) > 4%, aber nicht 4,7%] und eine entsprechend geringere Vorwärmung der Form gewählt wird, während bei größeren Querschnitten eine härtere Gattierung als die Normalgattierung und eine größere Vorwärmung der Form gewählt wird.

4. DRP. Nr. 480284, Heinrich Lanz Akt.-Ges. in Mannheim: Durch Nickelzusatz veredeltes graues Gußeisen. (Patentiert im Deutschen Reiche vom 2. Dezember 1923 ab.)

Patentanspruch: Durch Nickelzusatz veredeltes graues Gußeisen, dadurch gekennzeichnet, daß es weniger als 3% Kohlenstiff, und gleichzeitig weniger als 1% Silizium enthält, wobei das Nickel ganz oder teilweise das Silizium ersetzt, und daß der Silizium- und der Nickelgehalt so bemessen sind, daß der an die Eisen-Nickel-Legierung chemisch gebundene Kohlenstoffgehalt etwa 0,85% beträgt.

5. DRP. Nr. 322236, Maschinenfabrik Eßlingen in Eßlingen: Verfahren zur Darstellung kohlenstoffarmer Graugußlegierungen. (Patentiert im Deutschen Reiche vom 28. Februar 1917 ab.)

Patentanspruch: Verfahren zur Darstellung kohlenstoffarmer Grauguß-legierungen, dadurch gekennzeichnet, daß man einerseits Schmiedeeisen oder kohlenstoffarmen Stahl in einer beliebigen Schmelzgelegenheit zur Schmelzung bringt und andererseits eine Zwischengraugußlegierung ohne Zusatz von kohlenstoffarmen Materialien in einem Kupolofen niederschmilzt, und daß man dann diese beiden flüssigen Legierungen in an sich bekannter beliebiger Weise mischt und schließlich in Formen vergießt.

6. Österreichisches Patent Nr. 111589, Maschinenfabrik Eßlingen in Eßlingen am Neckar: Verfahren zur Erzielung eines gut bearbeitbaren Graugußgefüges von hoher Festigkeit. (Angemeldet 25. Oktober 1926 mit Beanspruchung der Priorität vom 2. November 1925. Beginn der Patentdauer: 15. Juli 1928.)

Patentansprüche: 1. Verfahren zur Erzielung eines weichen, gut bearbeitbaren Graugußgefüges mit feiner Graphitverteilung bei Gattierungen großer Festigkeit, dadurch gekennzeichnet, daß die Schmelze in an sich bekannter Weise auf mindestens etwa 1500° C überhitzt und daß die Überhitzungstemperatur um so höher gewählt wird, je höher der Gesamtgehalt an C + Si ist[1].

2. Verfahren nach Anspruch 1, dadurch gekennzeichnet, daß das überhitzte Eisen mit normaler Gießtemperatur vergossen wird.

7. Österreichisches Patent Nr. 111590, Maschinenfabrik Eßlingen in Eßlingen am Neckar: Verfahren zur Herstellung von Grauguß. (Angemeldet 25. Oktober 1926 mit Beanspruchung der Priorität vom 6. November 1925. Beginn der Patentdauer: 15. Juli 1928.)

Patentansprüche: 1. Verfahren zur Herstellung von Grauguß beliebigen Gefüges unter Anpassung der Gattierung an die Wandstärke bei normaler Abkühlung, dadurch gekennzeichnet, daß der Gesamtgehalt an C + Si entsprechend der jeweiligen Wandstärke und einem bestimmten angestrebten Gefüge bestimmt wird unter Berücksichtigung der gesetzmäßigen Zusammenhänge zwischen Gattierung und Wandstärke einerseits und Gefügebildung anderseits, mit Hilfe eines Schaubildes, auf dem die Wandstärken der Gußstücke als Abszissen, die Gehalte an C + Si als Ordinaten aufgetragen und die Grenzen der die verschiedenen Gefügezustände kennzeichnenden Felder durch die Linienzüge dargestellt sind[2].

2. Verfahren zur Herstellung von Gußstücken mit stark wechselnden Wandstärken, dadurch gekennzeichnet, daß die geringsten Wandstärken so gewählt werden, daß sie bei gleicher Gattierung ein übereinstimmendes Gefüge mit den größten Wandstärken erhalten.

(Dazu noch zwei weitere Ansprüche.)

8. United States Patent Nr. 1683714, Karl Emmel in Mülheim-Ruhr, Deutschland: Verfahren zur Herstellung von Grauguß mit niedrigem Kohlenstoffgehalt. (Patentiert in den Vereinigten Staaten von Nordamerika

---

[1] Vgl. hierzu Abb. 52 auf S. 73.   [2] Vgl. hierzu Abb. 10 auf S. 19.

11. September 1928. Angemeldet 11. August 1925, in Deutschland 9. Dezember 1924.)

Patentansprüche[1]: 1. Verfahren zur Herstellung von Grauguß mit niedrigem Kohlenstoffgehalt, gekennzeichnet durch Eingabe einer Gattierung in einem mit festem Brennstoff betriebenen Kupolofen, die aus mindestens 50% kohlenstoffarmem und im übrigen aus kohlenstoffreichem Eisen besteht, wozu unter den üblichen Zuschlägen eine Koksmenge zwischen 9 und 13% des vollen Einsatzes kommt, bei Verwendung einer Windpressung, die zwischen 400 und 800 mm Wassersäule eingestellt wird, je nachdem im Enderzeugnis ein Kohlenstoffgehalt näher an 2% oder an 3% angestrebt wird.

2. Verfahren laut Anspruch 1., gekennzeichnet durch wenigstens teilweise Eingabe des kohlenstoffarmen Eisens in Brikettform.

9. United States Patent Nr. 1705995, Eugen Piwowarsky in Aachen, Deutschland: Verfahren zur Herstellung eines hochwertigen Gußeisens. (Patentiert in den Vereinigten Staaten von Nordamerika 19. März 1929. Angemeldet 11. Februar 1926, in Deutschland 21. Februar 1925.)

Patentansprüche[1]: 1. Verfahren zur Herstellung von Eisen, dadurch gekennzeichnet, daß das flüssige Eisen über die oberhalb der Erstarrungstemperatur liegende Temperaturgrenze erhitzt wird, bei deren Überschreitung die Karbidbildung ab- und die Graphitbildung zunimmt.

2. Verfahren nach Anspruch 1., dadurch gekennzeichnet, daß die Erhitzungstemperatur etwa 300—550° über der Erstarrungstemperatur liegt.

3. Verfahren nach Anspruch 1. und 2., dadurch gekennzeichnet, daß das so behandelte Eisen mit einem matt erschmolzenen Eisen vermischt wird.

Ferner noch 8 weitere Ansprüche, darunter der Anspruch 10:

Verfahren zur Behandlung von geschmolzenem Gußeisen, das sonst nach Erstarrung den Graphit zum größeren Teil in grober Form enthalten würde, dadurch gekennzeichnet, daß es auf etwa 1400° C oder darüber erhitzt wird zum Zwecke, im erstarrten Metall den größeren Teil des Graphits in feinverteilter Form zu erhalten.

10. United States Patent Nr. 1705972, Heinrich Hanemann in Berlin-Charlottenburg, Deutschland: Herstellung von Grauguß. (Patentiert in den Vereinigten Staaten von Nordamerika 19. März 1929. Angemeldet 27. Mai 1926, in Deutschland 25. November 1925.)

Patentansprüche[1]: 1. Verfahren zur Herstellung von Grauguß, gekennzeichnet durch Zerstörung der Graphitkeime im Metall mittels dessen Erhitzung auf 1250—1300' C und Erhaltung auf dieser Temperatur durch etwa Stundendauer vor dem Vergießen, bis der Graphit im Metall gleichmäßige Verteilung und feinschuppige Form angenommen hat.

2. Verfahren zur Herstellung von Grauguß mit gleichmäßiger Verteilung und feinschuppiger Form des Graphits, dadurch gekennzeichnet, daß die Schmelze genügend lange auf einer Temperatur von etwa 1250 bis etwa 1350' C gehalten wird, um die Graphitkeime zu zerstören.

3. Verfahren zur Herstellung von Grauguß mit gleichmäßiger Verteilung und feinschuppiger Form des Graphits, dadurch gekennzeichnet, daß die Schmelze durch etwa zwei Stunden auf ungefähr 1250° C gehalten wird, um die Graphitkeime zu zerstören.

2. Literaturübersicht.

Verzeichnis einiger Veröffentlichungen über Edelguß und verwandte Gebiete[2].

1906—1921.

Goerens, P.: Über die Konstitution des Roheisens. Stahleisen 1906, S. 397.
Diefenthäler, P.: Ursachen der Lunkerung usw. Stahleisen 1912, S. 1812.

---

[1] Sinngemäße Übertragung aus dem englischen Wortlaut.

[2] Anordnung innerhalb der einzelnen Jahrgänge möglichst angelehnt an die im Werke verwendete Gruppeneinteilung. Über „Wachsen" vgl. auch die Literaturübersicht in den Beiträgen 2 und 3 aus der dritten Reihe.

Wüst und Kettenbach: Einfluß von C und Si auf die mech. Eig. des grauen Gußeisens. Ferrum 1913/14, S. 51 u. 65.

Wüst und Meißner: Einfluß von Mn auf die mech. Eig. des grauen Gußeisens. Ferrum 1913/14, S. 97.

Schmid, L.: Physik. Vorgänge b. Abkühlg. v. Gußstücken. Gieß. 1919, S. 29.

Hall, F. E.: C + Si in Beziehung zur Festigkeit. Foundry 1920, S. 160.

Bauer, O. und E. Piwowarsky: Einfluß eines Ni- und Co-Zusatzes auf die Eigenschaften des Gußeisens. Stahleisen 1920, S. 1300.

Sipp, K.: Perlitgußeisen. Stahleisen 1920, S. 1141.

Sipp, K. und O. Bauer: Schwinden und Lunkern. Stahleisen 1913, S. 675; 1921, S. 888.

1922.

Smalley, O.: Einfluß bestimmter Elemente auf Gußeisen. Foundry Trade Journ. 27, S. 519 (vgl. auch 1923 und Stahleisen 1924, S. 498).

Bauer, O.: Das Perlitgußeisen usw. Mitt. Materialpr.-Amt Berlin-Dahlem, H. 6 (vgl. auch 1923).

Wüst, F. und P. Bardenheuer: Beiträge z. Kenntn. d. hochw. niedriggekohlten Gußeis. (Halbstahl). Mitt. K. W. I. Düsseldorf 4, S. 125 (vgl. auch Foundry Trade Journ. 28, S. 410. 1923).

Portevin, A.: Mikrostruktur des Halbstahles. Rev. mét., S. 227 (vgl. auch Stahleisen 1923, S. 1370).

Schüz, E.: Das Ferrit-Graphiteutektikum als häufige Erscheinung in gewissen Gußeisensorten. Stahleisen S. 1345.

1923.

Smalley, O.: Einfluß bestimmter Elemente auf Gußeisen. Foundry Trade Journ. 28, S. 3 (vgl. auch 1922 und Stahleisen 1924, S. 498).

Piwowarsky, E. und C. Ebbefeld: Veredelung d. Gußeisens durch Ni-Zusatz. Stahleisen S. 967.

Piwowarsky, E.: Über Ti im Grauguß. Stahleisen S. 1491.

Kent-Smith, J.: Vanadium in Iron Foundry. Foundry Trade Journ. 28, S. 52.

Bauer, O.: Das Perlitgußeisen usw. Stahleisen S. 553; ferner Foundry Trade Journ. 27, S. 454 und Zuschriften ebenda 27, S. 492; 28, S. 16, 505 (vgl. auch 1922).

Sipp, K.: Perlitgußeisen. Gieß. S. 491; Stahleisen S. 1592; ferner Foundry S. 986. — Verschiedene Mitteilungen über Perlitguß in Foundry Trade Journ. 27, S. 492; 28, S. 1 u. 186.

Frei, H.: Herstellung von Grauguß im Elektroofen. Gieß. S. 284.

1924.

Morschel: Über den Einfluß des Si auf die Lösungsfähigkeit des Eisens für C usw. Dissertation Berlin.

Kühnel, R. und E. Nesemann: Gefüge hochw. gr. Gußeisens. Stahleisen S. 1042.

Kühnel, R.: Beziehungen zw. Zugfest., Biegefest. u. Härte. Gieß. S. 493.

Maurer, E.: Über ein Gußeisendiagramm. Kruppsche Monatsh. 5, S. 115; Ref. darüber von Jungbluth: Stahleisen S. 1522.

Füchsel, M.: Qualitative Entwicklungslinie d. Eisenbahnbaustoffe. Glasers Ann. Nr. 1134, S. 123.

Stotz, R.: Herstg. u. Anwendg. v. Qualitätsgrau- u. Temperguß zu Sonderzwecken d. Maschbs. Industrieblatt Stuttgart S. 181.

Hamasumi, M.: Verteilung des Graphits im Gußeisen und Einfluß anderer Elemente auf seine Festigkeit. Science Rep. Tohoku Imp. Univ. S. 133; s. a. Foundry Trade Journ. 31, S. 239, Gieß. S. 364; ferner Stahleisen 1925, S. 1672.

Merica, P. D.: Gußeisen mit Ni-Zulegierung. Foundry Trade Journ. 30, S. 236.

Sipp, K.: Perlitguß. Gieß. S. 798; ferner Gieß.-Zg. S. 379.

Steinmüller, L. u. C.: Gußeis. Rauchgas-Vorwärmer. Z. V. d. I. S. 609.

Stierle, K. u. A. Hammermann: Zuschriften zum vorigen. Z. V. d. I. S. 1088.

Pomp, A.: Perlitguß. Z. V. d. I. S. 1070.

Emmel, K.: Perlitguß. Stahleisen S. 330; s. a. Foundry Trade Journ. 30, S. 143.

Meyer, H. Th., Hammermann, A., Stotz, R. und K. Emmel: Zuschriften zum vorigen. Stahleisen S. 753ff.

Ferner zum Thema „Perlitguß":

Marks, A.: Foundry Trade Journ. 29, S. 406 u. 30, S. 545 (s. a. Gieß. 1925, S. 309); ferner Met. Ind. S. 577.
Hurst, J. A.: Foundry Trade Journ. 30, S. 327; Zuschriften dazu S. 400; ferner Foundry S. 907.
Delport, V.: Foundry S. 908.
Irresberger, C.: Foundry S. 941; Foundry Trade Journ. 30, S. 193.

Donaldson, J. W.: Wärmebehandlung v. Gußeisen. Iron Age S. 1859 (s. a. Gieß. 1925, S. 55).
— Versuche mit Gußeisen. Foundry Trade Journ. 29, S. 252.

1925.

Goerens, P.: Wege u. Ziele z. Veredelg. d. Gußeisens. Stahleisen S. 137.
Rudeloff, M.: Bericht über d. Versuche z. Ermittlg. d. Treffsicherheit d. Gießereien. Gieß. S. 561.
Diepschlag, E.: Wege u. Ziele d. Graugußveredelg. Gieß.-Zg. S. 517; Diskussion dazu S. 525.
Kühnel, R.: Aufbau hochw. gr. Gußeisens in seiner Beziehg. z. chem. Zusammensetzung u. d. mech. Eigensch. Stahleisen S. 1461.
— Untersuchungen an hochw. Grauguß. Gieß. S. 857.
Klingenstein, Th.: Ein neuer Ofen Bauart „Wüst" zur Veredelung v. Qualitätsguß. Stahleisen S. 1476; s. a. Foundry Trade Journ. 32, S. 487.
Donaldson, J. W.: Wärmebehandlung von Gußeisen bei niedr. Temp. Foundry Trade Journ. 31, S. 517; s. a. Gieß. S. 667.
— Einfluß bestimmter Elemente auf gr. Gußeisen. Foundry Trade Journ. 32, S. 553.
Piwowarsky, E.: Gußeisenveredelg. durch Legierungszusätze. Stahleisen S. 289; s. a. Foundry Trade Journ. 31, S. 331 ff.
Wickenden, Thos. H. und T. S. Vanick: Ni und Ni-Cr im Gußeisen. Trans. Amer. Foundrymen's Ass. S. 347; s. a. Stahleisen 1926, S. 885 u. Foundry 1926, S. 689.
Zum Thema „Legierungszusätze": Carnegie Inst. of Technol. u. Gieß.-Zg. S. 642; ferner U. S. Bureau of Mines s. Gieß.-Zg. S. 575, dann Foundry S. 927.

Zum Thema „Perlitguß":

Desch, C. H.: Foundry Trade Journ. 31, S. 23.
M. N. S.: Foundry Trade Journ. 31, S. 117 u. 439; s. a. Gieß. S. 309 u. 465.
Werner, S.: Met. Ind. S. 89 u. 111; Foundry Trade Journ. 31, S. 103; Foundry S. 148; s. a. Gieß. S. 849.
Richman, A. J.: Met. Ind. S. 463 u. Foundry Trade Journ. 32, S. 449, 471, 496.
Young, H. J.: Met. Ind. S. 10 u. 14; Foundry Trade Journ. 31, S. 362, 503; 32, S. 7, 46, 159, 294, 331. Zuschriften dazu von Longden ebenda S. 380, 398; von Hurst ebenda S. 414; ferner s. a. Gieß. S. 553, 922.
Ward, J.: Foundry S. 281.
Logan, A.: Foundry Trade Journ. 31, S. 155.
Frier, J. W.: Foundry Trade Journ. 31, S. 265.
Richards, G. B.: Foundry Trade Journ. 32, S. 506.
Ferner verschiedene Mitteilungen über Perlitguß in Foundry Trade Journ. 31. S. 447; 32, S. 26, 92, 354, 377, 380, 402, 422, 441, 442, 459.
Buffet, B.: Usine Nr. 20, S. 27.
Buffet, B. und A. Roeder: Perlitgußeisen. Bull. de la Soc. Ind. de Mulhouse Novemberheft; auch Fond. mod. S. 121. Diskussion dazu S. 224, 289.

Hermanns, H.: Die 1. Fachmesse f. Gieß.-Techn. in Leipzig. Gieß.-Zg. S. 196 ff.; s. a. Foundry Trade Journ. 36, S. 69 ff.
Schüz, E.: Das Graphiteutektikum im Gußeisen. Stahleisen S. 144.
Hurst, J. E.: Graphiteutektikum im Gußeisen. Foundry Trade Journ. 31, S. 326 u. 353.

Emmel, K.: Niedriggekohltes Gußeisen als Kupolofenerzeugnis. Stahleisen
S. 1466; s. a. Foundry Trade Journ. 32, S. 255.
Young, H. J.: Halbstahl. Foundry Trade Journ. 31, S. 320.
Piwowarsky, E.: Über d. Einfluß d. Temperatur auf d. Graphitbildung im Roh-
u. Gußeisen. Bericht 63 des Werkstoffaussch. d. Ver. deutsch. Eisenhüttenl.;
s. a. Stahleisen S. 1455, Foundry Trade Journ. 32, S. 317 u. Gieß.-Zg. 1926,
S. 380.
— Über neuere Bestrebgn. z. Hebung d. Qualität v. Grauguß. Gieß. S. 813 ff.
— Therm. Schmelzbehandlg. u. ihre Anwendg. auf d. Temperguß. Stahleisen
S. 2001.
Kerpely, K. v.: Hochw. Gußeisen m. erhöhtem C- u. P-Gehalt als Elektro-
ofenerzeugnis. Stahleisen S. 2004.
Bardenheuer, P. und C. Ebbefeld: Beitrag z. Analyse d. Schwindgsvorgangs
v. weiß. u. gr. Gußeisen. Stahleisen S. 825, 1022; s. a. Gieß. S. 777 u. Gieß.-
Zg. S. 454.

1926.

Kerpely, K. v.: Über d. heut. Stand d. Graphitausbildungsform im Gußeis.
Gieß.-Zg. S. 435.
Schenck, R.: Fe, C u. O in ihren wechselseitigen Beziehungen. Stahleisen S. 1813.
Gilles, Chr.: Das Interesse d. Eisengießers an d. Frage d. direkten Eisenerzeugg.
Gieß.-Zg. S. 587; s. a. Foundry Trade Journ. 34, S. 563.
— Die Erzeugg. v. Gußeisen hoher Festigkeit. Gieß.-Zg. S. 203. Diskussion dazu
S. 337; s. a. Foundry Trade Journ. 34, S. 70 u. Stahleisen S. 877.
Zerzog, L.: Der neuzeitige Gießereibetrieb. Gieß.-Zg. S. 185.
Bernardy, M.: Verfahren z. Erzielg. hochw. Gußstücke usw. Gieß.-Zg. S. 476.
Sisco, F. T.: Gefügebeschaffenh. von Stahl u. Gußeis. Transact. Amer. Soc.
Steel Treat. S. 938.
Klingenstein, Th.: Hochw. Guß u. seine Herstellg. Gieß.-Zg. S. 680. Zuschrift
dazu von Kathrein 1927, S. 160.
— Über hochw. Grauguß. Z. V. d. I. S. 387.
— Beziehungen zwischen den mechanischen Eigenschaften untereinander und
zwischen Analyse des Graugusses. Gieß. S. 169.
Kalpers, J.: Veredelung v. Gußeisen. Dingl. Pol. Journ. S. 45.
Pinsl, H.: Hochw. Grauguß. Metallbörse S. 1870, 1999.
— Veredelung d. Gußeisens. Werkzeugmasch. Berlin: Hackebeil.
Hanemann, H.: Die Theorie des Graugusses. Monatsbl. Berlin. Bez.-V. d. I.,
April, S. 31.
Kjerrmann, B.: Einfluß von Si, Mn, P auf Perlit. Transact. of Am. Soc. Steel
Treat. S. 430.

Zum Thema „Perlitguß":

Hurst, J. E.: Foundry Trade Journ. 33, S. 95, 333; ferner 34, S. 152.
Young, H. J.: Foundry Trade Journ. 33, S. 115, 195; 34, S. 117, 371; ferner
Mar. Engg. S. 307.
Smeeton, J. A.: Foundry Trade Journ. 34, S. 10.
Dawson, S. E.: Met. Ind. S. 277, 303, 327, 351.
McRae Smith, A. E.: Foundry Trade Journ. 34, S. 13.
Francis, J. L.: Met. Ind. S. 85 (vgl. Lanz-Perlit u. Thyssen-Emmel).
Piedboeuf, L.: Foundry Trade Journ. 33, S. 496.
Adamson, E.: Foundry Trade Journ. 34, S. 24.
Raikes, D. T.: Foundry Trade Journ. 34, S. 86.
Wardle, A.: Foundry Trade Journ. 34, S. 152.
Plummer, H.: Western mach. S. 449.
Ferner:
le Thomas, A.: Studie über Perlitgußeisen. Fond. mod., Februar, S. 13.
— Beitrag z. Untersuchung d. Eigensch. des hochw. Gußeisens. Fond. mod.
S. 109.
Meyersberg, G.: Perlitguß in der Wärmetechnik. VDI-Nachr. Nr. 52, S. 11.
Becker, G.: Motorschlepper für Ind. u. Landw. Z. V. d. I. S. 1209; auch be-
sonders erschienen bei M. Krayn, Berlin.

Sipp, K.: Betrachtungen über Gußeisen u. Gießereibetriebsfragen. Stahleisen
    S. 881.

Kerpely, K. v.: Betriebserfahrungen über Herst. v. hochw. Gußeisen im Elektro-
    ofen nach dem Duplexverf. Gieß.-Zg. S. 33; dazu Meinungsstreit mit Erb-
    reich: Gieß.-Zg. S. 161, 174.
Legrand, A.: Bemerkungen eines alten Chemikers über Qualitäts-Grauguß.
    Fond. mod. S. 241.
Jennings: Schmelzen von Stahlschrott im Kupolofen. Foundry S. 778.
Wedemeyer, O.: Einfluß längerer Erhitzung auf d. Auskristallisation v. geb.
    C im Gußeisen. Stahleisen S. 557; dazu Meinungsstreit mit v. Kerpely und
    Piwowarsky: Stahleisen S. 874; s. a. Foundry Trade Journ. 33, S. 411.
Meehanit, erzeugt durch Beifügg. v. Kalziumsilicid z. Gußeis. Iron Age S. 1559.
Piwowarsky, E.: Wachsen u. Schwinden v. Gußeisen u. v. hochw. Grauguß.
    Gieß.-Zg. S. 379, 414.
Lehmann, O. H.: Abnutzung d. Gußeisens b. gleit. Reibg. Gieß.-Zg. S. 596,
    654; s. a. Foundry Trade Journ. 35, S. 173.
Smalley, O.: Hitze- u. säurebeständiges Gußeisen. Foundry Trade Journ. 34,
    S. 303.
Irresberger, C.: Über Vergütung des Gußeisens durch Rütteln. Stahleisen
    S. 869; Gieß. S. 425; dazu Meinungsstreit mit A. Lissner und Antwort von
    K. Irresberger. Stahleisen S. 1705.
Irresberger, K.: Veredelung des Gußeisens durch Rütteln und Schütteln.
    Gieß.-Zg. S. 355.
Lissner, A.: Alte Verfahren d. Gußveredelg. in neuer Auflage. Gieß.-Zg. S. 678.
    Zuschrift dazu von Irresberger: Gieß.-Zg. 1927, S. 97.
Maurer, O.: Verfahren z. Verbess. u. z. Erzeugg. v. hochw. Gußeisen. Gieß. S. 727.
Mehrtens, Joh.: Gußeisen f. d. Maschinenbau u. Neuerungen im Schmelz-
    betrieb d. Eisengießereien. Maschinenbau S. 196.
Denecke, W. u. Th. Meierling: Bemerkungen z. Entschwefelung d. Gußeisens
    u. zu seiner Veredelung durch Rütteln. Gieß.-Zg. S. 569.

1927.

Bardenheuer, P.: Die Abscheidg. v. elem. C im gr. Gußeisen u. im Temperguß.
    Gieß.-Zg. S. 365.
— Über die Grundlagen z. Herstellg. hochw. Graugusses. Gieß. S. 557.
— Der Graphit im grauen Gußeisen. Mitt. K. W. I. S. 215; s. a. Stahleisen
    S. 857 u. Rev. fond. mod. S. 237.
Maurer, E. und P. Holzhaussen: Das Gußeisendiagramm von Maurer bei
    verschiedenen Abkühlgsgeschw., Stahleisen S. 1805.
Hanson, D.: Si-C-Fe-Legierungen (neue Theorie). Iron & Coal Trades Rev.
    S. 437; vgl. auch Gieß. 1928, S. 148.
Thum, A.: Werkstoffe im heutigen Dampfturbinenbau u. Diskussion. Z. V. d. I.
    S. 758 u. 1134.
Meyersberg, G.: Gußeisen im Automobil- u. Flugzeugbau. Gieß. Okt.-Sonder-
    heft z. Werkstofftagung; auch Vorträge Werkstofftagung Bd. 4. Verlag
    Stahleisen.
Neumann, G.: Festigkeit u. Gefügeaufbau d. Gußeisens. Stahleisen S. 1606.
Hurst, J. E.: Einfluß des S auf Gußeisen. Foundry Trade Journ. 35, S. 314, 419.
Fletcher, J. E.: Festigk. v. Gußeisen. Foundry Trade Journ. 36, S. 69, 89, 103.
Achenbach, A.: Metallographie u. Veredelg. d. Gußeisens. Gieß. S. 724.
Bolton, J. W.: Graphit im Grauguß. Transact. Amer. Foundrymen's Ass. S. 386;
    s. a. Stahleisen S. 1410.
Klingenstein, Th.: Über die Bedeutg. d. hochw. Gußeisens als Werkstoff.
    Gieß.-Zg. S. 332.
Allison, A. E.: C und Si im Gußeisen. Foundry Trade Journ. 36, S. 69, 89, 103.
Piwowarsky, E.: Einfluß von Ni u. Cr auf die Festigkeitseigensch. v. Grau-
    guß. Gieß. S. 509; s. a. Stahleisen S. 1615, Rev. fond. mod. S. 243; ferner
Foundry Trade Journ. 36, S. 4; 37, S. 103.

Oberhoffer, P. u. E. Piwowarsky: Über die Verwendg. v. Ni- u. Cr-legiertem Grauguß unter besonderer Berücksichtigung d. Ver. St. v. Nordamerika. Gieß. S. 585.

Turner, T. H.: Ni u. Cr in der gegenwärtigen amerik. Gußeisenpraxis. Foundry Trade Journ. 35, S. 59, 71.

Greenhow, M. E.: Hochw. leg. Gußeisen. Foundry S. 519 u. Proc. Am. Soc. Test. Mat. S. 78.

Poister, R. S.: Cr u. Ni bei Gußeisen. Transact. Am. Foundrymen's Ass. S. 356; s. a. Stahleisen S. 1828.

Everest, A. B.: Einfluß von Al auf Fe-C-Legierungen. Foundry Trade Journ. 36, S. 169.

Everest, A. B., Turner, T. H. and D. Hanson: Einfluß v. Ni u. Si auf eine Fe-C-Legierung. Foundry Trade Journ. 37, S. 29, 47; s. a. Stahleisen 1928, S. 48.

Houston, D. M.: Einfluß des Ni auf die Eigensch. d. Gußeisens. Foundry S. 399, 423.

— Verwendung des Ni für Gußeisen. Foundry Trade Journ. 35, S. 47.

Galibourg, J.: Ni bei Eisen- u. Stahlguß. Rev. Met. S. 730; s. a. Rev. fond. mod. S. 120 u. Gieß.-Zg. 1928, S. 197.

Pearce, J. G.: Perlitisches Gefüge im Gußeisen. Foundry Trade Journ. 35, S. 7.

Custer, E. A.: Neue Ära der Entwicklg. d. Graugusses. Iron Age.

Carpenter, H. C. H.: Bedeutung d. Metallurgie f. d. Ingenieur. Foundry Trade Journ. 35, S. 417.

M. L. P.: Eigenschaftsverbesserung d. Graugusses. Rev. fond. mod. S. 257.

Robinson: Walzenguß. Foundry Trade Journ. 36, S. 109.

— Verschiedene Mitteilungen über Perlitguß. Foundry Trade Journ. 35, S. 521; 36, S. 104.

Roll, Fr.: Perlitguß u. s. Anwendg. im Kessel-Ekonomiserbau. Veröff. d. Zentralverbandes d. preuß. Dampfkessel-Überwachungsvereine Bd. 3, S. 24.

Roll, Fr.: Dichte v. Grauguß u. Lanz-Perlitguß. Gieß.-Zg. S. 576.

Meyersberg, G.: Perlitguß f. wärmetechn. Zwecke. Arch. Wärmewirtsch. H. 11.

— Entwicklung des Perlitgusses. Z. V. d. I. S. 1427.

Jungbluth, H.: Besprechung des Buches von Meyersberg, „Perlitguß“. Gieß. S. 936.

Hurst, J. E.: Halbstahl, Foundry Trade Journ. 35, S. 231, 257; ferner Met. Ind. S. 269, 295.

— Hochwert. Gußeisen mit geringem C-Gehalt. Foundry Trade Journ. 35, S. 79.

Kleiber, P.: Über den Kruppschen Sternguß. Kruppsche Monatshefte 8, S. 101.

Jones, J. L.: Einfluß des Stahlschrottzusatzes auf die Qualität des Gußeisens. Gieß.-Zg. S. 619.

Schüz, E.: Eutekt. Graphit im Grauguß. Gieß.-Zg. S. 617.

Meyer, F.: Einwirkg. einer weitgehenden Überhitzung auf Gefüge u. Eigensch. v. Gußeisen. Stahleisen S. 294; s. a. Foundry Trade Journ. 35, S. 303.

Hanemann, H.: Theoret. Grundlage d. Graugußüberhitzung. Stahleisen S. 693; s. a. Foundry Trade Journ. 36, S. 108.

— Theorie des überhitzten Gußeisens. Foundry Trade Journal 37, S. 234.

Klingenstein, Th.: Einfluß d. Schmelztemperatur auf die Graphitausbildg. Gieß.-Zg. S. 335.

Piwowarsky, E.: Fortschritte in d. Herstellg. v. hochw. Gußeisen. Gieß. S. 253, 273, 290; s. a. Stahleisen S. 308; ferner Foundry S. 255, 298; s. a. Foundry Trade Journ. 36, S. 147.

Ropsy, P.: Einfluß d. Überhitzung. Foundry Trade Journ. 36, S. 199.

Piwowarsky, E.: Über den Verschleißwiderstand phosphorhalt. Gußeisens Gieß. S. 743.

Kühnel, R.: Abnützung des Gußeisens. Gieß.-Zg. S. 533.

Donaldson, J. W.: Heat-treatment and Growth of cast iron. Foundry Trade Journ. 35, S. 143, 167. Zuschrift v. Hurst: ebenda S. 188.

Sipp, K. und Fr. Roll: Das Wachsen des Gußeisens. Gieß.-Zg. S. 229, 280; s. a. Foundry Trade Journ. vgl. dazu Jungbluth: Gieß. S. 936.

Wüst, F. u. O. Leihener: Beitrag z. Frage d. Wachsens v. Gußeisen. Festgabe
    f. C. von Bach. V. d. I.-Verlag; Forsch.-Arb. H. 295, S. 92. Diss. Leihener,
    Aachen.
Meyersberg, G.: Wachsen des Gußeisens. V. d. I.-Nachr. Nr. 26, S. 3.
Andrew, J. H.: Gegenw. Kenntnis v. Wachsen des Gußeisens. Foundry S. 959,
    975; Transact. Am. Foundrymen's Ass. S. 307; s. a. Stahleisen S. 2126.
Adamson, C. H. u. G. S. Bell: Biege- u. andere Versuche an Gußeisenstäben.
    Carnegie Schol. Mem. S. 1.
Bulleid, C. H. u. A. R. Almond: Ermüdung v. Gußeisen. Engg. S. 827.
French, H. S.: Abnutzungsprüfg. v. Metallen. Proc. Am. Soc. Test. Mat. II,
    S. 212; vgl. Stahleisen S. 2085.
Boston, O. W.: Bearbeitbarkeit v. Metallen (krit. Untersuch. v. 9 Verfahren).
    Transact. of the Am. Soc. f. Steel Treat. S. 49, 154.

1928.

Bardenheuer, P. und K. L. Zeyen: Beiträge z. Kenntnis d. Graphits im gr.
    Gußeisen u. s. Einflusses auf d. Festigkeit. Mitt. d. K.W.I. f. Eisenforschg. 10,
    S. 23; ferner Stahleisen S. 515, Gieß. S. 354, 385, 411.
Zeyen, K. L.: Beiträge usw. (wie vorstehend). Diss. Aachen (Verlag Stahleisen).
Bardenheuer, P. und K. L. Zeyen: Die mech. Eigenschaften v. desoxydiertem
    Gußeisen. Gieß. S. 1124.
Hanson, D.: Si-C-Fe-Legierungen (neue Theorie). Gieß. S. 148 (vgl. auch Iron
    and Coal Trades Rev. 1927, S. 437.
Everest, A. B.: Zur Theorie d. Gußeisens (Ergänzg. z. Hansons Theorie).
    Foundry Trade Journ. 38, S. 223.
Kerpely, K. v.: Mech. Eigenschaften d. Graugusses in Abhg. v. Gefüge u. Be-
    handlg. Gieß.-Zg. S. 37.
Schüz, E.: Das Graphiteutektikum im Gußeisen. S. 73, 102.
Roll, F.: Über d. räuml. Gestalt v. Metallkristallen, Gieß.-Zg. S. 200; vgl. auch
    Zeitschr. f. Kristallographie 1927, S. 119.
— Die Raumform d. Graphits. Gieß. S. 1270.
— Abkühlungsversuche an versch. Gußeisenproben. Gieß.-Zg. S. 158.
Moldenke, R.: Fortschritte in d. Metallurgie d. Gußeisens. Foundry S. 447;
    ferner Fuels and Furnaces S. 627.
Marbaker, E. C.: Arbeiten über hochw. Gußeisen. Foundry S. 613, 979, 1005.
Pearce, J. G.: Neuere Arbeiten auf d. Gebiete d. Gußeisens. Metallurgist S. 25, 39.
Bolton, J. W.: Gußeisen als Baustoff. Iron Age S. 1084.
Dennison, W. E.: Spez. Gewicht u. Gefüge d. Gußeisens. Foundry Trade Journ.
    38, S. 224, 230.
Levi, A.: Si + C, ein Faktor für hochw. Gußeisen. Foundry S. 479.
Seigle, J.: Bestandt. u. Gefüge vered. Gußeisens, Rev. de l'ind. min. S. 427.
Eppenberger, R.: Neuzeitl. Schmelzg. von Sondergußeisen. Rev. d. fond.
    mod. S. 451.
Young, H. J.: Betracht. über hochw. Gußeisen. Foundry Trade Journ. 39,
    S. 408.
Melle, W.: Mech. Eigensch. d. hochw. Gußeisens unter bes. Berücks. d. Bearbeit-
    barkeit. Gieß.-Zg. S. 557.
Meierling, Th. u. W. Denecke: Festigkeit von Fe-Si-Legierungen. Gieß. S. 381.
Jungbluth, H.: Hochwertiges Gußeisen. Gieß. S. 457, 486, Kruppsche Monats-
    hefte Mai S. 69; s. a. Gieß.-Zg. S. 411.
Lischka: Gußeisen auf d. Werkstoffschau. Gieß. S. 33.
Geilenkirchen, Th.: Gegenw. u. zukünft. Probleme im Gießereiwesen. Gieß.
    S. 854, 889, Z. V. d. I. S. 517.
Klingenstein, Th.: Edelguß, s. Kennzeichen, Verwendg. u. Herstellg. Z. V. d. I.
    S. 1853, Gieß.-Zg. S. 587 u. Gieß. S. 1049.
Osann, B.: Herstellung hochw. Gußeisens usw. Gieß. S. 648.
    Lunkern in Beg. z. eutekt. Zusammensetzg. Gieß. S. 49.
Gouttier, L. H.: Verbesserung d. Gußeisens 2. Schmelzg. Rev. d. fond. mod. S. 427.

Langenohl: Hochw. Gußeisen (Übersicht d. derzeit. Verfahren). Gieß. S. 566.
Prommers, J. B.: Phys. Versuche mit Gußeisen. Foundry S. 708, 755.
Bremer, E.: Verbesserungen bei Gußeisen. Foundry S. 541, 569.
Pearce, J. C.: Biegeprobe b. Gußeisen. Foundry Trade Journ. 38, S. 219; auch
    Engg. S. 603.
Roll, F.: Streuung d. Biegeprobe als Gußeis.-Prüfungsart. Gieß.-Zg. S. 417.
Hobrock, R. H.: Hochsiliz. Eisen. Foundry S. 55.
Piwowarsky, E.: Über Ni- u. Cr-legiertes Gußeisen. Gieß. S. 1073.
Everest, A. B. u. D. Hanson: Ni bei Fe-C-Legierungen mit hohem P. Iron and
    Coal Trades Rev. S. 862.
Blackwood, P. W.: Zur Metallurgie d. Gußeisens (Einfluß zulegierter Stoffe).
    Transact. of the Amer. Soc. f. Steel Treat. S. 1023.
— Hochw. mit Ni legiertes Gußeisen, Proc. of the Amer. Soc. for Testing Mat.,
    Bd. 27, S. 78.
Houston, D. M.: Ni- und Cr-legiertes Gußeisen. Transact. Amer. Soc. Steel
    Treat. S. 105.
Bothwell, L. J.: Ni als Gußeisenzusatz in Kanada. Canadian Foundryman,
    Dezember, S. 27.
Dhavernas, J.: Vorteile des Ni-Zusatzes z. Gußeisen. Science et Ind. S. 40.
Custer, E. A.: Neue Entwicklung d. Gußeisens. Rev. d. fond. mod. S. 21 (nach
    Iron Age 1927). Antwort von Demelle S. 370.
Bargeselli, G.: Perlitgußeisen u. s. Erzeugung. l'Industria meccanica S. 165.
Garre, B.: Gußeisen bei stat. u. dynam. Druckbeanspruchg. (betr. Perlit). Gieß.
    S. 792.
Meissner, A. J.: Stahlzusatz f. hochw. Gußeisen. Foundry S. 229.
Gahey, Mac C. R.: Herstellg. niedriggekohlt. Gußeisen. Foundry S. 723.
Miller, J : Verbesserung des Kupolofeneisens. Trans. Amer. Foundrymen's
    Assoc. S. 697.
Smith, A.: Herstellg. v. Gußeisen m. Stahlzusatz. Foundry Trade Journ. 38,
    S. 77.
— Halbstahl. Rev. d. fond. mod. S. 75.
Pinsl, H.: Kohlenstoffveränderung während d. Kupolofenschmelzg. Gieß. S. 1292.
— und Hesse: Kippb. Regen.-Flammofen f. Gießzwecke. Gieß. S. 281.
Mackenzie, J. T.: Einfluß d. Kokseigensch. auf im Kupolofen schmelz. Stahl.
    Foundry S. 15; Iron Age S. 1450.
Bardenheuer, P.: Der Brackelsbergofen u. s. Bedeutung f. d. Eisengieß. Gieß.
    S. 1169.
Stotz, R.: Gattierungs-, Schmelz- u. Glühkosten usw. (durch Brackelsbergofen).
    Gieß. S. 905.
Kerpely, K. v.: Heutiger Stand des Elektro-Schmelzofens. Gieß.-Zg. S. 135.
Primrose, H. S.: Neue Entw. d. elektr. Schmelzpraxis, Foundry Trade Journ.
    38, S. 81.
Tudis: Hitze- u. säurebest. Gußeisen. Foundry Trade Journ. 38, S. 76.
Jungbluth, H.: Untersuchungen über das Wachsen v. Gußeisen. Gieß. S. 610,
    Gieß.-Zg. S. 412.
Schreck, W.: Wärmeausdehnung des Eisens. Rev. d. fond. mod. S. 434.
Bauer, O. u. K. Sipp: Einfluß von C, Mn und Si auf d. Wachstum d. Gußeisens.
    Gieß. S. 1018, 1047.
Piwowarsky, E. u. W. Freytag: Wachsen v. grauem Gußeisen unter Berücks.
    d. Elem. Ni und Cr. Gieß. S. 1193.
— u. H. Esser: Das Wachsen von Gußeisen. Gieß. S. 1265.
Wallichs, A. u. K. Krekeler: Bearbeitbarkeit v. Gußeisen (heut. Stand).
    Gieß. S. 1289.
Boston, O. W.: Bearbeitbarkeit v. Metallen(krit. Unters. v. 9 Verfahren). Transact.
    Am. Soc. f. Steel Treat. S. 49, 154.
Wickenden, T. H.: Bearbeitbarkeit u. Verschleißbeständigkeit v. Gußeisen.
    J. Soc. Automot. Eng. Bd. 22 Februar 1928; vgl. auch Gieß.-Zg. S. 285.
Pinsl, H.: Elektr. Leitfähigk. d. Gußeisens. Gieß.-Zg. S. 73.

1929.

Lischka, A.: Was muß der Masch.-Ing. von der Eisengießerei wissen? Berlin:
  Julius Springer.
Osann, B.: Wie erziele ich einwandfreies Gußeisen? Maschb. S. 284. Antwort
  darauf von Meyersberg und Replik. Maschb. S. 555.
— Eutekt. Gußeisen. Gieß. S. 565.
Wolff, P.: Kolbenbodenmaterial von Großdieselmasch. Gieß. S. 121. Zuschriften
  dazu von Meyersberg und Gilles und Antworten S. 227 und 322.
Emmel, K.: Über Stahlzusatzverfahren usw. Gieß. S. 665.
Sauerwald, F.: Eigenschaften der schmelzfl. Metalle und Legierungen und ihre
  Bedeutung für den Gußvorgang. Gieß. S. 49.
Lincke: Qualitätsguß usw. Gieß.-Zg. S. 104.
Moldenke, R.: Neuzeitliches Gußeisen und seine Verbesserung. Gieß. S. 8.
Merz, C: Die metallogr. Basis der neuzeitlichen Gußveredlg. Gieß. S. 452.